Grundlagen der Kommunikation
Bibliotheksausgabe

Herausgegeben von
Roland Posner

Volker Beeh

Sprache und Spracherlernung

Unter mathematisch-biologischer Perspektive

W DE G

Walter de Gruyter · Berlin · New York
1981

Als Habilitationsschrift auf Empfehlung der Philosophischen Fakultät der Universität Düsseldorf gedruckt mit Unterstützung der Deutschen Forschungsgemeinschaft

CIP-Kurztitelaufnahme der Deutschen Bibliothek

Beeh, Volker:
Sprache und Spracherlernung : unter math.-biolog. Perspektive / Volker Beeh. – Berlin ; New York : de Gruyter, 1981.
(Grundlagen der Kommunikation. Bibliotheksausgabe)
ISBN 3-11-008107-5

Satz und Druck: Arthur Collignon GmbH, Berlin
Buchbinder: Buchgewerbe GmbH Lüderitz & Bauer, Berlin

Zur Entstehung und Anlage dieses Textes

Die Sprachwissenschaft und Sprachtheorie der Gegenwart und der jüngsten Vergangenheit haben mehr von anderen wissenschaftlichen Disziplinen übernommen, als sie auf diese zurückzuwirken vermochten. In den 60-er Jahren hat die wesentlich von der Theorie der Algorithmen bzw. der abstrakten Automaten beeinflußte und von N. Chomsky begründete sog. ‚generative Transformationsgrammatik' ihren Einzug in die Sprachwissenschaft und auch in die Germanistik gehalten. Leider zerstörten sowohl die bald aufkommende transformationalistische Orthodoxie als auch die Schwächen der Cartesianischen Linguistik die anfängliche Anziehungskraft der formalen Sprachwissenschaft und ließen diese als Fundament einer umfassenden Sprachtheorie bald mehr oder minder ungenügend erscheinen. Wie fast immer bei solchen Entwicklungen war die Abwendung nur teilweise begründet. In den vergangenen Jahren hat der Verfasser dieses Textes im Zusammenhang mit seinem Studium der Theorien der formalen Grammatik, der Algorithmen, der rekursiven Funktionen und der neueren Logik genauere Bekanntschaft mit einer wissenschaftlichen Tradition gemacht, die in Europa – wenigstens aber im deutschen Sprachraum – weitgehend unverstanden geblieben ist, die aber in der nordamerikanischen Wissenschaft von tiefgreifender Wirkung war, und in der die Sprachtheorie und Philosophie Chomskys ihren Ursprung hatte. Der Verfasser hat dabei die meisten der von Chomsky in die Sprachwissenschaft eingeführten Thesen und Vorstellungen in neuem Lichte zu sehen und verstehen gelernt. Der vorliegende Text bemüht sich in erster Linie nicht um eine Interpretation oder Rechtfertigung Chomskys, dem er als Anreger und Wegweiser allerdings wesentlich verpflichtet ist. Vielmehr versucht er zum einen, sowohl den historischen als auch den systematischen Zusammenhang der Theorie der formalen Grammatik in einigen Hinsichten ausführlicher darzustellen, als dies in den Schriften Chomskys getan wird. Zum andern versucht er, aufbauend auf einigen von der Sprachwissenschaft bislang nicht benützten Begriffen und Verfahrensweisen dieser Tradition, die Gedanken Chomskys weiterzuführen bis zu einem Bereich, in dem sie nur noch wenig mir ihrem Ausgangspunkt gemeinsam haben. Die Bemühung des Verfassers um die Integration gewisser Teile der Sprachtheorie mit biologischen und evolutionstheoretischen Vorstellungen ist relativ jungen Datums. Auch sie stimmt gut zu den neueren Schriften Chomskys, der von biologischen Gedankengängen allerdings weniger Gebrauch macht. Den Sinn des vorliegenden Textes sieht der

Verfasser in der Integration gewisser mathematisch-logischer, biologischer und sprachtheoretischer Gedanken.

Bei Darstellungen mathematisch-logischer Gedankengänge, die hauptsächlich für Nicht-Mathematiker bestimmt sind, kam es darauf an, die Vorzüge der mathematischen Genauigkeit mit denen einer Interpretation in größeren Zusammenhängen zu verbinden und dabei nach Möglichkeit die jeweiligen Nachteile zu vermeiden. Es bleibt zu hoffen, daß dies einigermaßen gelungen ist. Die Anwendung der mathematisch-logischen Begriffe und Verfahrensweisen auf biologische und sprachtheoretische Phänomene machte ein Überleitungskapitel notwendig, an dem sicher einiges auszusetzen ist. Als Entschuldigung könnte vielleicht angeführt werden, daß dieser Übergang auch in der Literatur meist reichlich unreflektiert gehandhabt wird. Im biologischen Teil des Textes wird eine Spielart des methodischen Reduktionismus vertreten. Auch zu diesem Thema gäbe es weit mehr zu sagen. Andererseits ist abzusehen, daß eine eingehendere Analyse der verschiedenen Standpunkte in der Wissenschaftstheorie und der Biologie nur sehr wenig zu der hier vertretenen Reduktion – letztlich auf Algorithmen – beigetragen hätte.

Zur Technik der Literaturverweise ist folgendes zu bemerken: Die von der englischsprachigen wissenschaftlichen Literatur übernommene Konvention der Abkürzung der im Literaturverzeichnis angeführten Titel zu Kurztiteln, die aus Name, Erscheinungsjahr und gegebenenfalls aus Seitenangabe bestehen, erlaubt häufig den Verzicht auf Anmerkungen: Immer wenn im Text ein Name zusammen mit einer Jahreszahl (oder einem Titel) vorkommt, verweisen diese Angaben auch ohne Anmerkung auf das Literaturverzeichnis.

Die wichtigsten mathematisch-logischen Notationen und Begriffe, von denen die folgenden Kapitel Gebrauch machen, werden im Appendix systematisch entwickelt. Sie finden sich in jeder Einführung in die Grundlagen der Mathematik und Logik und werden deshalb nicht eigens im Register am Schluß dieses Buches aufgeführt.

Der Verfasser dankt seinen Freunden und Kollegen Hartmut Brands, Wolfram Hohgrebe, Walter Kasper, Sebastian Löbner und besonders Gerhard Knauss, auf dessen Anregung die zwei wesentlichen Elemente dieses Textes zurückgehen: das logisch-mathematische Nachdenken über biologische Sachverhalte.

Kyoto, März 1980 Volker Beeh

Inhalt

0. Einleitung

Ein wesentliches Prinzip der sinnvollen und besonders der wissenschaftlichen Rede besteht in der „Erklärung des komplizierten Sichtbaren durch das einfache Unsichtbare“[1]. Es liegt deshalb gewissermaßen im Interesse der Sprache, sich selbst sich zuzuwenden, da eine größere Ordnung des ordnend-verstehenden Mediums als größere Ordnung des zu verstehenden Gegenstandes sich auswirken muß. Die Mathematik verfährt nach diesem Prinzip in konsequenter Weise. Sie erzeugt allgemeine Ordnungsstrukturen, stellt diese anderen Wissenschaften zur Verfügung und repräsentiert damit eine rigorose Fortentwicklung der Ordnung und Verständnis schaffenden Sprache. Es muß also auch im Interesse der Sprache liegen, sich mit den in der Mathematik entwickelten Ordnungsstrukturen zu verstehen. Die Realisierung dieses Interesses führte zur Hervorbringung der Logik und der logischen Analyse der Sprache.

Es ist allgemein anerkannt, daß die Mathematik und Logik einen starken Einfluß auf die moderne Sprachtheorie und -philosophie gehabt haben. Wir nennen nur einige der wichtigsten Titel und Namen: Die sprachanalytische Philosophie geht in wesentlichen Aspekten auf Frege, Russell und Wittgenstein zurück. Die Sprechakttheorie und Pragmatik leiten sich z. T. vom frühen und späten Wittgenstein und letztlich von Frege und Peirce ab. Die von Chomsky begründete generative Transformationsgrammatik ist aus der Theorie der abstrakten Automaten, Algorithmen und der rekursiven Funktionen hervorgegangen. Die ‚universale Grammatik‘ R. Montagues, deren Stärke hauptsächlich in der im Rahmen der Transformationsgrammatik nur schwer zu behandelnden Semantik liegt, überträgt Begriffe und Verfahrensweisen der wesentlich von A. Tarski entwickelten Modelltheorie. Man könnte in Versuchung kommen anzunehmen, die Rekonstruktion der auf die Sprachwissenschaft einwirkenden Kräfte ergäbe ein umfassendes Bild der in der Logik und Mathematik zu beobachtenden Vorgänge. Dies wäre jedoch falsch. Vielmehr scheinen wesentliche und für die Sprachtheorie und -philosophie bedeutsame Ergebnisse der Logik und Mathematik entweder nur stillschweigend oder überhaupt nicht berücksichtigt worden zu sein.

Die Geschichte der modernen Logik beginnt mit den Bemühungen des 19. Jahrhunderts um die Vereinigung der Logik mit der Mathematik. A. de Morgan und G. Boole begründeten die Mathematisierung der Logik. W. S.

---

[1] J. Perrin (1914); zitiert nach der deutschen Ausgabe S. VII

Jevons und S. C. Peirce führten sie weiter und E. Schröder baute sie systematisch aus. Eine zweite Tradition beginnt mit G. Frege. 1879 erschien die epochemachende „Begriffsschrift, eine der arithmetischen nachgebildete Formelsprache des reinen Denkens", und während der Vorarbeiten für die 1893/1903 erschienenen „Grundgesetze der Arithmetik" entstanden die in der Sprachtheorie und Philosophie überaus einflußreichen Aufsätze zu „Funktion und Begriff", „Über Sinn und Bedeutung" und „Über Begriff und Gegenstand"[2]. Frege führte die mathematische Begründung der Logik wesentlich weiter und zwar mit dem Ziel der logischen Begründung der Mathematik, insbesondere der Arithmetik. Neben den sprachphilosophisch folgenreichen Klärungen der Begriffe des ‚Begriffs', der ‚Beziehung', der ‚Existenz', des ‚Fallens unter einen Begriff' und der ‚Unterordnung eines Begriffs unter einen anderen' zählen zu den für die Logik und Mathematik bedeutsamsten Ergebnissen die Darstellung der Zahlen und die ihm zum erstenmal gelungene Formalisierung der Aussagen- und Prädikatenlogik. Einen vorläufigen Höhepunkt und Abschluß fanden diese Bemühungen mit den 1910–13 erschienenen „Principia Mathematica" von A. N. Whitehead und B. Russell, die die bisherigen Ergebnisse systematisch zusammenfaßten, ausbauten und die weitere Entwicklung vorbereiten halfen.

Die logische Begründung der Mathematik erforderte zugleich die Konstitution der Logik als mathematischer Disziplin. Die heute im wesentlichen als gelungen angesehene Lösung dieser Aufgabe verlangte den eigentlichen Bereich der Logik überschreitende Überlegungen sprachphilosophischen Inhalts. Sowohl bei Russell als auch beim alten Frege setzte sich diese Richtung der Gedanken immer stärker durch, an die nach dem ersten Weltkrieg die sog. ‚analytische Philosophie' anknüpfen konnte – angeregt hauptsächlich durch den berühmten ‚Schüler' Russells Ludwig Wittgenstein. Das Interesse Wittgensteins richtete sich hauptsächlich auf das Problem, ob und wie sinnvolle Aussagen über die Grenze der Leistungsfähigkeit der Logik, der Sprache und insbesondere der geforderten logischen Idealsprache möglich sind, wo doch gerade diese Möglichkeit die Überschreitung und damit die Verlagerung der Grenze zur Bedingung hätte. Sowohl die Fragen als auch die Antworten Wittgensteins waren metasprachlicher bzw. metalogischer, sprachreflexiver und zugleich skeptischer bzw. negativer Natur.

Russell und Wittgenstein vertraten um 1914 je eine Version des ‚logischen Atomismus', der im wesentlichen aus einer ontologischen Verallgemeinerung des Systems der Principia Mathematica bestand. Beide entfernten sich aber bald auch von dieser von der eigentlichen Logik ihrer Zeit schon reichlich entfernten Position. Andere setzten diese Bemühungen fort, aber die späten 30-er Jahre dürften als das Ende der ersten Phase der analytischen

---

[2] G. Frege (1879), (1891), (1892a), (1892b), (1893/1903)

Philosophie angesehen werden.[3] Wittgenstein wandte sich seiner ‚Sprachspieltheorie' zu, die im Verein mit anderen angelsächsischen Traditionen sich in der ordinary language philosophy, der Sprechakttheorie und der Pragmatik fortsetzten, und deren Ausläufer auf deutschem Boden in der Gegenwart sich u. a. mit hermeneutischen Strömungen zu vereinigen scheinen. Ein Charakteristikum dieser Entwicklung besteht in der Abwendung vom logisch Einfachen aber Abstrakten hin zu Konkretem – aber logisch Komplexem: Die in der früheren Zeit von Boole, Frege und anderen begonnene Mathematisierung der Sprachtheorie wurde verlassen.

Es hat sich weithin durchgesetzt, diese Entwicklung mit der wachsenden Einsicht in das Ungenügen der Logik, besonders als Instrument des philosophischen Denkens zu erklären. Der Gerechtigkeit halber sollte man aber nicht unterschlagen, daß das wachsende Unbehagen an der Logik begleitet, wenn nicht verursacht war von einer Verschiebung des Erkenntnisinteresses – nämlich weg von der darstellenden, abbildenden und ordnenden – hin zur kommunikativen Funktion der Sprache. Da die Sprache beide Seiten zugleich hat, ist an dieser Entwicklung als solcher nichts zu beanstanden. Das Bild einer konsequenten und zwingenden Entwicklung entspricht jedoch nicht den Tatsachen. Wie alle Geschichte bewegte sich auch diese in dem für menschliches Handeln vorbehaltenen Raum zwischen Zufall und Notwendigkeit. Und wie die Erforschung der kommunikativen, so hat auch die der darstellenden Funktion der Sprache ihren eigenen Wert, wenn man nicht die komplizierten Zusammenhänge zwischen beiden unterschlägt, wozu allerdings beide Seiten neigen. Um auf das im folgenden zu entwerfende Bild der Entwicklung der modernen Logik zu sprechen zu kommen: Es ist bedauerlich, daß die Abspaltung der sprachanalytischen Philosophie von der eigentlichen Logik zu einem Zeitpunkt sich ereignet hat, zu dem sie weniger als irgendwann sonst berechtigt war. In den Jahren zwischen den Weltkriegen hat die Logik bedeutende Fortschritte gemacht, die in der Sprachwissenschaft und -philosophie weitgehend unberücksichtigt geblieben sind, so daß die genealogische Rückführung der sprachanalytischen Philosophie und der logischen Analyse der Sprache auf die moderne Logik zumindest irreführend ist. Diese stammt lediglich von der 1910–13, d. h. zur Entstehungszeit der Principia Mathematica ‚modernen' Logik ab. Die generative Transformationsgrammatik und die ‚universale Grammatik' Montagues beruhen zwar auf späteren Entwicklungen. Aber wir werden im folgenden zeigen, daß auch hier wesentliche Aspekte der Logik nach dem ersten Weltkrieg entweder gar nicht oder nur stillschweigend berücksichtigt worden sind.

Im folgenden soll in großen Zügen ein Bild der Entwicklung der modernen Logik skizziert werden, das einige Jahrzehnte weiter in die Gegen-

---

[3] So etwa Urmson (1956), S. VII

wart hineinreicht, als das übliche.[4] Es wird sich zeigen, daß eine bedeutende Weiterentwicklung der in den Principia Mathematica zusammengestellten Ergebnisse stattgefunden hat, daß dabei im Vergleich zur Entwicklungslinie Wittgensteins z. T. ähnliche Fragen ähnlich beantwortet worden sind, daß aber die mit den Begriffen und Verfahrensweisen der mathematischen Logik gegebenen Antworten zugleich von größerer Präzision als auch von größerer Tragweite sind.

Eine der folgenreichen Leistungen Freges besteht in der Formalisierung der Logik. Unter einem ‚formalen System' versteht man eine endliche Menge ‚initialer' Ausdrücke oder ‚Axiome' zusammen mit einer endlichen Menge von ‚Umformungsregeln' oder ‚Ableitungsregeln', deren Anwendungsbereich und Umformungseffekt vollständig feststeht. Die Gesamtheit der in einem formalen System aus seinen initialen Ausdrücken mit Hilfe endlich vieler Anwendungen seiner Umformungsregeln erzeugten Ausdrücke faßt man zu der von dem System ‚erzeugten' Menge zusammen. Ist z. B. M eine Menge von Ausdrücken, so nennt man ein System relativ zu M ‚korrekt', wenn es ausschließlich Ausdrücke aus M erzeugt (und keine anderen), und ‚vollständig', wenn es wenigstens alle Ausdrücke aus M erzeugt. Weiterhin nennt man M selbst ‚korrekt' bzw. ‚vollständig', wenn es ein System zur Erzeugung von M mit den gleichnamigen Eigenschaften gibt. Wir brauchen an dieser Stelle nicht genauer auf formale Systeme einzugehen, da wir ihnen ein ganzes Kapitel (nämlich das erste) widmen werden. Formale Systeme können zur Erzeugung der Gesamtheit aller syntaktisch richtig gebildeten Ausdrücke eines Sprachsystems verwendet werden, d. h. zur Beschreibung der Syntax, oder auch zur Erzeugung der ‚wahren' bzw. ‚allgemeingültigen' Ausdrücke, d. h. zur Beschreibung der Semantik. Im letzteren Falle nennt man die initialen Ausdrücke ‚Axiome', die Umformungsregeln ‚Ableitungs-' oder ‚Beweisregeln' und die so verstandenen Systeme ‚formale axiomatische Systeme'. Die Erzeugung bzw. Ableitung eines Ausdrucks aus den Axiomen nennt man meist ‚Beweis'. Unter der Formalisierung eines logischen Systems versteht man im allgemeinen die Konstruktion eines formalen axiomatischen Systems.

Die ersten Formalisierungen der Logik finden sich in der ‚Begriffsschrift' Freges von 1879. Das allen höheren Logiken zugrundeliegende System ist das der sog. ‚Aussagen-' bzw. ‚Satzlogik', auf das wir in Kapitel 9 in Kürze eingehen. Dabei handelt es sich um ein relativ einfaches System, dessen Korrektheit und Vollständigkeit bald niemand mehr in Zweifel gezogen hat.

[4] Das ‚übliche' Bild der Geschichte der Logik wird exemplarisch in dem sonst vorzüglichen Buch von W. und M. Kneale (1962) vertreten. Von fast 800 Seiten sind etwa 200 Frege und etwa 50 der Logik nach dem ersten Weltkrieg gewidmet. Eine der wenigen – wenn nicht die einzige – historisch orientierte Einführung in die Logik, deren Hauptakzent auf der modernen Entwicklung liegt, ist das ausgezeichnete Buch von H. DeLong (1970). Mostowski (1966) beschränkt sich zwar vollständig auf die hier interessante Epoche, ist aber für Nicht-Mathematiker nur schwer zu lesen.

Beides wurde aber erst 1921 von E. Post bewiesen. Die eigentliche Logik, die ‚Prädikatenlogik', die wir ebenfalls in Kapitel 9 einführen, umfaßt die Logik der Aussagen als Teil. B. Russell hat nachgewiesen, daß das von Frege angegebene System der Prädikatenlogik nicht korrekt war. Er gab zugleich ein korrektes System einer eingeschränkteren Logik an und zeigte, daß dieses reich genug war, um alle Aussagen einiger grundlegender mathematischer Theorien auszudrücken und alle entsprechenden Beweise zu führen. Damit lag die Vermutung nahe, daß dieses System auch vollständig war. 1928 definierten D. Hilbert und W. Ackermann ein weiter eingeschränktes System, das der ‚Prädikatenlogik erster Ordnung', dessen Vollständigkeit K. Gödel 1930 nachweisen konnte[5]. Die bisher genannten Ergebnisse könnten zur Vermutung verleiten, die Auffindung korrekter und vollständiger Systeme sei nur eine Frage der syntaktischen Technik und darum von keinem tieferen sprachtheoretischen Interesse. Daß dies nicht so ist, zeigte Gödel mit seiner epochemachenden Arbeit von 1931 „Über formal unentscheidbare Sätze der Principia Mathematica und verwandter Systeme". Eine Folge des ersten Gödelschen Unvollständigkeitstheorems läuft nämlich u.a. auf die Unvollständigkeit der höheren Prädikatenlogik hinaus. Dieses Theorem ist für den weiteren Gedankengang von großer Bedeutung, da es das erste negative, metalogische Ergebnis darstellt. Es behauptet die logisch notwendige Diskrepanz zwischen den Mengen der allgemeingültigen und der beweisbaren Sätze der höheren Prädikatenlogik, oder auch die logisch notwendige Diskrepanz zwischen Syntax und Semantik. Wir werden im folgenden versuchen, dieses und einige ähnliche Ergebnisse etwas ausführlicher zu beschreiben.

Man hatte sich schon lange gefragt, ob die Eigenschaft der aussagenlogischen bzw. prädikatenlogischen Allgemeingültigkeit entscheidbar sei, d.h. ob es ein eindeutiges Entscheidungsverfahren gibt, das angewendet auf einen beliebigen Satz der Logik nach endlich vielen Rechenoperationen zur richtigen Antwort ‚ja' oder ‚nein' kommt, je nachdem ob der Satz allgemeingültig ist oder nicht. Entscheidungsverfahren kann man zerlegen oder sich wenigstens zerlegt denken in zwei verschiedene Teilverfahren, in eines, das nur mit ‚ja' oder gar nicht, und in eines, das nur mit ‚nein' oder gar nicht antworten kann. Das erste kann man als Verifikations-, das zweite als Falsifikationsverfahren der Allgemeingültigkeit auffassen. Gibt es für eine Menge M ein Entscheidungsverfahren, so nennt man sie selbst ‚rekursiv entscheidbar'; gibt es für M ein Verifikationsverfahren, so nennt man M (in der modernen Terminologie) ‚rekursiv abzählbar'. Diese Begriffe werden wir ausführlich in den Kapiteln 2 und 3 behandeln. Da die Falsifikation (der Zugehörigkeit zu) einer Menge nichts anderes als die Verifikation der Nichtzugehörigkeit, d.h. die Verifikation (der Zugehörigkeit zu) der Komplementmenge $\overline{M}$ ist, läuft die Falsifizierbarkeit einer Menge

[5] Ähnlich J. Herbrand (1930)

M auf die rekursive Abzählbarkeit ihrer Komplementmenge hinaus, und eine Menge ist rekursiv entscheidbar, wenn sowohl sie selbst als auch ihr Komplement rekursiv abzählbar ist. Für den folgenden Gedankengang ist wichtig, daß darüber hinaus die rekursive Abzählbarkeit einer Menge und ihre Erzeugbarkeit mit Hilfe eines formalen Systems äquivalent sind (Theorem vom Craig).

Die korrekte und vollständige Formalisierung der Aussagenlogik läuft somit auf die rekursive Abzählbarkeit hinaus, d. h. auf die rekursive Verifizierbarkeit der aussagenlogischen Allgemeingültigkeit. Die Frage nach der rekursiven Entscheidbarkeit wurde von E. Schröder 1885, L. Löwenheim 1915 und D. Hilbert 1918 gestellt und endgültig erst von E. Post 1921 beantwortet, und zwar positiv: Die aussagenlogische Allgemeingültigkeit ist rekursiv entscheidbar, d. h. rekursiv verifizierbar und falsifizierbar. Daß die Prädikatenlogik erster Ordnung rekursiv abzählbar ist, folgt aus dem Vollständigkeitstheorem Gödels von 1930. Für die Sprachtheorie und Philosophie höchst bedeutsam war jedoch das Theorem von Church, nach dem die elementare Logik, genauer: deren Allgemeingültigkeit nicht rekursiv entscheidbar ist[6]. Dies bedeutet, daß die Allgemeingültigkeit der elementaren Logik zwar rekursiv verifizierbar, aber nicht rekursiv falsifizierbar ist. Da die höhere Logik die elementare umfaßt, müßte die Existenz eines Entscheidungsverfahrens für diese die Existenz eines Entscheidungsverfahrens für die elementare Logik nach sich ziehen,woraus die Unentscheidbarkeit der höheren Logik sich ergibt. Aus der von Gödel bewiesenen Unvollständigkeit der höheren Logik folgt darüber hinaus auch die Unmöglichkeit eines rekursiven Verifikationsverfahrens. Wir haben also schon zwei negative metalogische Theoreme. In der Prädikatenlogik erster Ordnung ist die Menge der allgemeingültigen Sätze rekursiv abzählbar und die Menge der nicht allgemeingültigen rekursiv nicht abzählbar. In der höheren Prädikatenlogik ist weder die Menge der allgemeingültigen noch die der nicht allgemeingültigen Sätze rekursiv abzählbar. Beide Theoreme, die wir in den Kapiteln 8 und 9 mit Hilfe des von Dekker (1955) aufbauend auf E. Post (1944) eingeführten Begriffs der ‚Produktivität' etwas genauer beschreiben werden, sind sprachtheoretisch und -philosophisch von unschätzbarer Bedeutung und wurden bislang nicht in die sprachwissenschaftliche Diskussion einbezogen. Z. T. hat dies seinen Grund darin, daß die Geschichte der Mathematik und Logik nicht nur in der Entdeckung neuer Theoreme, sondern auch in einer fortwährenden Vereinfachung bekannter Ergebnisse besteht. Die Theoreme von Gödel und Church waren zur Zeit ihrer Auffindung offenbar extrem schwer zu verstehen[7].

[6] Church (1936b)

[7] Dies entspricht der Tatsache, daß die ‚negativen' bzw. ‚limitativen' Ergebnisse der Logik erst relativ spät in zusammenfassende und einführende Darstellungen der Logik aufgenommen worden sind. Die folgenden bekannten und lange Zeit beliebten Einführungen behandeln die Theoreme von Gödel, Church und anderen entweder nur beiläufig oder gar nicht:

In seinem Beweis von 1931 hatte Gödel gewisse Schwierigkeiten, die den Allgemeinheitsgrad seiner Ergebnisse betrafen. Der Nachweis der Vollständigkeit erfordert im Prinzip nur die Konstruktion eines geeigneten formalen Systems. Ein Nachweis der Unvollständigkeit behauptet die Nicht-Existenz bestimmter Systeme und macht darum notwendig Aussagen über die Gesamtheit aller möglichen Systeme. In den dreißiger Jahren wurden mehrere Präzisierungen der Begriffe des formalen Systems, des Algorithmus und der effektiven Berechenbarkeit vorgeschlagen, die sich überraschenderweise sämtlich als äquivalent erwiesen haben. A. Church und A. Turing haben beide 1936 die Vermutung ausgesprochen, daß die untereinander äquivalenten Begriffe der Berechenbarkeit mit ihrem intuitiven Vorbild zu identifizieren seien. Church und Turing haben die Vermutung ausgesprochen, daß nicht nur die bislang bekanntgewordenen, sondern auch alle prinzipiell möglichen und vielleicht noch aufzufindenden Begriffe des formalen Systems, des Algorithmus und der Berechenbarkeit untereinander äquivalent sein müssen, oder in anderen Worten: daß die bekannten Begriffe Realisierungen ein und desselben absoluten Begriffs seien. Diese heute meist nach Church benannte These, der das Kapitel 3 dieses Textes widmet ist, verlieh den oben genannten negativen Ergebnissen absolute Bedeutung.

Damit ist der enge Zusammenhang zwischen dem Aufkommen der modernen Logik und der Theorie der effektiven Berechenbarkeit – oder wie man meist sagt: der Theorie der Algorithmen und der rekursiven Funktionen aufgezeigt. Betrachtet man die für diese Theorien charakteristischen Begriffe und Verfahrensweisen, so stößt man zuvörderst auf zwei Konstruktionen: auf das ‚erste‘ oder ‚Cauchysche Abzählverfahren‘ und auf das ‚zweite‘ oder ‚Cantorsche Diagonalverfahren‘, das wir einfach ‚Diagonalisation‘ nennen. Das erste erlaubt den Nachweis der Abzählbarkeit der Produktmenge zweier abzählbarer Mengen. Da z. B. die Menge **N** der natürlichen Zahlen (1, 2, . . .) (per definitionem) abzählbar ist, und jede rationale Zahl als ein Bruch zweier natürlicher, d. h. letztlich als geordnetes Paar $\langle n, m \rangle$ mit $n, m \in$ **N**

H. Reichenbach (1947), W. V. O. Quine (1952), R. Carnap (1954), P. Lorenzen (1955), B. Mates (1965). Es hat den Anschein, als ob nach den Vorarbeiten einiger weniger Logiker wie z. B. E. Mendelson (1964) und J. R. Shoenfield (1967) die negativen Theoreme jetzt auch in Einführungen entwickelt werden können: H. DeLong (1970), R. Rogers (1971), Boolos-Jeffrey (1974), Barnes-Mack (1975), A. B. Manaster (1975), J. D. Monk (1976). – Kurze informale und leicht lesbare Einführungen sind Nagel-Newman (1956) (in Buchform (1958)) und H. DeLong (1971). – Früher als in der Logik sind die Ergebnisse von Gödel, Church und anderen in der Theorie der Algorithmen und rekursiven Funktionen z. T. aufgrund der Arbeit von E. Post (1944) in verallgemeinerter Form in umfassende Darstellungen aufgenommen worden: S. C. Kleene (1952), M. Davis (1958), H. Hermes (1961), H. Rogers (1967). Zur ‚historischen‘ Entfernung tritt noch eine ‚geographische‘: Die Emigration Gödels nach den U.S.A. ist sicherliche z. T. dafür verantwortlich, daß die Texte Gödels (z. B. (1930), (1931), (1936)) in ihrer deutschen Originalfassung nicht wieder abgedruckt worden sind, wohl aber in englischer Übersetzung (vgl. M. Davis (1965) und J. van Heijenoort (1967)).

dargestellt werden kann, ist auch die Gesamtheit **Q** aller rationalen Zahlen abzählbar. Das entsprechende Demonstrationsverfahren wird in der Theorie der Algorithmen z. B. bei Äquivalenzbeweisen verschiedener Verwendungsweisen von Algorithmen häufig – z. B. in Kapitel 2 – benutzt. Die Diagonalisation wurde von Cantor zum Nachweis der Nichtabzählbarkeit der Menge **R** der reellen Zahlen oder der Potenzmenge P(**N**) der Menge **N** der natürlichen Zahlen eingeführt. In der Theorie der rekursiven Funktionen, die sich gänzlich im Bereich der Abzählbarkeit bewegt, dient dieses Verfahren dem Nachweis der rekursiven Nichtabzählbarkeit gewisser Mengen. So kann man mit Hilfe dieses Verfahrens die rekursive Nichtabzählbarkeit der Menge der Paare $\langle n, m \rangle$ zeigen, die dadurch bestimmt ist, daß der in einer gewissen Liste n-te partielle Algorithmus bzw. Halbalgorithmus angesetzt auf das Argument m zu keinem Resultat gelangt. Auf einem entsprechenden Weg beweist man die erwähnten negativen Theoreme der Logik. Wir führen die entsprechenden Beweise in den Kapiteln 8 und 9. Das Diagonalverfahren hatte schon bei Cantor zum eigentlich ersten und allgemeinsten negativen Theorem geführt, das zur Bedingung der Möglichkeit aller später entdeckten wurde. Wenn die Unterschiede zwischen den Symbolen, d. h. der kleinsten Bausteine einer Sprache, z. B. der Phoneme, nicht verschwinden sollen, können stets nur endlich viele davon in ein und derselben Sprache verwendet werden. Die Menge aller endlich langen Verkettungen dieser Symbole ist aber abzählbar unendlich im Gegensatz z. B. zu der Menge **R** der reellen Zahlen: Also reicht das Instrumentarium keiner Sprache aus zur erschöpfenden Beschreibung oder auch Benennung der reellen Zahlen. Die genauere Untersuchung der Vorgeschichte der modernen Logik, der Theorien der Algorithmen und rekursiven Funktionen dürfte vielleicht sogar die spätere Abwendung der Linie Russell-Wittgenstein von der eigentlich logischen Entwicklung in der schon im 19. Jahrhundert von Frege eingenommenen Außenseiterposition erklären können. Die Traditionen Freges und die Cantors und anderer unterscheiden sich in weiteren bedeutsamen Hinsichten. Das für die Metalogik und ihre positiven und negativen Aussagen unentbehrliche Hilfsmittel der ‚Gödelisierung', auf die wir in den Kapiteln 8 und 9 eingehen werden, macht wesentlichen Gebrauch von einer Identifizierung, die Frege kategorisch abgelehnt hat, nämlich von der Identifizierung von Funktion und Gegenstand[8]. Jede Gödelisierung identifiziert Funktionen, Ausdrücke usw. mit natürlichen Zahlen, über die dann mit Hilfe der Funktionen und Ausdrücke Aussagen gemacht werden können. U. a. können auf diesem Wege Funktionen auf ‚sich selbst' angewandt werden oder Ausdrücke Aussagen über ‚sich selbst' machen. Gerade die Selbstanwendung und die aus ihr resultierenden Widersprüche sind ja das Ziel der Diagonalisation, womit auch ein Hinweis darauf gegeben ist, daß die Reflexivität der Sprache und des Bewußtseins ein wesentliches Element der

---

[8] Vgl. G. Frege (1891), (1892a), (1892b).

modernen Logik und zum Nachweis der negativen Theoreme unentbehrlich ist.

Es scheint so, als ob die Bestimmung der philosophischen Bedeutung im allgemeinen und im besonderen der sprachphilosophischen Bedeutung der These von Church noch nicht in Angriff genommen worden sei.[9] Z.B. müßte ihr Verhältnis zu der von L. Wittgenstein in seiner logisch-philosophischen Abhandlung von 1921 geforderten ‚Idealsprache' und zum ‚logischen Atomismus' einer genaueren Untersuchung unterzogen werden. Wittgenstein hatte offenbar keine Kenntnis von Churchs These, die seine Theorie der logischen Idealsprache und seinen logischen Atomismus auf ein sichereres Fundament hätte stellen können. Unglücklicherweise wandte er sich gerade in den Jahren endgültig von der Logik ab, in denen für seine früheren Gedanken relevante Entdeckungen gemacht worden sind. Wir werden uns in Kapitel 4 mit dem Problem der ‚Idealsprache' und des ‚Atomismus' auseinandersetzen. Wir werden zeigen, daß mit der Annahme der These von Church die Theorien der Algorithmen und rekursiven Funktionen ein unvergleichliches und in seiner Präzision und Grundsätzlichkeit nicht zu überbietendes Beschreibungssystem zur Verfügung stellen – eine Art Wittgensteinscher Idealsprache, die ihrem Gegenstandsbereich eine atomistische Struktur auferlegt. Die negativen Resultate von Gödel, Church und anderen haben zur Folge, daß die Benutzung komplexerer Beschreibungssysteme, die z. B. ihrem Gegenstandsbereich eine kontinuierliche Struktur zugestehen, notwendig andere Nachteile mit sich bringt. Aus diesen und ähnlichen Gründen haben wir der gesamten in den darauffolgenden Kapiteln zu entwickelnden Theorie die Beschreibungssprache der Algorithmen und rekursiven Funktionen zugrunde gelegt. Wir können zeigen, daß man bei diesem Vorgehen Ergebnisse erhält, die gut zu gewissen Annahmen der Biologie und Evolutionstheorie und zu gewissen von Chomsky gemachten Annahmen kommt. Wir werden die These vertreten, daß Chomsky und andere ihre Theorien mehr oder minder bewußt vor dem Hintergrund der These von Church und der durch sie eröffneten Möglichkeiten entworfen haben, und daß die Unkenntnis dieser Zusammenhänge zu einem großen Teil verantwortlich war für die Ablehnung, die Chomsky und seine Schüler in besonderem Maße in Europa

[9] Vielleicht ist die weitgehende Nichtbeachtung der These von Church bei R. Carnap auch dafür verantwortlich, daß sie in der sog. „Wissenschaftstheorie" nicht behandelt wurde. (Die folgenden Titel sind selbstverständlich nur Beispiele): E. Nagel (1961), A. Pap (1955), W. Stegmüller (1965), (1968), (1975). Sogar I. Lakatos (1976) erwähnt Gödel und Church nur beiläufig, obwohl sein Titel eine ausführliche Behandlung vermuten lassen könnte: „Proofs and refutations. The logic of mathematical discovery". In Wittgensteins „Bemerkungen über die Grundlagen der Mathematik" (1967), die Texte aus den Jahren 1937–44 enthalten, kommt der Name Churchs nicht vor. H. DeLong ((1970), S. 228) vermutet, daß Wittgenstein keine gründliche Kenntnis der negativen bzw. limitativen Theoreme hatte (und stützt sich dabei u. a. auf A. R. Anderson (1958), G. Kreisel (1958) und P. Bernays (1959)). (Vgl. auch S. 70 Anm. 10!)

erfahren haben. Es ist allerdings auch Chomsky der Vorwurf zu machen, daß er selbst keine Hinweise auf die von ihm implizit benützten Zusammenhänge gegeben hat.

Eine der anschaulichsten und darum beliebtesten Realisierungen des gemäß der These von Church absoluten Begriffs des ‚Algorithmus' geht auf A. Turing (1936/37) zurück. Wir werden in Kapitel 1 eine modifizierte Version der Turing-Algorithmen einführen, mit Hilfe derer wir in Kapitel 2 eine Übersicht über eine Reihe von Möglichkeiten der Definition von Mengen von Ausdrücken geben werden. Turing-Algorithmen, wie alle anderen Typen, sind abstrakte, mathematische Konstruktionen. Sie lassen sich physikalisch-technisch realisieren in den unserer Technik auferlegten Grenzen. Es lassen sich Fragen formulieren, deren Beantwortung mit Hilfe eines Turing-Algorithmus zwar möglich ist, aber mehr Rechenschritte erfordert als das Universum Atome enthält, d. h. praktisch unmöglich ist. In fast allen Überlegungen der folgenden Kapitel sehen wir von diesen Begrenzungen ab. Wir haben es darum niemals mit Problemen der Computertechnologie zu tun, d. h. mit Problemen der praktischen Bewältigung von Berechnungen. Die von uns vorgenommene (nicht wesentliche) Modifikation dient der Erleichterung des Übergangs zu den sog. ‚Semi-Thue-Systemen', die letztlich auf A. Thue (1914) zurückgehen. Diese Systeme sind in unserem Zusammenhang darum von Bedeutung, da die von Chomsky in den 50-er Jahren in die Sprachwissenschaft eingeführten Syntax-Systeme spezielle Semi-Thue-Systeme sind.[10] Wir zeigen in Kapitel 2 auf informale Weise, daß erstens alle Turing-Versionen der Definierbarkeit untereinander, zweitens mit ihren Semi-Thue-Entsprechungen und drittens auch mit der Chomsky-Erzeugbarkeit äquivalent sind. Damit werden die Chomsky-Systeme in ihren historischen wie systematischen Zusammenhang eingeordnet, der ihnen beim Übergang in die Sprachwissenschaft verlorengegangen ist, und auf den Chomsky in seinen sprachphilosophischen Schriften hinzuweisen ebenfalls versäumt hat. Anstatt dessen versucht sich Chomsky in die rationalistische Tradition einzuordnen und bezieht andererseits sich auf W. v. Humboldt, was alles nicht geeignet ist, seine Hauptthesen verständlicher erscheinen zu lassen.[11]

[10] Vgl. N. Chomsky (1955), (1956), (1957), (1959), (1962), (1963); N. Chomsky und G. A. Miller (1958); N. Chomsky und M. P. Schutzenberger (1963).

[11] Vgl. N. Chomsky (1965), (1966a), (1966b), (1968), (1971), (1975b)! Die von H. Brands (1977) vorgebrachte Kritik an den von Chomsky benützten Begründungen ist vollkommen berechtigt. Die Kritik spricht aber nicht gegen die Hauptthesen Chomskys, die sich vor dem Hintergrund der Theorie der Algorithmen und rekursiven Funktionen sehr gut begründen lassen. Chomskys Hauptthese, die die Existenz universaler Eigenschaften menschlicher Sprachen und deren Rekonstruierbarkeit mit Hilfe der Beschreibung der Sprachen in der Beschreibungssprache der Chomsky-Systeme behauptet, läßt sich ungezwungener und besser mit der Einordnung der Chomsky-Systeme in die Theorie der Algorithmen und rekursiven Funktionen begründen und hier in erster Linie mit der These von Church. Diesem Nachweis sind die Kapitel 5ff. gewidmet, die im folgenden in Kürze vorgestellt werden sollen.

Zunächst schlagen wir in Kapitel 5 vor, die formale Sprachtheorie vor dem Hintergrund eines größeren Traditionszusammenhanges zu verstehen. Die Entwicklung der Theorie der Algorithmen und der rekursiven Funktionen hat sich nämlich schon früh mit der Konstruktion algorithmischer Modelle biologischer Sachverhalte, insbesondere der für Lebewesen eigentümlichen Selbstreproduktion, verbunden.[12] J. v. Neumann hat gezeigt, daß es selbstreproduktive Algorithmen gibt, die als Modelle für die biologische Theoriebildung in Frage kommen. Diese Modelle sind insofern von Bedeutung, als die natürlichen Vorgänge, sofern sie überhaupt beschreibbar sind, gemäß der These von Church mit Hilfe algorithmischer Modelle, d. h. z. B. mit Turing-Algorithmen oder auch mit Chomsky-Systemen beschreibbar sein müssen. Im folgenden postulieren wir die Möglichkeit algorithmischer Modelle nicht nur für die Eigenschaft der Selbstreproduktion, sondern für alle Eigenschaften und Verhaltensweisen von Lebewesen. Vergröbernd betrachtet sind primitive Gattungen, die sich z. B. vegetativ fortpflanzen, darauf angewiesen, sich ausschließlich ‚mit Hilfe' von Mutationen zu adaptieren, d. h. sich fortzuentwickeln. Demgegenüber hat die sexuelle Fortpflanzung den Vorteil, daß die Nachkommen aufgrund der ‚Mischung' der elterlichen Eigenschaften stets untereinander und von ihren Erzeugern verschieden sind. Dabei ist der Spielraum der in Frage kommenden Eigenschaften zwar sehr groß, aber genau festgelegt. Die sexuelle Fortpflanzung erzeugt eine größere ‚Streuung' individueller Eigenschaften, gibt damit der Selektion mehr ‚Angriffsflächen' und ‚beschleunigt' damit die Evolution. Schon auf relativ primitiven Stufen treten Gattungen auf, die nicht mehr alle ihrer Eigenschaften auf genetischem Wege vererben, sondern die auf genetischem Wege dem Individuum nur noch ein der Gattung eigentümliches Spektrum an Eigenschaften, meist Verhaltensweisen, vererben. Diese Öffnung der Verhaltensausstattung des Individuums ergibt eine weitere Beschleunigung der Evolution.

In Kapitel 5 zeigen wir weiterhin, daß die zufällige, d. h. ungesteuerte Aneignung von Verhaltensvermögen durch Lebewesen biologisch durchaus ohne Wert und sogar mit großer Wahrscheinlichkeit schädlich für das Individuum und für die Gattung sein dürfte. Die Erlernung von in der Regel nützlichen Verhaltensweisen setzt erstens ein vorgängiges Vermögen zur Selektion derjenigen Eindrücke voraus, von denen gelernt werden soll. Zweitens gibt es keine natürliche Verbindung zwischen den das Lernen auslösenden Eindrücken und dem Lernziel. Das Individuum muß die aus seiner Umwelt kommenden Eindrücke nicht bloß reflektieren, sondern muß sie verarbeiten. Das Lernvermögen hat die Aufgabe, Eindrücke zu selegieren und zu übersetzen in für das Individuum in der Regel nützliche Verhaltensweisen. Die Frage nach der Herkunft dieses Vermögens im Individuum kann letztlich nur durch genetische Vererbung erklärt werden.

[12] McCulloch-Pitts (1943), A. M. Turing (1952), J. v. Neumann (1966), A. W. Burks (1968), E. F. Codd (1968).

Das menschliche Vermögen zur Erlernung der Sprache, dem wir uns in Kapitel 6 zuwenden, unterscheidet sich von primitiven Lernvermögen u. a. darin, daß Menschen u. a. auch von Menschen lernen, nicht nur von der unbelebten Umwelt. Derartiges ‚kulturelles' Lernen gibt es selbstverständlich auch schon in Ansätzen in der Tierwelt. Die Voraussetzung algorithmischer Systeme als ausschließliches Mittel zur Modellbildung und zur Beschreibung schließt die Benutzung der Kategorien wie ‚Induktion', ‚Verallgemeinerung', ‚Analogiebildung' u. a. bei der Erklärung des Lernvorgangs aus. Wenn diese einen Sinn haben, so muß dieser erst rekonstruiert werden. Die algorithmische Rekonstruktion von Lernvermögen führt zu relativ speziellen und wahrscheinlich artspezifischen ‚Lernalgorithmen', deren Eigenschaften im Falle der menschlichen Spracherlernung sehr genau auf die von Chomsky postulierten ‚angeborenen Ideen' und ‚formalen' und ‚substantiellen Universalien' hinauslaufen.

Die Begriffe der ‚Induktion', ‚Verallgemeinerung' usw. sind u. a. schon deshalb unbrauchbar, weil sie unartikuliert das Ziel und die Art und Weise voraussetzen, auf das hin bzw. in der verallgemeinert werden soll. Gerade dies ist aber herauszufinden. Offenbar gibt es eine Evolution der Lernvermögen, die die Komplexität der zu lernenden Fähigkeiten und damit die Komplexität der Lernvermögen stets gesteigert hat. Damit taucht die Frage nach der Natur der ‚Komplexität' auf. Über die gehirnphysiologischen Mechanismen weiß man heute noch nicht allzu viel. Insbesondere weiß man nicht, welcher Algorithmentyp – wenn überhaupt – im Gehirn Verwendung findet. Die hypothetische Voraussetzung solcher Kenntnisse würde zu einem dem Algorithmentyp eigentümlichen Komplexitätsmaß führen. Ohne die Voraussetzung kommt man mit großer Wahrscheinlichkeit über den Umweg gewisser evolutionstheoretischer Annahmen zum Schluß, daß ein grobes Komplexitätsmaß eine Rolle spielen muß. Die Steigerung der Komplexität der Verhaltensvermögen von Gattungen wurde von der Selektion erzwungen mit Hilfe einer Art von Rivalität, die einen Vergleich der Leistungsfähigkeit der Verhaltensvermögen erzeugt. Die Komplexität ist ein Produkt der Selektion.

Vor dem Hintergrund der Theorie der Algorithmen und rekursiven Funktionen muß ein Lernvermögen umso komplexer sein, je komplexer die von ihm zu erzeugenden Verhaltensrepertoires sind. Je mehr gelernt wird, desto größer müssen die auf genetischem Wege erworbenen, d. h. angeborenen Fähigkeiten sein. In Kapitel 6 werden wir versuchen, diese These für die Erlernung der Sprache zu zeigen.

Die Komplexität von Verhaltensvermögen besteht sicher nicht in dem Umfang des Repertoires an verschiedenen Verhaltensweisen. So ist z. B. die Gesamtheit aller mit Hilfe eines endlichen Inventars primitiver Verhaltensweisen zu konstruierenden zusammengesetzten Verhaltensweisen schon unendlich, aber von sehr geringer Komplexität. Man kann an der von Chomsky in die Sprachwissenschaft eingeführten und darum meist nach seinem

Namen benannten Hierarchie der vier Typen formaler Syntax-Systeme leicht nachweisen, daß diese Hierarchie einen Komplexitätsmaßstab darstellt. Die höheren Typen unterscheiden sich von den niedrigeren nicht in der Größe der von ihren Syntax-Systemen erzeugten Verhaltensrepertoires, z. B. formalen Sprachen. Die höheren Typen enthalten vielmehr ‚feinere' Systeme, d. h. Systeme, die eine feinere Auswahl an Verhaltensweisen treffen können als niedrigere Systeme. Komplexere Systeme erlauben nicht eine ‚breitere', sondern eine ‚feinere' Auswahl an Verhaltensweisen.

N. Chomsky hat schon früh im Einklang mit einer damals verbreiteten Tradition zu einer psychologisierenden Auffassung seiner Syntaxsysteme geneigt. Dieser Standpunkt ist zweifellos mit vielen Problemen belastet. Interpretiert man ihn aber vor dem Hintergrund der These von Church, die von Chomsky zu seinem eigenen Schaden mit keinem Wort erwähnt wird, so wird die psycho-syntaktische Korrespondenzthese Chomskys in dem Maße plausibel, in dem alle denkbaren Realisierungen des nach der These von Church genau bestimmten Begriffs der effektiven Berechenbarkeit notwendigerweise gemeinsame Eigenschaften aufweisen müssen.

In den Kapiteln 8 und 9 entwickeln wir einige der angekündigten ‚negativen' bzw. ‚limitativen' Theoreme und zwar in Kapitel 8 innerhalb der Theorie der Algorithmen und rekursiven Funktionen und in Kapitel 9 in der Logik. Wir machen dabei wesentlichen Gebrauch von dem von Dekker (1955) aufgrund der Vorarbeiten von E. Post (1944) eingeführten Begriff der ‚Produktivität'. Eine Menge M z. B. von Sätzen ist produktiv, wenn M algorithmisch (genauer: rekursiv) weder entscheidbar, noch verifizierbar bzw. abzählbar ist, wenn es aber eine ‚produktive Funktion' gibt, die aus jeder rekursiv abzählbaren Teilmenge $M' \subseteq M$ ein weiteres Element von M ermittelt, das nicht in M' liegt. Eine Menge M ist also produktiv, wenn jede bekannte Teilmenge von M algorithmisch stets erweitert werden kann, ohne daß man auf diesem Wege jemals die gesamte Menge M wird erschöpfend erfassen können. Die rekursive Unentscheidbarkeit der Prädikatenlogik erster Ordnung besteht in dieser Terminologie ausgedrückt in der Produktivität der Gesamtheit der nicht allgemeingültigen Sätze. Wir werden zeigen, daß sowohl die Menge der wahren als auch die der falschen Sätze der elementaren Arithmetik produktiv sind. E. Post (1944) hat diese Tatsache mit der menschlichen Kreativität in Zusammenhang gebracht (, weshalb er auch von ‚kreativen' Mengen spricht. Eine Menge ist kreativ, wenn ihr Komplement produktiv ist). In der Tat spricht einiges für diese These. Erstens beschreibt der Begriff der Produktivität recht gut die wesentliche Offenheit der menschlichen Sprache und ihre Fähigkeit, sich fortwährend weiterzuentwickeln. Zweitens wird die Produktivität in der Theorie der Algorithmen, der rekursiven Funktionen und der Logik mit Hilfe der Selbstreferenz der Systeme und den daraus hervorgehenden Paradoxien erzeugt, d. h. mit denselben Mitteln, wie auch in natürlichen Sprachen. Drittens stimmt der Begriff der Produktivität sehr gut mit den in Kapitel 6 aus ihrer Lernbarkeit gewonnenen Eigenschaften natürlicher Sprachen überein.

Wenn wir in Anlehnung an manche englischsprachige Autoren die Ergebnisse von Gödel, Church u. a. ‚negativ' und ‚limitativ' genannt haben, so ist das zwar korrekt und auch suggestiv, kann aber auch leicht mißverstanden werden. Man könnte angesichts unserer Unfähigkeit, die Menge der allgemeingültigen Sätze gewisser Systeme zu definieren, auf den Gedanken kommen, nach aufwendigeren und darum leistungsfähigeren Systemen zu suchen. Damit hätte man die gemäß der These von Church absolute Geltung der Theoreme von Gödel, Church u. a. verkannt. Diese behaupten nämlich nicht Unzulänglichkeiten einiger Systeme unterhalb einer gewissen Stufe der Komplexität, sondern oberhalb derselben. Dadurch werden diese Unzulänglichkeiten zu notwendig auftretenden, d. h. erhalten absolute Geltung.

Chomsky hat gezeigt, daß die Gesamtheit der von seinen Systemen erzeugbaren Mengen von Ausdrücken gerade die Gesamtheit der rekursiv abzählbaren ist. Dabei erzeugen die niedrigeren Typen Mengen, deren Komplement ebenfalls rekursiv abzählbar ist, d. h. rekursiv entscheidbare Mengen. Hieraus ergibt sich die Tatsache, daß die rekursiv nicht abzählbaren, z. B. produktiven Mengen durch eine über die Chomsky-Hierarchie hinausreichende Komplexitätssteigerung entstehen, und daß die ‚negativen' bzw. ‚limitativen' Theoreme also Eigenschaften sehr komplexer, biologisch und komplexitätstheoretisch sehr fortgeschrittener Mengen beschreiben.

Auf diesem Wege kommen wir zu einer Weiterentwicklung einer von Chomsky hervorgehobenen Gruppe von Thesen. Die Erlernung komplexer Verhaltensrepertoires, insbesondere die ‚Erlernung' rekursiv nicht abzählbarer, z. B. produktiver Repertoires kann nicht ohne sehr spezifische Vorgaben, d. h. Lernhilfen erfolgen, die selbst nicht erlernt sein können. Man kann zeigen, daß die Thesen Chomskys zum Universalienproblem und zum Problem der sog. ‚angeborenen Ideen' sich weitgehend bestätigen lassen unter der Voraussetzung der Erklärung sehr komplexer Lernvorgänge ausschließlich unter Zuhilfenahme der Algorithmen und rekursiven Funktionen als Mittel der Beschreibung.

1. Turing-Systeme, -Halbalgorithmen und -Algorithmen

Im folgenden werden Turing-Systeme (sonst: nicht-deterministische Turing-Maschinen), Turing-Halbalgorithmen (sonst: (deterministische) Turing-Maschinen) und Turing-Algorithmen (sonst: total definierte Turing-Maschinen) eingeführt. Die Darstellung weicht von den üblichen in mehreren Hinsichten ab: Erstens werden keine Bänder benützt, sondern Ausdrücke (vgl. Appendix!). Die sog. Zustände werden zweitens nicht im Gedächtnis des Systems, sondern in Form eines Symbols in dem zu bearbeitenden Ausdruck gespeichert. Beide Abweichungen erlauben Turing-Systeme als spezielle Semi-Thue-Systeme aufzufassen und damit Systeme beider Typen zusammen mit den von Chomsky in die Linguistik eingeführten Phrasenstrukturgrammatiken im folgenden Kapitel auf einheitliche Weise darzustellen. Die Stelligkeit der Turing-Systeme wird nicht primitiv eingeführt, sondern nachträglich den Systemen verliehen, und sogleich wieder auf Ein- bzw. Zweistelligkeit reduziert. Schließlich ist zu zeigen, daß man sich im wesentlichen auf arithmetische Systeme beschränken kann.

Ab Kapitel 4 und 5 werden wir Turing-Systeme, -Halbalgorithmen und -Algorithmen zur Rekonstruktion verschiedener Sachverhalte auf verschiedene Weise anwenden. Die Bedeutung der folgenden Hinführung zum Begriff der Turing-Systeme erschöpft sich aber nicht nur darin, irgendein sensibles Instrument zur Verfügung zu stellen. Sie will ebensosehr eine Interpretation der Natur dieser Systeme in Kapitel 3 vorbereiten und damit eine Begründung der Möglichkeit und des Sinns ihrer praktischen Anwendung. Es kann nicht mit ein paar knappen Definitionen getan sein, sondern wir wollen mit einem ‚Verständnis' für diese Systeme – im umgangssprachlichen Sinn – auch einige Sympathien für sie wecken. Dieses Vorgehen bedingt aber auch, daß wir manchmal Abstriche im Hinblick auf die Exaktheit und Explizitheit machen müssen. Wir verweisen auf die ausführlicheren Darstellungen in der Literatur.[1]

Wir sprechen im folgenden ausschließlich von Ausdrücken. Aber was wir sagen, läßt sich auf alles übertragen, das dieselbe Struktur besitzt. Wir nehmen Ausdrücke als Repräsentanten allgemeinerer Strukturen, deren mathematische Charakteristik wir hier umgehen und im Appendix nachholen. Sie ist entbehrlich für das unmittelbare Verständnis des folgenden.

Wir betrachten Möglichkeiten der Veränderung von Ausdrücken – von ganz einfachen bis zu relativ komplizierten, von sehr allgemeinen bis zu speziellen. So z.B. kann in einem Ausdruck ein Teilausdruck durch einen

---

[1] A. Turing (1936/37). Die klassischen Darstellungen sind Kleene (1952), Davis (1958), Hermes (1961).

anderen z. B. längeren oder kürzeren ersetzt werden. Oder ein Ausdruck kann durch beliebig wiederholte Ersetzungen schließlich so verwandelt werden, daß er nichts mehr mit seinem Ursprung gemeinsam hat. Eine prinzipielle Bemerkung zur Rede von der ‚Veränderung' von Ausdrücken und vergleichbarer Begriffe: Mathematische Objekte wie Ausdrücke und Zahlen sind genaugenommen absolut ‚unveränderlich'. Wenn wir aber unserem Auge einen auf ein Papier geschriebenen Ausdruck entziehen und ihm einen etwas anderen geschickt unterschieben, dann entsteht die bekannte cineastische Sinnestäuschung. Wir glauben eine Veränderung des Gegenstandes zu sehen, wo doch beide Gegenstände an sich gleich geblieben sind, und nur unsere Wahrnehmung sich mehr an dem Rahmen festgehalten hatte als an den Gegenständen, die in ihm wechselten. Die Täuschung richtet keinen Schaden an, solange wir uns über sie im klaren sind. Sie kann aber unsere Vorstellung wesentlich vereinfachen, und darum bedienen wir uns ihrer.

Die ältesten systematischen Überlegungen finden sich in Axel Thues „Probleme über Veränderungen von Zeichenreihen nach gegebenen Regeln".[2] Thue verwendete ‚symmetrische' Ersetzungsregeln der Form

R baac $\leftrightarrow$ cb, allgemein: $x \leftrightarrow y$,

nach denen erstens z. B. der Ausdruck baac in allen Kontexten durch cb ersetzt werden darf und zweitens cb in allen Kontexten durch baac, allgemein: nach denen der links vom Doppelpfeil stehende Ausdruck x in allen Kontexten durch den rechts von ihm stehenden Ausdruck y ersetzt werden darf und umgekehrt.

Eine Anwendung der Thue-Regel R von links nach rechts bewirkt ausgehend z. B. von acbaacb die folgende Umformung:

acbaacb
R
accbb

Eine Anwendung von rechts nach links kann ausgehend von demselben Ausdruck verschiedene Umformungen bewirken:

acbaacb	acbaacb
R	R
abaacaacb	acbaabaac

Thue-Regeln sind manchmal zu grob, und deshalb hat sie E. Post 1947 zu ‚Semi-Thue-Regeln' halbiert und ihnen damit die klassische Form gegeben, die sie später in Chomskys Theorie der formalen Sprachen und Grammatiken haben sollten. Die Halbierung führte zu ‚asymmetrischen' Regeln der Form

P baac $\rightarrow$ cb, allgemein: $x \rightarrow y$,

[2] A. Thue (1914).

die ausschließlich die Ersetzung von links nach rechts erlauben – und zwar wieder in allen Kontexten. Es sind mehrere Namen im Gebrauch. Man sagt ‚Ersetzungsregeln', ‚rewrite rules' und ‚Produktion(sregeln)'. Der letzte Name scheint besonders geeignet, da er die ‚Asymmetrie' anschaulich zum Ausdruck bringt.

Die Produktion P erlaubt also zwar die Ersetzung von baac durch cb,

acbaacb

accbb

aber nicht mehr die von cb durch baac. Diese Ersetzung macht eine weitere Produktion erforderlich, nämlich:

P′ cb → baac

acbaacb

abaacaacb

Je zwei Semi-Thue-Produktionen, wie z. B.

P	baac → cb	allgemein:	x → y
P′	cb → baac		y → x

ergeben zusammen genommen dieselben Umformungsmöglichkeiten wie die entsprechenden Thue-Regel allein

baac ↔ cb, allgemein: x ↔ y.

Alles was man also mit Thue-Regeln erreichen kann, kann man auch mit Semi-Thue-Produktionen erreichen. Diese Tatsache deutet ein Prinzip unseres weitern Vorgehens an: Wir werden die Form der Produktionen immer stärker einschränken und uns zugleich ihre ursprüngliche Leistungsfähigkeit dadurch erhalten, daß wir gleichzeitig zu Mengen von Produktionen übergehen. Wir ersetzen grobe Produktionen durch Mengen von feineren, bzw. kleine Mengen grober Produktionen durch große Mengen feinerer.

Wir beseitigen zunächst eine gewisse Beliebigkeit in der Anwendung unserer Semi-Thue-Regeln bzw. Produktionen. In dem Ausdruck acbaacb kommt cb zweimal als Teilausdruck vor, und je nachdem welchen Teil wir z. B. mit P′ ersetzen, erhalten wir ein anderes Ergebnis:

acbaacb

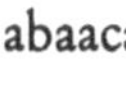

abaacaacb

acbaacb

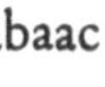

acbaabaac

Chomsky-Systeme machen wesentlichen Gebrauch von dieser Freiheit in der Wahl des Anwendungsorts. Unseren folgenden Überlegungen müssen wir sie jedoch zunächst opfern – um sie im nächsten Kapitel wieder zuzulassen.

Wir geben die Freiheit auf zugunsten einer vollständigen Determiniertheit des Anwendungsorts und ersetzen so das Praktische, aber theoretisch Undurchsichtige durch theoretisch Einfaches, aber Umständliches. Die meisten wissenschaftlichen ‚Reduktionen' sind in diesem Dilemma, und dies ist auch dafür verantwortlich, daß die Reduktionen im täglichen Leben so wenig Sinn ergeben. Die Reglementierung funktioniert folgendermaßen: Wir treffen 1. die (ganz willkürliche) Vereinbarung, als eigentliche Symbole unseres Alphabets A nur noch kleine lateinische Buchstaben zuzulassen: a, b, c, . . ., allgemein: $a_1, \ldots, a_n$, damit wir die großen im Dienste der Reglementierung einsetzen können. Tatsächlich benutzen wir lediglich große indizierte Z's: $Z_1, \ldots, Z_n$, die wir zum Alphabet **Z** zusammenfassen:

$$\mathbf{Z} = \{Z_1, \ldots, Z_n\}.$$

Denselben Dienst könnte der Unterschied zwischen lateinischen und griechischen Buchstaben erfüllen. Wir brauchen lediglich zwei Alphabete gut unterscheidbarer Symbole. Zweitens legen wir fest, daß ein ‚Turing-Ausdruck' ein Ausdruck über unserem Alphabet A sei, in dem genau ein Symbol aus **Z** genau einmal vorkommt, und daß wir es weiterhin nur noch mit Turing-Ausdrücken zu tun haben wollen. Turing-Ausdrücke sind z. B. die folgenden:

$$baaZ_5c, \quad Z_{17}aaab, \quad Z_2,$$

im Gegensatz zu folgenden:

baac	(kein Z, d. h. weniger als ein Z)
$baaZ_1Z_5c$	(mehr als ein Z)
baZ_1Z_1	(ein Z mehr als einmal)
$Z_5aZ_6Z_6aaZ_6$	(beides).

Drittens und letztens legen wir fest, daß links und rechts vom Produktionspfeil nur noch Turing-Ausdrücke vorkommen dürfen. Wir benützen also nur noch Produktionen der Form

$$baZ_2a \rightarrow ccZ_5,$$

die wir entsprechend ‚Turing-Produktionen' nennen.

Eine Turing-Produktion $x \rightarrow y$ ist auf einen Turing-Ausdruck A anwendbar genau dann, wenn ihre linke Seite x als Teilausdruck in A vorkommt. Da sowohl in x als auch in A genau ein Z vorkommt, ist der mögliche Ort der Anwendung genau bestimmt. Und da die Anwendung von $x \rightarrow y$ die Anwesenheit genau eines Z's erhält, erhält sie auch die Eindeutigkeit der Produktionsanwendungen. Die Einführung der Z's hat die ursprüngliche Freiheit der Produktionen in der Wahl ihres Anwendungsortes vollständig beseitigt.

Ein Beispiel: Wir nehmen die folgenden Turing-Produktionen:

P1 $aZ_1bb \rightarrow Z_1$
P2 $bbZ_1a \rightarrow Z_1$

und den Turing-Ausdruck

$abbbbZ_1aabb$.

Produktion 1 ist nicht anwendbar. Sie hat mit dem Turing-Ausdruck zwar das Z gemeinsam, nämlich Z_1, aber dieses steht in einer anderen Umgebung. P2 ist anwendbar und ersetzt den unterstrichenen Teil durch Z_1:

$abbbbZ_1aabb$

$abbZ_1abb$

P2 kann noch einmal angewendet werden:

$abbZ_1abb$

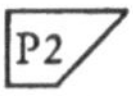

aZ_1bb

Schließlich ist P1 anwendbar:

aZ_1bb

Z_1

Die beliebige Anwendung der Turing-Produktionen P1 und P2 bewirkt gewisse Verkürzungen gewisser Ausdrücke. Ein Ausdruck A wird nur dann bis auf das Z_1 reduziert, wenn er eine gewisse Symmetrie aufweist, genauer: wenn auf der einen Seite von Z_1 ein a steht, wo auf der anderen Seite zwei b's stehen:

Die Reduzierbarkeit eines Turing-Ausdrucks auf Z_1 läßt sich als technisches Prüfverfahren für diese Symmetrieeigenschaft benützen. Ein Ausdruck hat diese Eigenschaft genau dann, wenn er sich von P1 und P2 bis auf Z_1 reduzieren läßt. Der Ausdruck

$aabbZ_1aa$

hat diese Eigenschaft nicht. Er läßt sich zwar einmal mit P2 verkürzen, aber es bleibt ein für beide Produktionen irreduzibler Rest:

$aabbZ_1aa$

P2

aaZ_1a

Natürlich ist die Reduktion auch dann nicht durchführbar, wenn der betreffende Ausdruck Z_1 an der ‚falschen' Stelle oder sogar ein ‚falsches' Z enthält, z.B. Z_2:

$abbbbaZ_1abb$
$abbbbZ_2aabb$

Unser Beispiel war verkürzend. Dies ist keine notwendige Eigenschaft von Turing-Produktionen. So sind z.B.

P3 $Z_1a \rightarrow aaZ_1$
P4 $Z_1b \rightarrow bbZ_1$

verlängernd:

aZ_1abaa

P3

$aaaZ_1baa$

P4

$aaabbZ_1aa$

P3

$aaabbaaZ_1a$

P3

$aaabbaaaaZ_1$

Da während der Umformung in jedem Ausdruck genau ein Z vorkommt und Veränderungen nur unmittelbar links und rechts von diesem auftreten, bietet sich – sozusagen – eine ‚Personalisierung' an: ‚Das Z selbst bewirkt die Veränderung'. In P3 schluckt das Z rechts ein a und gibt gleichzeitig links zwei a's aus. In P4 schluckt das Z rechts ein b und gibt entsprechend links zwei b's aus. Das Z frißt sich durch den gesamten Ausdruck, sofern kein anderes Symbol als a und b auftritt, und verdoppelt ihn.

Nehmen wir zusätzlich zu P3 und P4 die folgenden Produktionen:

P5 $Z_1c \rightarrow Z_2c$
P6 $aZ_2 \rightarrow Z_2$
P7 $bZ_2 \rightarrow Z_2$

Jetzt ändert das Z sein Verhalten, sobald es auf seinem Weg nach rechts zum ersten Mal auf ein c gestoßen ist: In diesem Falle geht es wieder nach links und zerstört alle a's und b's:

aZ_1abaac

P3

$aaaZ_1baac$

P4

$aaabbZ_1aac$

P3

$aaabbaaZ_1ac$

P3

$aaabbaaaaZ_1c$

P5

$aaabbaaaaZ_2c$

P6

$aaabbaaaZ_2c$

P6

$aaabbaaZ_2c$

P6

$aaabbaZ_2c$

P6

$aaabbZ_2c$

P7

$aaabZ_2c$

P7

$aaaZ_2c$

P6

aaZ_2c

P6

aZ_2c

P6

Z_2c

Nach seinem Zusammentreffen mit c nimmt Z den Index 2 an. Dieser repräsentiert sein ‚Gedächtnis' an das Zusammentreffen und steuert sein zukünftiges Verhalten. Dies ist der Grund, warum die indizierten Z's in der Theorie der Automaten und Algorithmen unter der Bezeichnung ‚Zustände' bekannt sind. Der Index ist der ‚geistige Zustand' unseres personalisierten Z's. Im weiteren nennen wir die Indices und die indizierten Z's auch ‚Zustände'.

Der Übergang von Semi-Thue-Produktionen zu Turing-Produktionen zieht wiederum keine wirkliche Beschränkung der Leistungsfähigkeit nach sich. Man kann nämlich wieder die freie Anwendbarkeit der ersteren bei Turing-Produktionen damit nachahmen, daß man den Zustand mit Hilfe von Produktionen der Form

$$a_iZ_ja_k \rightarrow Z_ja_ia_k$$
$$a_iZ_ja_k \rightarrow a_ia_kZ_j$$

beliebig nach rechts und links verschiebbar macht. Man geht zu sensibleren Regeln über, aber erhält sich die Möglichkeit zur alten Freiheit. Die neuen Produktionen haben die Chance zur Determiniertheit, aber nicht den Zwang. Und wiederum wird die freie Anwendbarkeit einer einzigen Semi-Thue-Regel auf der Seite der Turing-Produktionen durch eine entsprechende Eigenschaft einer Menge von Produktionen nachgeahmt.

Leider sind wir immer noch nicht an unserem vorläufigen Ziel, der Präzisierung des Begriffs des ‚Turing-Systems', angelangt. Hierzu zunächst eine Vereinfachung: Wir beschränken uns erstens auf Produktionen, deren linke Seiten die Form haben

$$a_iZ_ma_j,$$

wobei a_i und a_j beliebige Symbole und Z_m ein beliebiger Zustand ist. Dies ist eine Beschränkung der Form der Produktionen, aber eine Beschränkung auf sehr allgemeine Produktionen – auf solche nämlich, deren Anwendbarkeit nur noch vom minimalen Kontext des Zustandes beeinflußt werden kann: von einem Symbol links und von einem Symbol rechts. Alles andere bleibt unberücksichtigt. Wiederum bringt das keine Nachteile mit sich, da die verlorene Sensibilität sich durch andere Maßnahmen ausgleichen läßt.

Zweitens beschränken wir uns auf die folgenden fünf Typen von Produktionen:

Typ 1: $a_iZ_ma_j \rightarrow a_iZ_na_k$
Typ 2: $a_iZ_ma_j \rightarrow a_ia_jZ_n$
Typ 3: $a_iZ_ma_j \rightarrow Z_na_ia_j$
Typ 4: $a_iZ_ma_j \rightarrow a_iZ_na_ka_j$
Typ 5: $a_iZ_ma_j \rightarrow a_iZ_n$

Die Typen 1 bis 3 zeichnen sich dadurch aus, daß ihre rechten Seiten dieselbe Länge haben wie ihre linken. Als einzige eigentliche Ersetzungsproduktionen lassen wir nur noch die vom Typ 1 zu. Diese ersetzen das Symbol a_j unmittelbar rechts vom Zustand durch das Symbol a_k, das von a_j nicht verschieden sein muß. Das Feld unmittelbar rechts vom Zustand können wir als dessen ‚Arbeitsfeld' betrachten. Nur noch hier darf – in unserer personalisierten Redeweise – der Zustand etwas verändern. Wiederum haben wir keine echte Beschränkung. Man kann z.B. eine nach unseren früheren und laxeren Bestimmungen erlaubte Produktion der Form

P8 $a_5Z_ma_1a_2a_3 \rightarrow a_5Z_nb_1b_2b_3$

mit Hilfe unserer eingeschränkten Produktionen dadurch ‚simulieren', daß man a_1, a_2 und a_3 nacheinander einzeln durch b's ersetzt. Dazu braucht man drei Ersetzungen der Form

$--Z-a_1 \rightarrow --Z-b_1$
$--Z-a_2 \rightarrow --Z-b_2$
$--Z-a_3 \rightarrow --Z-b_3$

Die Ersetzung von a_2 und a_3 verlangt, daß der Zustand unmittelbar vor ihnen steht. Nach der Ersetzung von a_1 durch b_1 steht er aber vor b_1, nicht vor a_2. Zu diesem Zweck braucht man Produktionen vom Typ 2. Sie ersetzen eigentlich kein Symbol, sondern sie verschieben den Zustand über a_j hinaus (ein Symbol) nach rechts. Die folgenden fünf einfachen Produktionen haben zusammen genommen denselben komplexen Umformungseffekt wie die alte komplexe Produktion P8 allein:

P9 $a_5Z_ma_1 \rightarrow a_5Z_{m+1}b_1$
P10 $a_5Z_{m+1}b_1 \rightarrow a_5b_1Z_{m+2}$
P11 $b_1Z_{m+2}a_2 \rightarrow b_1Z_{m+3}b_2$
P12 $b_1Z_{m+3}b_2 \rightarrow b_1b_2Z_{m+4}$
P13 $b_2Z_{m+4}a_3 \rightarrow b_2Z_{m+5}b_3$

Was P8 auf einmal schafft, das erreichen die neuen Produktionen in fünf Rechenschritten:

$a_5\ Z_m\ a_1\ a_2a_3$
[P9]
$a_5Z_{m+1}b_1\ a_2a_3$
[P10]
$a_5b_1Z_{m+2}\ a_2a_3$
[P11]
$a_5b_1Z_{m+3}b_2a_3$
[P12]
$a_5b_1b_2Z_{m+4}a_3$
[P13]
$a_5b_1b_2Z_{m+5}b_3$

Das ursprüngliche P 8 hinterließ seinen Zustand Z_n unmittelbar rechts neben a_5, im Gegensatz zu P 1–5. Um auch dies nachzuahmen, braucht man Produktionen vom Typ 3. Sie entsprechen dem zweiten Typ in allem – mit der Ausnahme, daß sie den Zustand nach links verschieben. P 14 und P 15

P 14 $b_2Z_{m+5}b_3 \rightarrow Z_{m+6}b_2b_3$
P 15 $b_1Z_{m+6}b_2 \rightarrow Z_nb_1b_2$

schließen die Simulation ab:

$$a_5b_1b_2Z_{m+5}b_3$$

P 14

$$a_5b_1Z_{m+6}b_2b_3$$

P 15

$$a_5Z_n\ b_1\ b_2b_3$$

Entsprechend lassen sich komplexe Produktionen der Form

P 16 $a_1a_2a_3Z_ma_6 \rightarrow b_1b_2b_3Z_na_6$

durch mehrere einfache Produktionen der fünf neuen Typen simulieren. Dazu verschiebt man zuerst den Zustand mit Produktionen vom Typ 3 nach links und ersetzt danach a_1, a_2 und a_3 schrittweise durch b_1, b_2 und b_3. Natürlich kann man durch Kombination beider Reduktionen auch Produktionen simulieren, die zugleich links und rechts vom Zustand ein Symbol oder mehrere ersetzen, wie z. B. die folgende

P 17 $a_1a_2Z_ma_3a_4a_5 \rightarrow b_1b_2b_3Z_nb_4b_5$.

Alle komplexen Produktionen, die die Länge der Ausdrücke erhalten, können also simuliert werden durch Mengen von Produktionen der Typen 1 bis 3.

Wir kommen jetzt auf die Typen 4 und 5 zu sprechen. Die ‚alten' und ‚komplexen' Produktionen konnten beliebig viele Symbole verschwinden (P 17) oder entstehen (P 18) lassen:

P 17 $a_7Z_ma_1a_2a_3a_4 \rightarrow a_7Z_na_4$
P 18 $a_7Z_ma_4 \rightarrow a_7Z_na_1a_2a_3a_4$

Dies ist jetzt nicht mehr möglich. Typ 4 verlängert um genau ein Symbol, und Typ 5 verkürzt um genau ein Symbol. Der Zustand eliminiert oder schafft jeweils nur ein Symbol in seinem Arbeitsfeld unmittelbar rechts von ihm. Aber natürlich kann man wieder jede komplexe Produktion äquivalent ausdrücken durch eine Menge normierter. P 17 wird simuliert durch

P 19 $a_7Z_ma_1 \rightarrow a_7Z_{m+1}$
P 20 $a_7Z_{m+1}a_2 \rightarrow a_7Z_{m+2}$
P 21 $a_7Z_{m+2}a_3 \rightarrow a_7Z_n$

und P18 durch

P22 $a_7 Z_m a_4 \rightarrow a_7 Z_{m+1} a_3 a_4$
P23 $a_7 Z_{m+1} a_3 \rightarrow a_7 Z_{m+2} a_2 a_3$
P24 $a_7 Z_{m+2} a_2 \rightarrow a_7 Z_n a_1 a_2$

$a_7\ Z_m\ a_1 a_2 a_3 a_4$
P19
$a_7 Z_{m+1} a_2 a_3 a_4$
P20
$a_7 Z_{m+2} a_3 a_4$
P21
$a_7\ Z_n\ a_4$

$a_7\ Z_m\ a_4$
P22
$a_7 Z_{m+1} a_3 a_4$
P23
$a_7 Z_{m+2} a_2 a_3 a_4$
P24
$a_7\ Z_n\ a_1\ a_2 a_3 a_4$

Oben verschlingt der Zustand der Reihe nach a_1, a_2 und a_3 und unten gibt er die selben Symbole in der umgekehrten Reihenfolge aus. Auch alle verwickelteren Fälle komplexer Produktionen können ebenso durch Mengen normierter äquivalent ausgedrückt werden. Wir ersparen uns die Durchführung. Sie ist leicht abzusehen.

Wir müssen unsere Produktionen ein letztes Mal revidieren. Ausdrücke haben einen Anfang und ein Ende, und es muß erlaubt sein, Produktionen zu verwenden, die besagen:

Z_m ersetze das erste Symbol durch . . .
Z_m ersetze das letzte Symbol durch . . .

Unsere bisherigen Regelungen versagen hier grundsätzlich. Wir beschränken unsere Überlegungen auf das Ende von Ausdrücken, sie gelten entsprechend für den Anfang. Produktionen des ersten Typs

$a_i Z_m a_j \rightarrow a_i Z_n a_k$

können zwar durchaus das letzte Symbol eines Ausdrucks ersetzen (durch ein anderes), aber es gibt keine Möglichkeit, ihre Anwendungen auf das letzte Symbol zu beschränken. Jede Produktion kann auch im Innern angewendet werden. Man bräuchte eine Produktion oder eine Menge von solchen, die feststellt, ob ein Symbol das letzte in einem Ausdruck ist oder nicht. Die Produktion

$$a_iZ_ma_j \rightarrow a_iZ_na_k$$

kann das grundsätzlich nicht. Sie kann nicht über a_j bzw. a_k hinwegblicken. Also – so könnte man argumentieren – bringt man mit einer Produktion vom zweiten Typ

$$a_iZ_ma_j \rightarrow a_ia_jZ_n$$

den Zustand ein Symbol nach rechts und läßt ihn dort versuchen festzustellen, ob er am Ende angelangt ist oder nicht. Etwa so:

$a_jZ_n \rightarrow a_jZ_{n+1}$, wenn Z_n am rechten Ende steht,
$a_jZ_n \rightarrow a_jZ_{n+2}$ andernfalls.

Diese Regeln überschreiten jedoch grundsätzlich die Leistungsfähigkeit von Produktionen, die ihrem Wesen nach Ersetzungsregeln sind: Sie können nur Ausdrücke bzw. Symbole gegeneinander austauschen und keine Bedingungen berücksichtigen, die nicht – sozusagen – ausdrücklich, d.h. in Aspekten des betreffenden Ausdrucks gegeben sind. Und läßt man die Bedingungen weg, dann sind die Produktionen wiederum überall, d.h. nicht nur am Ende anwendbar. Chomsky konnte die Systeme seines ersten Typs ‚kontextsensitiv' nennen, weil sie sensitiv gegenüber Kontexten, d.i. Texten sind, nicht gegenüber dem ‚Nichts' außerhalb der Texte. Unsere Systeme können die Frage nach der Grenze von Ausdrücken nicht stellen. So unbefriedigend L. Wittgensteins Trost für die ‚menschliche' Erkenntnis sein mag, auf die ‚algorithmische' trifft sie zu: „Den Tod erlebt man nicht".[3]

Aus diesem Grund vereinbaren wir, unsere Arbeit auf Turing-Ausdrücke zu beschränken, die wir ‚begrenzt' nennen. Ein Turing-Ausdruck ist ‚begrenzt' genau dann, wenn er mit einem ‚B' beginnt, mit einem ‚B' endet und darüber hinaus kein ‚B' mehr enthält. Diese B's können von Turing-Produktionen wahrgenommen und entsprechend berücksichtigt werden.

Ein Beispiel:

P25 $BZ_1a \rightarrow BaZ_2$
P26 $aZ_2a \rightarrow aaZ_3$
P27 $aZ_3a \rightarrow aaZ_4$
P28 $aZ_4B \rightarrow aZ_5B$
P29 $aZ_5B \rightarrow Z_5B$

---

[3] L. Wittgenstein 1921, § 6.4311.

Diese Produktionen prüfen, ob ein begrenzter Ausdruck abgesehen von den B's aus drei aufeinanderfolgenden a's besteht, und eliminieren diese ausschließlich in diesem Falle:

BZ_1aaaB

P 25

BaZ_2aaB

P 26

$BaaZ_3aB$

P 27

$BaaaZ_4B$

P 28

$BaaaZ_5B$

P 29

$BaaZ_5B$

P 29

BaZ_5B

P 29

BZ_5B

Jetzt können wir unseren Produktionen die endgültige Form geben:

Typ 1:	$a_iZ_ma_j \rightarrow a_iZ_na_k$	mit $a_j, a_k \neq B$
Typ 2:	$a_iZ_ma_j \rightarrow a_ia_jZ_n$	mit $a_j \neq B$
Typ 3:	$a_iZ_ma_j \rightarrow Z_na_ia_j$	mit $a_i \neq B$
Typ 4:	$a_iZ_ma_j \rightarrow a_iZ_na_ka_j$	
Typ 5:	$a_iZ_ma_j \rightarrow a_iZ_n$	mit $a_j \neq B$

Die rechts formulierten Verbote verhindern, daß Produktionen angewandt auf begrenzte Turing-Ausdrücke das B am linken und am rechten Ende beseitigen, d.h. sie garantieren, daß die neuen Produktionen begrenzte Turing-Ausdrücke stets wieder in begrenzte überführen. Im folgenden haben wir es nur noch mit begrenzten Turing-Ausdrücken und den entsprechenden die Begrenzungen erhaltenden Turing-Produktionen zu tun und können deshalb auf die näheren Bestimmungen im weiteren verzichtend uns auf die Rede von ‚Ausdrücken' und ‚Produktionen' beschränken.

Wir haben jetzt zwar die endgültige Form der Turing-Produktionen erreicht, aber wir werden die angefangene Normierung im Dienste einer größeren theoretischen Durchsichtigkeit weitertreiben, indem wir sie auf Mengen von Produktionen ausdehnen. Die oben vorgenommenen Reduktionen ersetzten eigentlich komplizierte Produktionen nicht durch einfachere, sondern durch Mengen von solchen. Indem wir ihre Zahl erhöhten, konnten wir ihre Struktur vereinfachen. Es ist wie bei der Fließbandarbeit: Wenn jeder Arbeiter nur noch einen kleinen Handgriff tut, braucht man mehr Arbeiter, und an deren fachliches Können werden immer weniger Anforderungen gestellt. Wir müssen uns darum mehr Klarheit über das Zusammenspiel der Produktionen verschaffen.

Beliebige, aber endliche Mengen von Thue-Regeln, Semi-Thue-Produktionen und Turing-Produktionen nennen wir im allgemeinen ‚Thue-', ‚Semi-Thue-' bzw. ‚Turing-Systeme'. Die Einschränkung auf endliche Mengen ist dabei wesentlich. Manchmal werden wir Systeme auch als Ausdrücke auffassen – als die Ausdrücke nämlich, die durch Verkettung der einzelnen Regeln entstehen. Beide Auffassungen sind äquivalent, und wir bedienen uns der einen oder der anderen, je nachdem was bequemer ist. Im alltäglichen Verständnis ist ein System mehr als eine Menge, nämlich eine Menge zusammen mit einer bestimmten Ordnung, die im Dienste der Bewältigung irgendeiner Aufgabe steht. So wird man einen Haufen Steine nicht als System bezeichnen wollen, im Gegensatz zum Nervensystem. Manchmal beschränkt man den Ausdruck allein auf die Struktur bzw. auf die Funktionsweise. Man spricht z.B. von ‚Regierungssystemen' oder davon, daß jemand ‚mit System' an eine Sache herangehe. Diesem üblichen Gebrauch entsprechen unsere Turing-Systeme voll und ganz, obwohl sie nur als Mengen definiert sind. Von jeder Produktion läßt sich zweifelsfrei feststellen, unter welchen Bedingungen sie auf einen Ausdruck anwendbar ist und wo: nur da nämlich, wo der Zustand steht, und nur unter der Bedingung, daß die links und rechts neben ihm stehenden Symbole im Ausdruck und in der linken Seite der Produktion übereinstimmen. Eine Produktion ist anwendbar oder nicht – etwas Drittes ist unmöglich –, und die Anwendung hat einen klar beschriebenen Umformungseffekt. Nach der Anwendung einer Produktion steht man natürlich wiederum vor derselben Situation. Wenn wir also eine beliebige Menge S von Produktionen nehmen und einen Ausdruck A_0, so können wir von jeder Produktion $P \in S$ feststellen, ob sie auf A_0 anwendbar ist oder nicht. Wenn z.B. $P_1 \in S$ zu A_0 paßt und A_0 in A_1 umformt, so können wir ein zweites Mal nach einer Produktion suchen, dieses Mal nach einer, die zu A_1 paßt. Vielleicht gibt es eine solche, z.B. $P_2 \in S$, und vielleicht formt diese A_1 zu A_2 um. Man kann so fortfahren und erlebt eine langsame Umwandlung des ursprünglichen Ausdrucks A_0 z.B. in m Schritten in einen Ausdruck A_n, der mit A_0 in Form und Länge nichts mehr gemeinsam haben muß. Es verhält sich wieder wie bei der Fließbandarbeit. Jede Produktion tut einen an sich unbedeutenden Handgriff an dem vorliegenden Ausdruck, verändert diesen und gibt ihn zur weiteren Verarbeitung frei. Der Vergleich ist zu einfach. Beim Fließband liegt die Abfolge der Handgriffe ein für allemal fest. In unserem Falle muß nach jedem Handgriff neu bestimmt werden, ob eine weitere Produktion kompetent ist und welche. Je nach der Natur der halbfertigen Produkte legen diese ganz verschiedene Wege zurück und erfahren dementsprechend verschiedene Verarbeitungen. Insofern als eine beliebige Menge von Produktionen – wenn sie nur endlich ist – zugleich die Produktionswege und die Produktionsweise bestimmt, geht sie ‚mit System' an ihre Aufgaben heran und darf auch im alltäglichen Sinn ‚System' heißen.[4]

Turing-Systeme kann man in verschiedenen Zusammenhängen auf sehr verschiedene Weise einsetzen. Ein einfaches Beispiel wäre ein System, das Ausdrücke dahin prüft, ob sie die Länge 5 haben. Das System beginnt seine Arbeit z. B. mit dem Zustand Z_1 unmittelbar rechts neben dem linken Begrenzungssymbol. Der Zustand läuft dann nach rechts, indem er bei jedem Überspringen eines Symbols seinen Index um 1 erhöht. Erreicht der Zustand das rechte Begrenzungssymbol im Zustand Z_6, muß er fünf a's übersprungen haben. Man kann das System z. B. so konzipieren, daß es in diesem Falle seine Arbeit einfach einstellt oder die Antwort in Form eines ‚ja' schreibt. Erreicht der Zustand das rechte Begrenzungssymbol nicht im Zustand Z_6, so kann man ihn z. B. ‚nein' schreiben lassen und danach abschließen. Ähnlich könnte man ein Turing-System zur Prüfung der Frage konstruieren, ob ein Ausdruck über dem Alphabet {0, 1, . . ., 9} eine Primzahl in der Dezimalnotation darstellt oder nicht. Als Antwort kann das System ‚ja' oder ‚nein' ausgeben und danach abschließen. Man kann auch Turing-Systeme zur Übersetzung von Ziffern in Dezimaldarstellung in ihre binäre Darstellung konstruieren. In Kapitel 3 werden wir sehen, daß Turing-Systeme alles vermögen, was auf konstruktive Weise erreicht werden kann. Elektronische Rechner verwenden aus technischen Gründen andere Systeme, die jedoch mit unseren äquivalent sind. Im folgenden brauchen wir die Technologie der Systeme nicht sehr weit zu entwickeln – nur so weit, wie es zum Verständnis allgemeiner Aussagen über ihre prinzipielle Leistungsfähigkeit nötig ist. Dies ist um so leichter, je einfacher die Systeme konzipiert sind. Aus diesem Grund fahren wir fort in der Normierung unserer Systeme.

Es kann vorkommen, daß ein Turing-System in einer bestimmten Situation keine passende Produktion mehr zur Verfügung hat. Dann – so sagt man in der Theorie der Algorithmen – ‚schließt das System die Verarbeitung ab'. Man betrachtet den betreffenden Ausdruck als das Endprodukt oder

---

[4] Vergleich mit den ‚historischen' Produktionen: Turing verwendete ‚Bänder', nicht Ausdrücke (vgl. Appendix!) und benötigte darum keine Begrenzungssymbole. Die erwähnten Grenzsituationen bei Ausdrücken treten bei Bändern wegen deren Unendlichkeit nicht auf, was die Formulierung der Produktionen erleichtert. Die hier verwendeten Ausdrücke bieten dagegen den Vorteil, daß sie durch Einfügen und Streichen von Symbolen mit Hilfe von Produktionen des vierten und fünften Typs bequem verlängert und verkürzt werden können. Auf Bändern kann ein Symbol nur nach vorheriger Verschiebung eines Teils um ein Feld nach rechts oder links eingefügt werden. Entsprechend verhält es sich mit der Streichung. Turing speicherte die Zustände im ‚Gedächtnis' seiner Systeme, d. h. nicht auf den zu bearbeitenden Bändern bzw. in den Ausdrücken. Dies hat den Vorteil, daß ihre Verschiebung nach links oder rechts leichter in Produktionen ausdrückbar ist. Es hat aber in unserem Zusammenhang den Nachteil, daß Turings Produktionen nicht die Form von Semi-Thue-Regeln haben.

‚Ergebnis' oder nennt ihn ‚terminal'. Diese Situation ist im alltäglichen Leben wie bei Turing-Systemen erstrebenswert. Man sagt zu Recht, man werde mit einer Aufgabe nicht ‚fertig', wenn man sie nicht lösen kann. Und entsprechend definiert man die endlose Verarbeitung eines Ausdrucks durch ein System als dessen Scheitern an seiner Aufgabe. Ein System kommt zu einem Ergebnis genau dann, wenn es nach endlich vielen Umformungen zu einem Ergebnis kommt. Daß es erst ‚nach unendlich vielen Umformungen zum Ergebnis kommt', ist eine höfliche Umschreibung dafür, daß es zu keinem Ergebnis kommt.

Wir nehmen jetzt eine erste Normierung der Systeme vor, indem wir das Ende von Verarbeitungen einheitlich markieren. Wir sondern eine Menge unserer Zustandssymbole Z_1, Z_2, Z_3, . . . aus, nennen sie ‚terminal' und versehen sie mit einem hochgestellten ‚t': Z_1^t, Z_2^t, Z_3^t, . . . Dann erweitern wir alle Systeme so, daß sie immer, wenn sie überhaupt abschließen, in genau einem für das betreffende System charakteristischen terminalen Zustand abschließen: Das System S_1 schließe stets im Zustand Z_1^t ab, das System S_2 stets im Zustand Z_2^t, usw. Solche Erweiterungen sind durchaus möglich, aber wir werden dies hier nicht konstruktiv durchführen. Zur Sprachregelung: Jetzt schließt ein System S_n ab genau dann, wenn es in dem terminalen Zustand Z_n^t ist. Wir nennen sowohl den dabei hergestellten Ausdruck ‚(relativ zu S_n) terminal' wie auch die Verarbeitungen, in denen Z_n^t (am Schluß) vorkommt, und sogar die Produktionen, die zu Z_n^t führen.

Die entsprechende Normierung benötigen wir für die Anfänge. Man kann wiederum eindeutig feststellen, ob ein bestimmter Ausdruck aus einem anderen mit Hilfe einer Produktion hergestellt worden sein kann oder nicht. Auf diese Weise lassen sich Verarbeitungen zurückverfolgen, und dabei gibt es wiederum zwei verschiedene Situationen. Erstens kann eine Verarbeitung beliebig nach rückwärts fortgesetzt werden oder die Rekonstruktion stößt auf einen Ausdruck, zu dessen weiterer Zurückverfolgung das System keine passende Produktion mehr zur Verfügung hat. Solche Ausdrücke sind Anfänge von Verarbeitungen. Die Anfänge markieren wir wie die Schlüsse. Wir sondern aus den Zustandssymbolen Z_1, Z_2, Z_3, . . . eine Menge ‚initialer' Zustände aus, die wir Z_1^i, Z_2^i, Z_3^i, . . . schreiben und erweitern jedes System um ein paar Produktionen, so daß folgendes der Fall ist: Genau dann, wenn ein System des früheren Typs eine Verarbeitung mit einem Ausdruck A beginnen kann, den es nicht selbst hergestellt haben kann, beginnt das normierte System die entsprechende Verarbeitung mit einem Ausdruck A'. Dabei unterscheidet sich A' von A nur darin, daß es einen initialen Zustand enthält an der Stelle, an der A einen anderen Zustand enthält. Wir treffen wiederum die Vereinbarung, daß das System S_n nur den initialen Zustand Z_n^i benützt und nennen sowohl Ausdrücke mit einem initialen Zustand als auch Produktionen, deren linke Seite einen solchen enthält, selbst ‚initial'. Und noch einen weiteren terminologischen Vorschlag: Dafür, daß ein System seine Verarbeitung eines Ausdrucks A mit einem initialen Zustand beginnt, sagen wir, das System ‚akzeptiere' A; dafür, daß ein System mit einem terminalen Ausdruck abschließt, sagen wir, es ‚erzeuge' diesen. Wir nennen weiterhin die Gesamtheit der von einem System akzeptierten bzw. erzeugten Ausdrücke seine ‚akzeptierte' bzw. ‚erzeugte' Menge. Schließlich nennen wir die Folge der bei einer Verarbeitung durchlaufenen Ausdrücke, angefangen mit dem initialen und bis zum terminalen, die ‚Erzeugung'. Wir sind also jetzt soweit, daß alle unsere Systeme alle ihre Erzeugungen in einem initialen Zustand beginnen und in einem terminalen abschließen. Das mag tautologisch klingen, ist es aber nicht. Denn wir können die initialen Zustände an der Form ihrer Symbole erkennen, ohne das Verhalten der Systeme untersuchen zu müssen.

Auch diese Einschränkung ist wie alle früheren eine bloße Normierung, d.h. eine äußerliche Einschränkung, die die Leistungsfähigkeit der Systeme in keiner Weise berührt: Für jedes Turing-System überhaupt gibt es ein äquivalentes, das mit einem initialen und einem terminalen Zustand in der beschriebenen Weise arbeitet. Unsere weiteren Überlegungen können darum ohne Beschränkung der Allgemeinheit von normierten Systemen ausgehen.

Was leistet ein solches System? Es akzeptiert bestimmte Ausdrücke und erzeugt daraus (nicht notwendig) andere. Die Bahnen der Verarbeitungen können dabei beliebige Formen annehmen. Morgens zwischen sieben und acht verlassen viele, aber nicht alle Menschen ihre Wohnung und machen sich auf den Weg zur Arbeit. Einige kommen von einem gemeinsamen Haus und trennen sich unterwegs. Einige treffen sich, um ein Stück des Wegs gemeinsam zurückzulegen. Wieder andere treffen sich endgültig bei der gemeinsamen Arbeit. Manche Leute bleiben zu Haus, und manche Arbeitsplätze werden boykottiert. So ähnlich verlaufen die Wege von Turing-Verarbeitungen. So ungeordnet die Bahnen verlaufen mögen, sie beschreiben das, was man in der Logik und Mathematik eine ‚zweistellige Relation' nennt: eine beliebige Assoziation je eines Gegenstandes aus einer ersten Menge mit einem Gegenstand aus einer zweiten. Der Begriff der Relation gehört zur Standard-Ausrüstung des mathematisch-logischen Analytikers, und wie immer bei fundamentalen Begriffen hat die unnatürliche Einfachheit der Definition eine unnatürliche Allgemeinheit des Begriffs zur Folge, die sich der Vorstellung widersetzt. Konkrete Anwendungen sind leichter vorzustellen, sind aber eben unrepräsentative Spezialfälle.

In einer Hinsicht jedoch stimmen unsere Turing-Systeme noch nicht ganz zum üblichen Begriff der Relation. Relationen haben eine bestimmte ‚Stelligkeit'. Unser obiges Beispiel repräsentiert eine zweistellige Relation. Eine ‚Stelle' wird von einer Wohnung, die andere von einem ‚Arbeitsplatz' ausgefüllt. Die meisten praktischen Anwendungen sind zweistellig:

x ist größer als y
$x = y$
$x \neq y$

Es gibt aber auch andere Stelligkeiten: Die Relation ‚liegt zwischen' in Sätzen wie ‚x liegt zwischen y und z' ist dreistellig. Ein weniger triviales Beispiel für eine dreistellige Relation ist das folgende: An einer beliebigen Haltestelle kann man ein beliebiges Ticket lösen, in die Subway einsteigen und darf dann aber nicht beliebig weit fahren. Beim Aussteigen wird geprüft, ob Fahrpreis, Einsteig und Ausstieg zusammenpassen: ob die drei Daten der Fahrtkostenordnung entsprechen. Diese Ordnung stellt nichts anderes als eine dreistellige Relation dar. Natürlich muß man bei dem Begriff der Relation beliebig ‚hohe' Stelligkeiten vorsehen, 2-, 3-, 4- . . . -Stelligkeit, obwohl man diese selten wirklich braucht. Man läßt aber normalerweise keine Relationen zu, die in ein paar Fällen 3-, und sonst vielleicht 5- oder 6-stellig sind. Man bestimmt für jede Relation genau eine Zahl als ‚Stelligkeit'. Diese Festlegung müssen wir jetzt unseren Turing-Systemen auferlegen.

Bislang akzeptieren und erzeugen unsere Systeme beliebige Ausdrücke, wenn sie nur ‚begrenzte Turing-Ausdrücke' sind, d.h. Ausdrücke, die mit einem B beginnen und enden, genau einen Zustand enthalten und sonst aus anderen Symbolen bestehen. Diese Ausdrücke kann man ungezwungen nur als Repräsentation von 1-Tupel sehen, und wir müssen sie darum zur Repräsentation beliebiger n-Tupel erweitern, wobei n = 1, 2, 3, . . . Zunächst legen wir fest, die einzelnen Glieder der n-Tupel in ihrer Repräsentation in Turing-Ausdrücken durch ein ‚A' voneinander zu trennen. Natürlich kommt genau ein Zustand auf das gesamte n-Tupel (nicht auf jedes Glied). Die Repräsentation des 4-Tupels ⟨aab, a, bc, cccc⟩ in der Form eines begrenzten Turing-Ausdrucks mit dem Zustand Z_5 am linken Ende sieht folgendermaßen aus:

$BZ_5aabAaAbcAccccB$

Weiterhin legen wir fest, daß bei Systemen zur Repräsentation einer n+1-stelligen Relation die n+1 Glieder folgendermaßen aufzuteilen sind: Sie sollen n-Tupel akzeptieren, 1-Tupel erzeugen und damit insgesamt n+1-Tupel behandeln. Dies geschieht mit Rücksicht auf spätere Definitionen und hat wiederum keinerlei wesentliche Einschränkung zur Folge.

Aber wie erreicht man diese Regelung konstruktiv? Z.B. durch folgende Maßnahmen. Zuerst identifizieren wir das Trennungs-A mit irgendeinem im üblichen Alphabet vorkommenden Symbol. Das hat zur Folge, daß das A in unseren bisherigen Turing-Ausdrücken schon vorkommt, und daß alle stelligen Turing-Ausdrücke auch Turing-Ausdrücke im früheren Sinn sind. Dann konstruieren wir Turing-Systeme F_1, F_2, F_3, . . ., die wie folgt arbeiten: F_n akzeptiert einen Ausdruck genau dann, wenn er ein n-Tupel ist. Und wenn dies der Fall ist, gibt F_n den akzeptierten Ausdruck unverändert als erzeugtes Ergebnis wieder aus. F_n ist ein ‚Stelligkeitsfilter' mit n Durchgängen. Er läßt nur n-Tupel durch und weist alle m-Tupel mit $n \neq m$ ab. Wenn wir nun alle Filtersysteme F_1, F_2, F_3, . . . mit allen Turing-

Systemen S kombinieren, so daß wir sie ihnen vorschalten, verarbeiten diese neuen Systeme F_1S, F_2S, F_3S, . . . nur noch n-Tupel für genau ein n. Wenn wir ihnen darüber hinaus das Filtersystem F_1 anhängen, erzeugen sie nur noch 1-Tupel. Insgesamt sind die neuen Systeme der Form F_nSF_1 n+1-stellig im oben beschriebenen Sinn. Selbstverständlich ist auch diese Reglementierung keine Beschränkung der Leistungsfähigkeit der Systeme: Die früheren ‚unstelligen' Systeme lassen sich als 1-stellige im Sinne der Reglementierung auffassen.

Die bisher eingeführten Systeme heißen in der Literatur normalerweise ‚nicht-deterministische Turing-Maschinen'. Das dabei verwendete Adjektiv beschreibt die Eigenschaft der Systeme, bei Verarbeitungen von Ausdrücken – genauer: bei Anwendungen von Produktionen – beliebige Alternativen zuzulassen – nicht in dem Sinne, daß eine Produktion auf mehrere Weisen angewandt werden könnte wie Semi-Thue-Produktionen, sondern in dem Sinne, daß auf ein und denselben Ausdruck verschiedene Produktionen anwendbar sind. Der entscheidende Vorteil der Turing-Produktionen gegenüber ihren Thue- und Semi-Thue-Entsprechungen besteht darin, daß die Frage, ob ein System Alternativen enthält oder nicht, allein aufgrund seiner syntaktischen Gestalt sich entscheiden läßt. Das ist nämlich genau dann der Fall, wenn mehrere Produktionen miteinander in ihren linken Seiten übereinstimmen, wie z.B. die folgenden

$$a_5Z_5a_1 \rightarrow a_5a_1Z_1$$
$$a_5Z_5a_1 \rightarrow a_5Z_9a_6$$

Gerade solche Alternativen muß man in vielen Zusammenhängen ausschließen, d.h. man muß die von einem Turing-System repräsentierte Relation auf Halbfunktionen bzw. partielle Funktionen einschränken. Eine Relation ist eine ‚Halbfunktion', wenn keinem ihrer Argumente-n-Tupel des Vorbereichs mehr als ein 1-Tupel des Nachbereichs zugeordnet wird. Etwas genauer: Eine Halbfunktion ist eine Relation R mit dem Vorbereich X und dem Nachbereich Y, für die gilt:

Für jedes $x \in X$ gibt es höchstens ein $y \in Y$ mit xRy.

Das ‚höchstens' erlaubt nicht die Zuordnung von y_1 und y_2 mit $y_1 \neq y_2$ zu x, so daß xRy_1 und zugleich xRy_2. Aber es erlaubt die Existenz von Argumenten $x \in X$, für die es überhaupt kein $y \in Y$ gibt mit xRy. Die Zuordnung ist ‚nach rechts eindeutig', und dies genügt zur Rechtfertigung der üblichen Funktionsschreibweise. Erstens schreibt man Halbfunktionen meist mit kleinen griechischen Buchstaben

$\varphi, \psi, \theta, \ldots$

und zweitens schreibt man dasjenige $y \in Y$, für das $x\varphi y$, ‚$\varphi(x)$' und nennt $y = \varphi(x)$ den ‚Wert der Halbfunktion φ für das Argument x'.

Um nun allgemeine Turing-Systeme auf Halbfunktionen einzuschränken, begnügt man sich nicht mit der Rechtseindeutigkeit im Hinblick auf das Ergebnis $y \in Y$, sondern man fordert darüber hinaus, daß auch sonst im Verlaufe der Verarbeitung des Argumente-n-Tupel niemals aus ein und demselben Zwischenergebnis zwei verschiedene erzeugt werden dürfen – d.h. auch dann nicht, wenn die Alternative später doch noch zum selben Ergebnis führen würde. In Wahrheit ist dieser weitergehenden Forderung leichter zu genügen als der ursprünglichen. Sie läßt sich – wie oben gezeigt – syntaktisch formulieren: Man verbietet den Systemen, verschiedene Produktionen zu enthalten, die in ihren linken Seiten übereinstimmen, und nennt diese Systeme ‚Halbalgorithmen'. Etwas genauer: ein Turing-System S ist ein Turing-Halbalgorithmus genau dann, wenn für jede zwei Produktionen $x_1 \rightarrow y_1$ und $x_2 \rightarrow y_2$ in S gilt $x_1 \neq x_2$. Die Arbeitsweise der Halbalgorithmen kann aufgrund ihrer prinzipiellen Eindeutigkeit ‚Berechnung' genannt werden: Halbalgorithmen berechnen also Halbfunktionen. Ein Halbalgorithmus, angesetzt auf ein Argumente-n-Tupel, ‚berechnet' das Ergebnis, das man jetzt ebenfalls den ‚Wert' nennt.

Den Begriff der ‚Stelligkeit' verwendet man bei Halbalgorithmen und bei Halbfunktionen etwas anders als bei allgemeinen Relationen: Ist eine Relation n+1-stellig und ordnet demzufolge n-Tupeln 1-Tupel zu, so nennt man diese Relation eingeschränkt auf eine Halbfunktion nur noch ‚n-stellig': Man zählt zur Stelligkeit nur noch die Argumente des Vorbereichs. Die Halbfunktion bzw. der Halbalgorithmus ordnet n-Tupeln einen bestimmten Wert zu.

Selbst diese Beschränkung ist nicht wesentlich: Für jedes Turing-System S gibt es einen Turing-Halbalgorithmus, der in allen wesentlichen Hinsichten mit S äquivalent ist. Wir werden das im folgenden Kapitel zeigen. Für einige Anwendungen benötigen wir jedoch eine Einschränkung, die insofern aus der Reihe fällt, als sie die einzige in diesem Kapitel behandelte wesentliche Beschränkung ist, nämlich die auf (im Gegensatz zu Halbalgorithmen) ‚total definierte Halbalgorithmen', zu denen man einfacher ‚Algorithmen' sagt. Algorithmen verhalten sich zu Halbalgorithmen wie Funktionen zu Halbfunktionen. Eine Halbfunktion φ mit dem Vorbereich X und dem Nachbereich Y nennt man eine ‚(total definierte) Funktion' genau dann, wenn sie jedem $x \in X$ mindestens ein $y \in Y$ zuordnet. Das ‚höchstens' in der Definition der Halbfunktionen und das ‚mindestens' der Funktionen ergibt ein ‚genau': φ ist eine Funktion genau dann, wenn sie jedem $x \in X$ genau ein $y \in Y$ zuordnet. Und entsprechend nennt man einen Halbalgorithmus einfach ‚Algorithmus', wenn er eine Funktion berechnet. Funktionen schreiben wir im folgenden wie üblich als kleine lateinische Buchstaben

$$f, g, h, \ldots$$

Diese Einschränkung fällt insofern aus der Reihe, als sie die erste und einzige in diesem Kapitel ist, die die Leistungsfähigkeit der Gesamtheit

unserer Systeme einschneidend beschränkt. Wir benötigen jedoch Algorithmen in mehreren Zusammenhängen. Damit hängt auch folgende Tatsache zusammen: Während wir alle unsere bisherigen Reglementierungen konstruktiv durchführen konnten, d.h. wir gaben Konstruktionsanleitungen zur Reglementierung an, ist die Einschränkung auf Algorithmen nicht mehr konstruktiv. Für den Übergang von Halbalgorithmen zu Algorithmen gibt es keine syntaktische Maßnahme. Die Eigenschaft eines Halbalgorithmus, ein Algorithmus zu sein, läßt sich nicht generell entscheiden. Die Gesamtheit der Algorithmen ist nicht einmal rekursiv abzählbar. Wir werden auf diese Tatsache und die entsprechenden Begriffe später zurückkommen.[5]
Ebenso leicht wie man aus ‚unstelligen' Systemen ‚stellige' macht, macht man aus beliebig-stelligen 1-stellige – und zwar wiederum ohne wesentliche Beschränkung der Ausdrucks- bzw. der Erzeugungskraft der Systeme. Zunächst fassen wir die Gesamtheit aller 1-Tupel zu einer Menge zusammen, die wir M^1 nennen, und alle n-Tupel mit $n \in \mathbf{N}$ zu einer Menge, die wir M^N nennen. Es gibt – das wird hier nicht bewiesen – einen Turing-Algorithmus K, der alle n-Tupel (aus M^N) auf ein-eindeutige Weise in 1-Tupel aus M^1 übersetzt, und einen Algorithmus $\bar{K}$, der die n-Tupel aus M^1 rückübersetzt in n-Tupel: Nennen wir die von K berechnete Funktion k und die von $\bar{K}$ entsprechend $\bar{k}$, so ist für alle $x \in X$ und $y \in Y$

$$y = k(x) \qquad \text{genau dann, wenn} \qquad x = \bar{k}(y).$$

K ‚kodiert' n-Tupel in 1-Tupel, und $\bar{K}$ ‚dekodiert' diese wieder.

Wenn wir nun jedem n+1-stelligen System bzw. jedem n-stelligen Halbalgorithmus S (und damit auch jedem Algorithmus) den Dekodierungsalgorithmus $\bar{K}$ voranstellen und den Kodierungsalgorithmus K anhängen, erhalten wir in jedem Falle ein 2-stelliges System bzw. einen 1-stelligen Halbalgorithmus $T = \bar{K}SK$. Durch ein weiteres voranstellen von K und Anhängen von $\bar{K}$ können wir aus T ein Äquivalent U für das ursprüngliche S wieder rekonstruieren, da K und $\bar{K}$ sich gegenseitig aufheben:

$$U = KT\bar{K} = K\bar{K}SK\bar{K} = S$$

Da aber $T = \bar{K}SK$ ein 2-stelliges System bzw. ein 1-stelliger Halbalgorithmus ist, aus dem wir ein Äquivalent für das ursprüngliche S wiedergewinnen können, folgt, daß man sich bei grundsätzlichen Überlegungen auf 2-stellige Systeme bzw. auf 1-stellige Halbalgorithmen beschränken kann. Und dies hat wiederum keine eigentliche Beeinträchtigung der Erzeugungskraft zur Folge, wenn man sich nur die beiden Kodierungsalgorithmen K und $\bar{K}$ zur Wiedergewinnung beliebiger Stelligkeiten zur Verfügung hält.

Ein entsprechendes Verfahren wenden wir an zur ‚Arithmetisierung' der Systeme. Dazu zunächst ein paar Vorüberlegungen: $\{|\}^*$ ist der Ausdrucks-

---

[5] S. 221.

vorrat über dem einelementigen Alphabet {|} und enthält die Strichfolgen

|, ||, |||, . . .

beliebiger Länge. Natürlich kann man ebensogut jedes andere Symbol als den Strich verwenden. Die Strichfolgen bieten sich als natürliche Repräsentation der natürlichen Zahlen an:

0 --- |
1 --- ||
2 --- |||
usw.

Daß man jeden Ausdruck über dem lateinischen Alphabet in einen Ausdruck über einem dreisymboligen Alphabet kodieren kann, ist bekannt. Das Morsealphabet enthält die drei Symbole ‚lang', ‚kurz' und Pause. Daß man dabei ebensogut mit nur einem Symbol auskommt, ist weniger bekannt und auch viel weniger anschaulich.

Wieder eine Vorüberlegung: Wir betrachten die übliche Dezimaldarstellung der Zahlen. Man benutzt dabei ein Alphabet mit 10 Symbolen

0, 1, 2, 3, 4, 5, 6, 7, 8, 9

und den gesamten Ausdrucksvorrat über diesem Alphabet. Jeder beliebige Ausdruck ist eine Ziffer, wenn man auch Ziffern vermeidet (nicht ausschließt), die mit einer Null beginnen. Die Interpretation einer Ziffer, d.h. eines Ausdrucks, als eine Zahl geschieht in zwei Schritten: In einem ersten Schritt ordnet man jedem Symbol einzeln ‚seine' Zahl zu, dem Symbol ‚0' die Null, dem Symbol ‚1' die Eins, . . ., und schließlich dem Symbol ‚9' die Neun. Wir nennen die Zahl den ‚Wert' des Symbols. Das ist insofern nicht tautologisch, als die Symbole natürlich arbiträr sind und auch ganz anders geschrieben werden könnten. Ein Ausdruck wird also zunächst wie folgt interpretiert:

‚2'	‚7'	‚5'	‚1'	‚3'
↓	↓	↓	↓	↓
2	7	5	1	3

Jetzt haben wir fünf verschiedenen Symbolen fünf Werte zugeordnet, aber noch nicht dem gesamten Ausdruck e i n e Zahl. Das geschieht im zweiten Schritt. Dabei multipliziert man die dem ersten Symbol von rechts entsprechende Zahl mit $10^0 = 1$:

$3 \cdot 10^0$,

die dem zweiten Symbol von rechts entsprechende Zahl mit $10^1 = 10$:

$1 \cdot 10^1$,

die dem dritten Symbol von rechts entsprechende Zahl mit $10^2 = 100$:

$$5 \cdot 10^2$$

usw. und addiert alle Produkte. Die dem gesamten Ausdruck entsprechende Zahl ist

$$2 \cdot 10^4 + 7 \cdot 10^3 + 5 \cdot 10^2 + 1 \cdot 10^1 + 3 \cdot 10^0.$$

Die Interpretation ist so konstruiert, daß verschiedenen Ausdrücken verschiedene Zahlen zugeordnet werden, wenn wir von der Null am Anfang absehen. Die Eindeutigkeit besteht auch in der umgekehrten Richtung. Je zwei verschiedenen Zahlen werden zwei verschiedene Ausdrücke, d.h. Ziffern, zugeordnet. Die Interpretation ist ein-eindeutig. Der entscheidende Vorteil der Interpretation besteht in der Tatsache, daß sie in beiden Richtungen konstruktiv ist in dem Sinne, daß sie von einem Turing-Algorithmus in beiden Richtungen berechnet werden kann. Wir ersparen uns hier die Konstruktion und verweisen auf die einschlägige Literatur. Die umgekehrte Richtung – von Zahl zu Ziffer – verläuft etwa folgendermaßen: Die darzustellende Zahl x liege zwischen 10^5 und 10^4. In diesem Falle dividiert man sie durch 10^4 – das Ergebnis sei 2 –, den Rest durch 10^3 – das Ergebnis sei 7 –, . . ., und schließlich den Rest durch 10^0. Die Ergebnisse schreibt man in Form eines Ausdrucks:

27513.

Soweit die bekannte Darstellung der Zahlen in der Dezimaldarstellung. Nichts zwingt dazu, ausgerechnet 10 Symbole zu verwenden. Man kann ebensogut weniger verwenden, was man bei elektronischen Rechnern ja tut, oder mehr. Wir nehmen z.B. alle kleinen und großen lateinischen Buchstaben zusammen mit den Interpunktionszeichen und der Leertaste, d.h. alle Symbole, die auf der Schreibmaschine sich schreiben lassen, und nehmen der Einfachheit halber an, wir hätten genau 100 Symbole. Wir können dann jeden auf der Maschine geschriebenen Ausdruck folgendermaßen interpretieren: Wir ordnen jedem Symbol etwa nach folgendem Schema eine Zahl zu:

a	A	b	B	c	C	d	D	e	E	f	F	g	G	h	H	. . .
↓	↓	↓	↓	↓	↓	↓	↓	↓	↓	↓	↓	↓	↓	↓	↓	
0	1	2	3	4	5	6	7	8	9	10	11	12	13	14	15	. . .

Für ein kurzes Beispiel sieht das wie folgt aus:

D	a	c	h
↓	↓	↓	↓
7	0	4	14

Wir nennen diese Zahlen wieder die ‚Werte' der einzelnen Symbole. Die Berechnung des dem gesamten Ausdruck entsprechenden Werts geschieht wie oben in einem zweiten Schritt. Wir müssen nur die Basis 10 gegen die neue Basis 100 austauschen:

$$7 \cdot 100^3 + 0 \cdot 100^2 + 4 \cdot 100^1 + 15 \cdot 100^0$$

Wir haben also wieder eine ein-eindeutige Zuordnung von Ausdrücken und Zahlen, die wie im ersten Beispiel in beiden Richtungen von einem Turing-Algorithmus berechnet werden kann. Die Existenz einer solchen Interpretation besagt, daß wir jeden auf einer Maschine geschriebenen Ausdruck – oder allgemeiner: Text – als eine Zahl lesen und jede Zahl als Text verstehen können. Die Gestalt des dabei verwendeten Alphabets ist nicht wesentlich.

Nach einer zweiten und trivialeren Überlegung gibt es einen Turing-Algorithmus, der Zahlen, in welcher Darstellung sie auch immer geschrieben sind, in entsprechende Strichausdrücke übersetzt und daraus die ursprüngliche Darstellung wiedergewinnen kann. Beide Überlegungen zusammen ergeben die Erkenntnis, daß wir jeden auf einer Maschine geschriebenen Text zuerst in eine Zahl in beliebiger Darstellung, und danach diese Darstellung in die ihr entsprechende Strichfolge übersetzen können. Dies ist ein ein-eindeutiger Vorgang, der in beiden Richtungen von einem Turing-Algorithmus vorgenommen werden kann. Das besagt, daß wir jeden beliebigen Text in einsymbolige Ausdrücke kodieren, und daß wir jeden einsymboligen Ausdruck in einen normalen dekodieren können.

Diesen Vorgang nennt man ‚Arithmetisierung' oder auch ‚Gödelisierung'. Wir nehmen im folgenden einen Turing-Algorithmus G an, der alle Ausdrücke über einem für alle zukünftigen Zwecke ausreichenden Alphabet ein-eindeutig in Strichfolgen übersetzt, und einen Turing-Algorithmus $\bar{G}$, der die entsprechende Rückübersetzung besorgt. G ‚arithmetisiert' oder ‚gödelisiert' Ausdrücke, $\bar{G}$ ‚dearithmetisiert' oder ‚degödelisiert' sie wieder. Nun stellen wir nach dem oben angewandten Prinzip jedem zweistelligen Turing-System bzw. einstelligen Turing-Halbalgorithmus S $\bar{G}$ voran und hängen ihm G an. Wir erhalten in jedem Fall ein arithmetisches Äquivalent.

$$T = \bar{G}SG,$$

das Strichausdrücke aus Strichausdrücken erzeugt. Durch Voranstellen von G und Anhängen von $\bar{G}$ erhalten wir ein System

$$U = GT\bar{G} = G\bar{G}SG\bar{G} = S,$$

das unserem ursprünglichen S äquivalent ist. Wir kommen zu einem dem obigen entsprechenden Ergebnis: Wir können uns auf arithmetische Turing-Systeme, -Halbalgorithmen und -Algorithmen beschränken, wenn wir uns die Mittel zur Rekonstruktion derjenigen Systeme zur Verfügung halten, die beliebige Ausdrücke über beliebige Alphabete behandeln: die Arithmetisierung durch G und die Dearithmetisierung durch $\bar{G}$. Die Beschränkung auf arithmetische Systeme hat keine Beeinträchtigung der Leistungsfähigkeit der Gesamtheit unserer Systeme zur Folge, erleichtert aber wesentlich prinzipielle Überlegungen über diese. Alles Wesentliche von Ausdrücken ist in ihren primitivsten Formen vollständig ausgeprägt: in Strichausdrücken.

Wenn wir im weiteren von Turing-Systemen, -Halbalgorithmen und -Algorithmen sprechen, so meinen wir damit – wenn nicht anders angegeben – 2-stellige Systeme bzw. 1-stellige Halbalgorithmen oder -Algorithmen. Und wenn nichts darüber gesagt wird, ob es sich um arithmetische Systeme handelt oder nicht, so wird damit zum Ausdruck gebracht, daß das in diesem Zusammenhang irrelevant ist. Die in diesem Kapitel vorgenommenen fortgesetzten Einschränkungen haben gezeigt, daß wir einen allgemeinen Begriff des Turing-Systems bzw. des Turing-Halbalgorithmus und -Algorithmus annehmen können, der relativ unabhängig von seiner Realisierung ist: Man kann die jeweils praktische Realisierung frei auswählen. Für das folgende Kapitel brauchen wir eine letzte terminologische Regelung: Das Verhältnis von Turing-Systemen und den ihnen entsprechenden Relationen benennen wir wie folgt. Ein Turing-System ‚repräsentiert' eine Relation, ein Turing-Halbalgorithmus ‚berechnet' eine Halbfunktion.

2. Turing-Definierbarkeit von Mengen

In diesem Kapitel geht es um die Turing-Versionen der allgemeinen, halbalgorithmischen und algorithmischen Erzeugbarkeit, um die allgemeine und halbalgorithmische Akzeptabilität, um die hier sogenannte 1-Erzeugbarkeit und 1-Akzeptabilität und um die algorithmische Abzählbarkeit. Diese Begriffe sind alle miteinander äquivalent, d. h. Metamorphosen ein und desselben Begriffs. Die Chomsky-Erzeugbarkeit (Erzeugbarkeit mit Hilfe einer Phrasenstrukturgrammatik) wird in die Reihe der Turing-Erzeugbarkeiten eingeordnet.

Einer der in diesem Kapitel zu behandelnden Begriffe ist der der ,Chomsky-Erzeugbarkeit' oder der Erzeugbarkeit mit Hilfe einer ,Phrasenstrukturgrammatik'. Diese Begriffe haben in der Sprachwissenschaft eine wesentliche Rolle gespielt, wurden aber häufig unzureichend in ihren mathematisch-logisch-erkenntnistheoretischen Zusammenhang eingeordnet und darum falsch eingeschätzt. Das folgende will nicht nur an diesem Punkt Abhilfe schaffen, sondern darüber hinaus die in Kapitel 3 zu behandelnde für die Erkenntnistheorie bedeutsame These von Church vorbereiten. Da wir in diesem Kapitel mit wenigen Ausnahmen nur ,Turing-Systeme' behandeln, ersparen wir uns das Präfix ,Turing' in der Regel. Weiterhin sprechen wir nur noch von ,Mengen', nicht von ,Mengen von Ausdrücken', da man sich alle in Frage kommenden Mengen als Mengen von Ausdrücken denken und infolgedessen auf diesen Unterschied verzichten kann. Wir teilen die Definierbarkeitsbegriffe in zwei Gruppen und beweisen ihre Äquivalenz gesondert. Die ,Beweise' sind reichlich informal: Wir verlassen uns auf die Ergebnisse der bekannten Darstellungen der Algorithmentheorie[1] und auf die in Kapitel 3 zu behandelnde These von Church, nach der sich hinreichend klar formulierte Beweise stets ,formalisieren' lassen.

Im folgenden sei S stets ein System und R die von ihm repräsentierte Relation. Wir fassen die Gesamtheit der von S bzw. R akzeptierten Ausdrücke zu der von S bzw. R ,akzeptierten Menge', und die Gesamtheit der erzeugten Ausdrücke zu der von S bzw. R ,erzeugten Menge' zusammen und können damit z. B. die folgenden Begriffe zur Definition von Mengen mit Hilfe von Turing-Systemen herstellen:

Definition 1:. Eine Menge ist ,erzeugbar', wenn es ein sie erzeugendes, und ,akzeptierbar', wenn es ein sie akzeptierendes System gibt.

[1] Vgl. Kap. 1, S. 15, Anm. 1!

Definition 2: Eine Menge ist ,halbalgorithmisch erzeugbar' bzw. ,halbalgorithmisch akzeptierbar', wenn es einen sie erzeugenden bzw. akzeptierenden Halbalgorithmus gibt.

Definition 3: Eine Menge ist ,algorithmisch erzeugbar', wenn sie entweder leer ist oder wenn es einen sie erzeugenden Algorithmus gibt.

Eine Veranschaulichung dieser Begriffe ergibt sich von selbst im Zusammenhang des informalen Beweises des folgenden Theorems:

Theorem 1: Die Begriffe der allgemeinen, der halbalgorithmischen und der algorithmischen Erzeugbarkeit und die Begriffe der allgemeinen und der halbalgorithmischen Akzeptabilität sind sämtlich untereinander äquivalent.

Beweis: Wir beweisen folgenden Implikationszyklus,

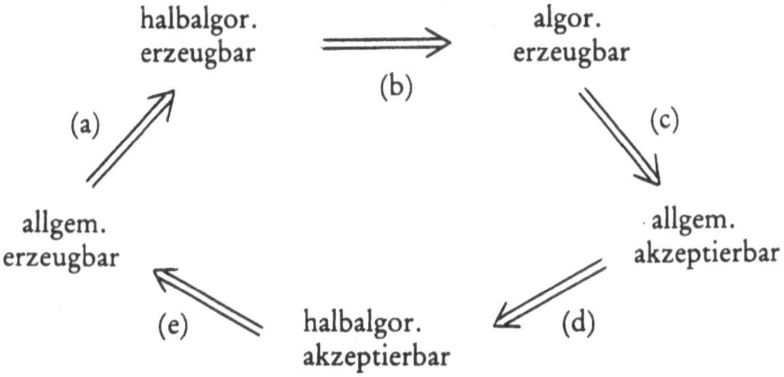

indem wir aufbauend auf einem eine beliebige Menge $X \subseteq A^*$ erzeugenden System S_a ein dasselbe X halbalgorithmisch erzeugendes S_b konstruieren. Auf diesem aufbauend konstruieren wir ein X algorithmisch erzeugendes S_c, . . ., bis wir zur allgemeinen Erzeugbarkeit zurückkehren und damit die Äquivalenz aller Begriffe bewiesen haben.

(a) X allgemein erzeugbar $\Rightarrow$ X halbalgorithmisch erzeugbar

Ist $X \subseteq A^*$ (allgemein) erzeugbar, so gibt es nach Definition 1 ein System S_a, das X erzeugt. Sollte S_a (zufälligerweise) schon ein Halbalgorithmus sein, gäbe es nichts zu beweisen. Wir nehmen darum an, dies sei nicht so, und S_a sei nicht deterministisch, d. h. ein ,echtes' System.

S_a akzeptiert einen Ausdruck oder nicht, in welchem Falle S_a ,unendlich lange' erzeugt. Über die ,Wege', die die Erzeugungen einschlagen, ist nichts Bestimmtes festgelegt. Möglicherweise beginnen zwei Erzeugungen gleich und spalten sich später. Es können aber auch verschiedene Erzeugungen sich später erst treffen und ein Stück des Weges, vielleicht auch bis zum Ende gemeinsam gehen.

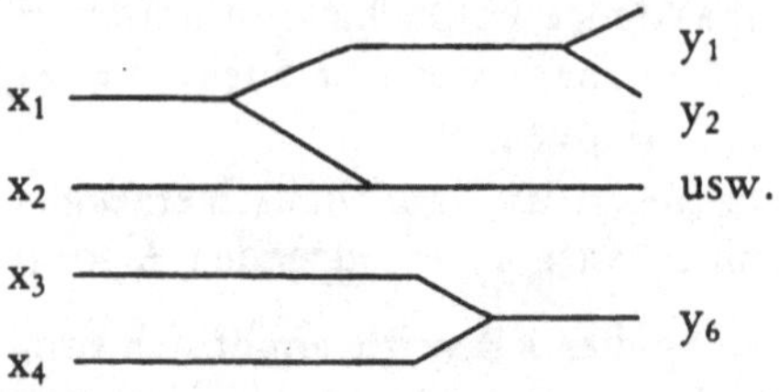

Im Unterschied dazu arbeiten Halbalgorithmen deterministisch. Die von ihnen repräsentierten Relationen sind rechtseindeutig, d. h. Halbfunktionen. Halbalgorithmen enthalten keine zwei Regeln, die in ihren linken Seiten übereinstimmen und gestehen darum ihren Erzeugungen an keiner Stelle eine Wahlfreiheit zwischen zwei verschiedenen Fortsetzungen zu. Erzeugungen von Halbalgorithmen können sich zwar treffen, niemals aber sich teilen, wie das bei allgemeinen Systemen möglich war. Die Erzeugungen eines Halbalgorithmus könnten z. B. folgende Wege zurücklegen:

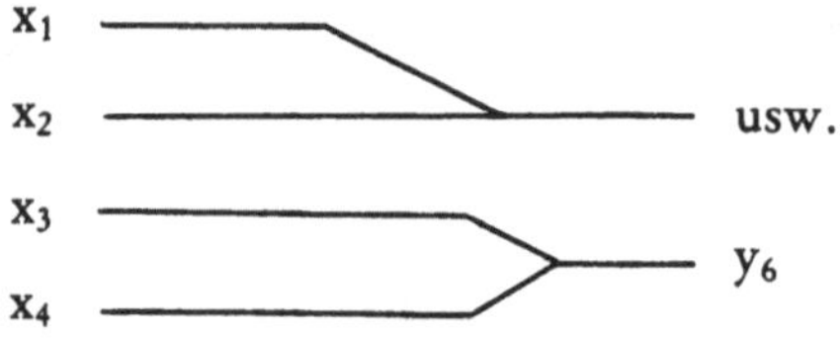

Wir beweisen die fragliche Implikation dadurch, daß wir aufbauend auf S_a einen Halbalgorithmus S_b konstruieren, der dieselbe Menge X erzeugt, die auch S_a erzeugt. Die Aufgabe besteht also darin, den ‚wilden' Erzeugungen eine Ordnung aufzuerlegen. Hierzu bedienen wir uns zweier Verfahren, die von allgemeiner Bedeutung sind und verdienen, ausführlicher beschrieben zu werden.

Jeder Ausdrucksvorrat A^* über einem Alphabet A läßt sich in Form einer Liste L_A repräsentieren:

$x_1, x_2, x_3, \ldots$

Man hat dazu zunächst die Ausdrücke über A der Länge nach (d. h. nach der Zahl der Vorkommen von Symbolen) zu ordnen und Ausdrücke gleicher Länge alphabetisch, wobei wir irgendeine Ordnung des Alphabets A voraussetzen, z.B. die übliche. Ist A = {a, b, c}, sieht die Liste in der üblichen alphabetischen Reihenfolge folgendermaßen aus:

a
b
c
aa
ab

ac
aaa
aab
aac
aba
abb
.
.
.

Wir können jedes System, d. h. jede endliche Menge von Produktionen als Alphabet R von Produktionen auffassen, den Ausdrucksvorrat R^* bilden und diesen in Form einer Liste L_R anordnen:

$r_1, r_2, r_3, \ldots$

Jede Erzeugung bestimmt genau eine Regelfolge r_i aus L_R, nämlich diejenige, die von der Erzeugung durchlaufen wird. Umgekehrt ergibt natürlich nicht jede Regelfolge eine Erzeugung, denn die Regeln können in einer unbrauchbaren Reihenfolge vorkommen. Dies wäre z. B. dann der Fall, wenn die i-te Regel einer Folge zu einem Zustand Z_j führt, und die i+1-te Regel von einem Zustand Z_k ausgeht mit $j \neq k$. Da jede ‚brauchbare' Regelfolge der Liste L_R auf verschiedene Ausdrücke angewendet werden kann und dann zu entsprechend verschiedenen Erzeugungen führt, nennen wir die Regelfolgen von L_R ‚brauchbare' oder ‚unbrauchbare Erzeugungsschemata'.

Wir wenden nun jedes Erzeugungsschema auf jeden Ausdruck über A an. Dies wird im Falle brauchbarer Schemata zur Erzeugung von Ausdrücken führen. Im Falle unbrauchbarer Schemata entsteht nichts Brauchbares. Man kann sich die Anwendung jedes Schemas auf jeden Ausdruck über A in einer Ebene dargestellt denken:

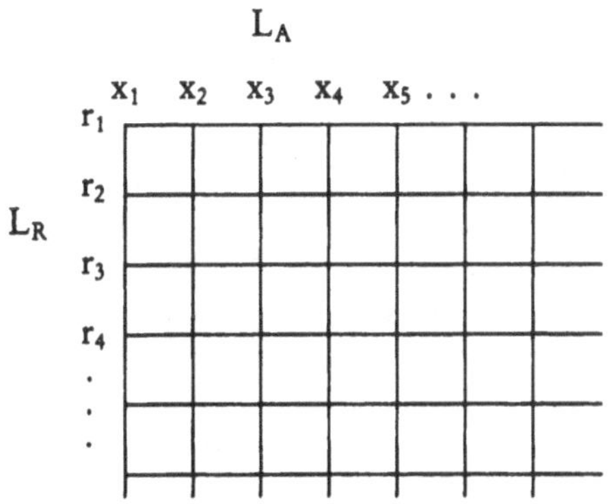

Die Schnittpunkte der Senkrechten mit den Waagerechten stellen die Anwendungen der brauchbaren und unbrauchbaren Erzeugungsschemata r_1,

r_2, . . . auf die Ausdrücke x_1, x_2, . . . dar. Diese Anwendungen, d. h. die Schnittpunkte benennen wir mit den geordneten Paaren $\langle r_1, x_1 \rangle$, $\langle r_1, x_2 \rangle$ usw. Wir bereiten jetzt die gesuchte Ordnung der Erzeugungen dadurch vor, daß wir mit Hilfe der Listen L_R und L_A eine Liste L_C der Anwendungen $\langle r_i, x_j \rangle$ herstellen. Das ist möglich, wenn man nach dem ‚ersten' oder ‚Cauchyschen' Abzählverfahren die folgende ‚mäandrierende' Bahn durchläuft:

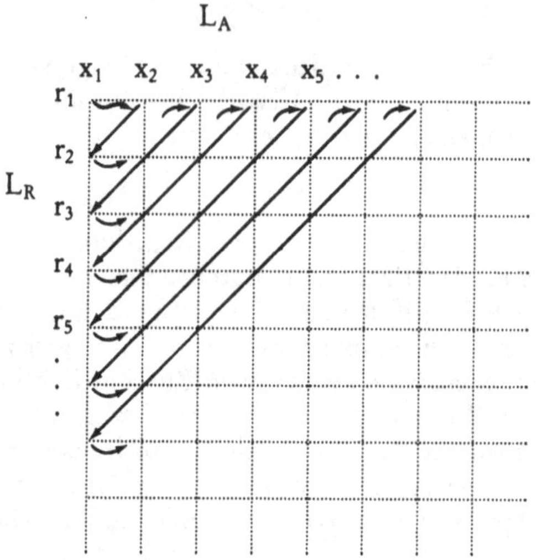

Das nach A. L. Cauchy benannte Verfahren stellt aus zwei Listen eine Liste der entsprechenden Produktmenge her. L_C sei also die Liste, die die Anwendungen $\langle r_i, x_j \rangle$ in der durch die mäandrierende Bahn beschriebenen Reihenfolge aufführt.

Wir haben jetzt die Mittel dazu, die Arbeitsweise des zu konstruierenden Halbalgorithmus S_b zu skizzieren. Angesetzt auf den in der Liste L_A ersten Ausdruck x_1 ermittelt S_b das erste Paar der Liste L_C, nämlich $\langle r_1, x_1 \rangle$ und versucht mit Hilfe des Erzeugungsschemas r_1 eine Erzeugung herzustellen, die x_1 als initialen Ausdruck hat. Führt dies zu einem bezüglich S_a terminalen Ausdruck, so macht sich S_b diesen zu eigen und gibt ihn als seinen Funktionswert bezüglich des Arguments x_1 aus. Mißlingt der Versuch, weil das Erzeugungsschema unbrauchbar ist, so gerät S_b in einen Zyklus, kommt zu keinem Ende seiner Berechnung und gibt keinen Funktionswert aus: S_b ist für x_1 undefiniert. Angesetzt auf den in L_A zweiten Ausdruck x_2 sucht S_b das in L_C zweite Paar $\langle r_1, x_2 \rangle$, wendet analog das Schema r_1 auf x_2 an usw. Allgemein sucht S_a, angesetzt auf den in L_A n-ten Ausdruck x_n, das in L_C n-te Paar $\langle r_i, x_j \rangle$, wendet r_i auf x_j an und macht sich das eventuell zustande kommende Ergebnis zu eigen, indem er es als eigenen Funktionswert ausgibt. (Der initiale Ausdruck x_j des n-ten Paares muß nicht – wie in den ersten beiden Fällen – mit dem n-ten Ausdruck x_n übereinstimmen). Wird ein Ausdruck x_k von S_a erzeugt, so wird er durch Anwendung irgendeines Schemas r_i der Liste L_R auf irgendeinen Ausdruck x_j der Liste L_A erzeugt, d. h. er wird von einem Paar $\langle r_i, x_j \rangle$ erzeugt. Ist dieses Paar in der Liste L_C das n-te, so erzeugt S_b x_k aus dem Argument x_n. Umgekehrt: erzeugt S_b einen Ausdruck x_k, so erzeugt er ihn mit Hilfe eines Paares $\langle r_i, x_j \rangle$. Da r_i ein Schema einer Erzeugung in S_a ist, erzeugt also auch S_a x_k (und zwar aus dem Argument x_j). S_a und S_b erzeugen also dieselben Ausdrücke und damit ein und dieselbe Menge. Da es aber für jedes Argument x_n genau ein in L_C n-tes Paar $\langle r_i, x_j \rangle$ gibt, nach dessen Instruktionen das System S_b arbeiten muß, ist S_b also deterministisch und damit ein Halbalgorithmus. S_b ist ein Halbalgorithmus, der dieselbe Menge erzeugt wie S_a.

(b) X halbalgorithmisch erzeugbar ⇒ X algorithmisch erzeugbar

Ein Halbalgorithmus, wie z. B. S_b arbeitet zwar deterministisch, ist aber nicht für alle Ausdrücke aus A^* definiert, d. h. liefert nicht für alle Ausdrücke einen Funktionswert bzw. akzeptiert nicht alle Ausdrücke. Zum Beweis dieser Implikation haben wir einen dieselbe Menge wie S_b erzeugenden Algorithmus S_c zu konstruieren, d. h. einen Halbalgorithmus, der alle Ausdrücke akzeptiert. Dabei verwenden wir wiederum das ‚mäandrierende' Verfahren Cauchys, aber auf eine andere Weise. In der Waagerechten tragen wir die Ausdrücke über A in der durch die Liste L_A beschriebenen Reihenfolge ab.

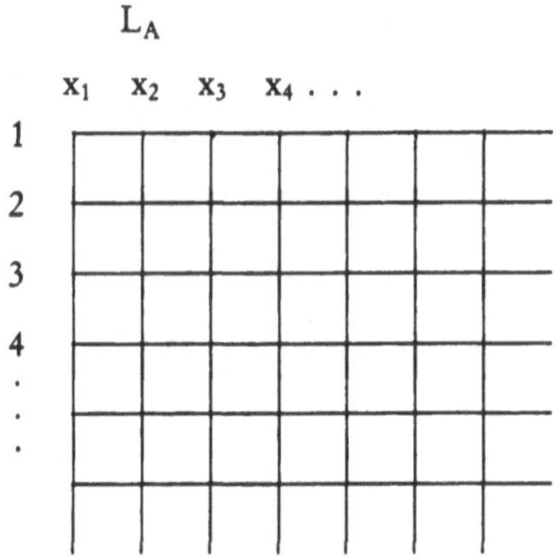

Die senkrechten Spalten unter den Ausdrücken stellen wir uns als die Erzeugungen vor, die durch Anwendung von S_b auf die entsprechenden Ausdrücke entstehen. Die Schnittpunkte mit der ersten Waagerechten stellen die Ergebnisse genau einer Regelanwendung auf die Ausdrücke dar, die Schnittpunkte mit der zweiten Waagerechten die Ergebnisse der zweiten Regelanwendung usw. Da am Zustand eines Ausdrucks eindeutig feststellbar ist, ob die Berechnung abgeschlossen ist oder nicht, können wir bei jedem Rechenschritt jeder Spalte beurteilen, ob er die Berechnung abschließt und damit den Funktionswert ausgibt oder nicht. Sämtliche dieser Schlußpunkte können wir auf der mäandrierenden Bahn auffinden:

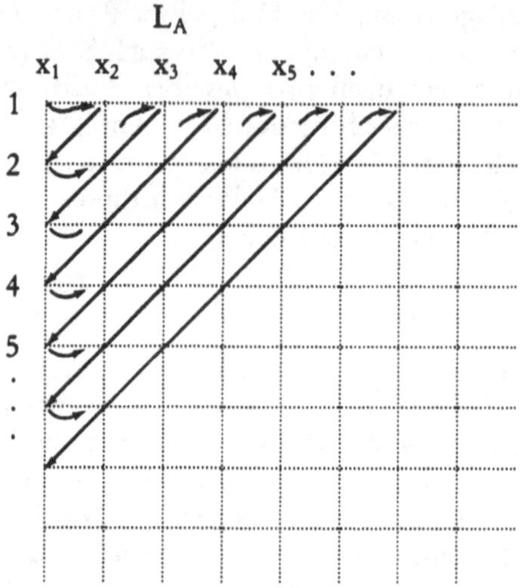

Die Arbeitsweise des zu konstruierenden Algorithmus S_c können wir folgendermaßen skizzieren: Angesetzt auf das in L_A erste Argument x_1 sucht er auf der mäandrierenden Bahn das erste Ergebnis, das S_b angesetzt auf ein Argument erreicht, und übernimmt es als eigenen Funktionswert. Angesetzt auf das zweite Argument x_2 sucht S_c das zweite Ergebnis auf der mäandrierenden Bahn, macht es sich zu eigen, usw. Es ist leicht zu sehen, daß S_c genau dann einen Ausdruck erzeugt, wenn er auch von S_b erzeugt wird.

Die Konstruktion enthält noch einen Fehler: Erzeugt nämlich S_b eine nur endliche Menge X, so gibt es eine endliche Menge Y von Ausdrücken über A, aus denen S_c X erzeugt, weshalb S_c für alle anderen Ausdrücke über A keinen Funktionswert zur Verfügung hat. Damit wäre S_c wieder nur ein Halbalgorithmus. Um abzuhelfen, versehen wir die obige Konstruktion mit einer ‚Sicherung'. Wir zeichnen willkürlich irgendein Element der von S_b erzeugten Menge aus, z. B. x_i, und modifizieren die obige Konstruktion: S_c angesetzt auf x_1 macht genau einen Schritt auf der mäandrierenden Bahn. Findet er dabei das erste Ergebnis, gibt er es als sein eigenes Ergebnis aus. Findet er dabei kein Ergebnis, gibt er (aus Verlegenheit) x_i aus. Angesetzt auf x_2 macht er zwei Schritte auf der mäandrierenden Bahn. Findet er dabei ein Ergebnis, das von dem für x_1 verschieden ist, gibt er es als sein eigenes Ergebnis aus. Ist das nicht der Fall, gibt er wieder x_i aus. Allgemein: S_c

angesetzt auf x_n legt auf der mäandrierenden Bahn n Schritte zurück. Findet er dabei ein von allen früheren Ergebnissen für $x_1, \ldots, x_{n-1}$ verschiedenes Ergebnis, gibt er es als sein eigenes Ergebnis aus. Findet er kein neues Ergebnis, gibt er x_i aus. So garantieren wir, daß S_c für jedes Argument definiert und darum ein Algorithmus ist, der dieselbe Menge erzeugt wie S_b.

(c) X algorithmisch erzeugbar ⇒ X akzeptierbar

Sei X die von S_c erzeugte Menge. Wir charakterisieren aufbauend auf S_c ein System S_d, das X akzeptiert. S_d angesetzt auf einen Ausdruck x_k über A wendet S_c in der durch L_A festgelegten Reihenfolge auf x_1, x_2, x_3, . . . an, errechnet die zugehörigen Funktionswerte y_1, y_2, . . . und vergleicht diese mit x_k. Ist $x_k = y_1$, so bricht S_d die Berechnung ab, gibt x_k als Funktionswert aus und akzeptiert damit auch x_k. Ist $x_k \neq y_1$, so wartet S_d auf den Funktionswert y_2 des zweiten Arguments x_2 und vergleicht y_2 mit x_k. Ist $y_2 = x_k$, so bricht S_d ab, gibt x_k aus und akzeptiert damit zugleich x_k. Ist $y_2 \neq x_k$, so sucht S_d weiter. Angesetzt auf ein der Menge X nicht angehöriges x_i, sucht S_d natürlich vergebens. Seine Suche findet kein Ende, d. h. S_d akzeptiert x_i nicht. S_d akzeptiert also einen Ausdruck genau dann, wenn S_c ihn erzeugt.

S_d arbeitet deterministisch und ist darum schon ein Halbalgorithmus. Man könnte S_d leicht indeterministisch machen, z. B. dadurch, daß man ihm zwei terminale Regeln anhängt, die in ihrer linken Seite übereinstimmen. Da aber jeder Halbalgorithmus ein System ist, gilt die obige Implikation auch ohne diese Ergänzung.

(d) X akzeptierbar ⇒ X halbalgorithmisch akzeptierbar

Ist X akzeptierbar, so gibt es ein X akzeptierendes System S_d. (Wir dürfen dabei nicht von dem in (c) konstruierten S_d ausgehen, der schon ein Halbalgorithmus ist, sondern von einer indeterministischen Variante der ursprünglichen Konstruktion.) Wir modifizieren S_d zu einem deterministischen System S_e. Hierzu bilden wir nach dem Vorbild der Konstruktion in (a) die Liste L_R der Erzeugungsschemata von S_d. S_e angesetzt auf ein eventuell zu akzeptierendes x_k wendet der Reihe nach die Schemata von L_R auf x_k an, bis das erste Schema zu einem Ergebnis kommt und akzeptiert damit x_i. S_e akzeptiert also einen Ausdruck genau dann, wenn S_d ihn akzeptiert. S_e ist aber deterministisch und damit ein Halbalgorithmus.

(e) X halbalgorithmisch akzeptierbar ⇒ X erzeugbar

Sei S_e das die Menge X halbalgorithmisch akzeptierende System. Aufbauend auf S_e konstruieren wir ein System S_f, das X erzeugt. S_f angesetzt auf ein Argument x_i wendet auf x_i den akzeptierenden Halbalgorithmus S_e an und gibt als Ergebnis x_i aus genau dann, wenn S_e x_i akzeptiert.

Damit ist der Implikationszyklus zu seinem Ausgangspunkt zurückgekehrt und die in Theorem 1 behauptete Äquivalenz der in den Definitionen 1.–3. genannten Begriffe bewiesen.

Die bislang besprochenen Versionen der Turing-Definierbarkeit von Mengen sind außerhalb der Logik und Algorithmentheorie nur wenig bekannt geworden. Anders verhält es sich mit den folgenden drei Begriffen. Der erste ist – sozusagen – der Prototyp der Chomsky-Erzeugbarkeit, die in der Linguistik zur Beschreibung grammatischer Sachverhalte und neuerdings auch in einem Zweig der mathematischen Biologie[2] eingeführt worden ist. Der zweite ist hauptsächlich durch die Theorie der sog. ‚Automaten' bekanntgeworden. Der dritte Begriff, der der algorithmischen Abzählbarkeit, zeichnet sich durch eine besondere Anschaulichkeit aus, die ihn zum Stellvertreter für alle anderen Begriffe werden ließ, was deshalb möglich war, weil alle drei mit den oben genannten und darum auch untereinander wiederum äquivalent sind. Wir definieren sowohl die drei verschiedenen Typen von Turing-Systemen, als auch die ihnen entsprechenden Definierbarkeitsbegriffe:

Definition 4: Ein System heißt ‚1-m-System' oder ‚kombinatorisch'[3], wenn die von ihm akzeptierte Menge identisch ist mit $\{1\}$. Eine Menge heißt ‚1-erzeugbar', wenn sie von einem 1-m-System erzeugt wird.

Enthält eine 1-erzeugbare Menge mehr als nur einen Ausdruck, z. B. unendlich viele, so müssen diese sämtlich aus ein und demselben Symbol 1 erzeugt werden. Das wäre unmöglich, sähe das erzeugende 1-m-System nicht Alternativen – ‚Weichen' – vor, so daß die von 1 ausgehenden Erzeugungen in Richtung auf die erzeugten Ausdrücke sich verzweigten. 1-m-Systeme sind also in allen sinnvollen Fällen indeterministisch:

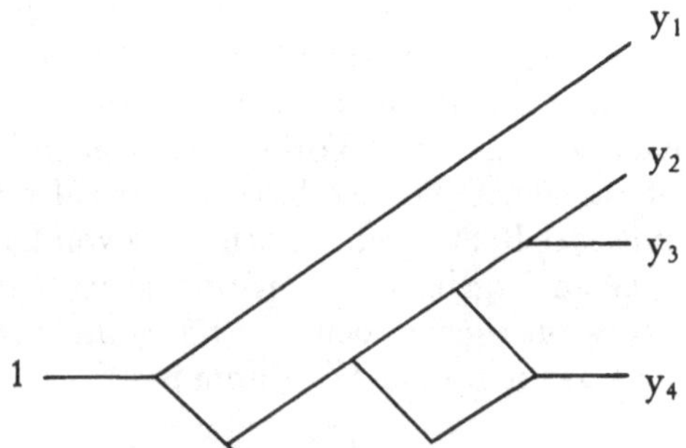

---

[2] Vgl. Herman-Rozenberg (1975) und Lindenmayer-Rozenberg (1976)

[3] Vgl. Davis (1958), S. 84!

Das ‚Spiegelbild' zu 1-m-Systemen sind die m-1-Systeme:

> *Definition 5:* Ein System ist ein ‚m-1-System', oder ein ‚akzeptierender Automat', wenn die von ihm erzeugte Menge identisch ist mit $\{1\}$. Eine Menge heißt ‚1-akzeptierbar', wenn es ein m-1-System gibt, das sie akzeptiert.

Soll eine 1-akzeptierbare Menge mehr als ein Element enthalten, so muß das sie akzeptierende System mehrere Erzeugungen in ein und demselben Symbol 1 abschließen lassen:

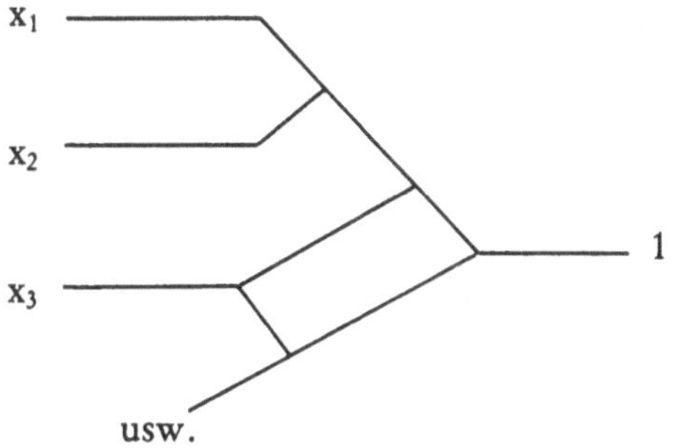

m-1-Systeme zeichnen sich darin aus, daß sie partielle Charakteristiken bzw. Halbcharakteristiken der akzeptierten Mengen repräsentieren. Genau besehen ist diese Behauptung nicht korrekt. m-1-Systeme sind im allgemeinen nicht deterministisch, d. h. sie repräsentieren zwar Halbfunktionen, da sie nur einen Funktionswert zur Verfügung haben (und darum notgedrungen niemals ein und demselben Argument zwei verschiedene Werte zuordnen können). Aber sie repräsentieren diese Halbfunktion auf nicht deterministische Weise (, indem sie nach rechts weisende Verzweigungen erlauben, die dann alle wieder in 1 sich vereinigen). Man kann aber leicht nicht deterministische m-1-Systeme in deterministische ohne Beschränkung der Allgemeinheit umwandeln (nach dem im Beweis des ersten Theorems angewendeten Verfahren) und darum auf diesen Unterschied verzichten. Angewandt auf Ausdrücke x_1, x_2, x_3, . . . akzeptiert ein m-1-System diese oder nicht und zeigt dies im positiven Falle durch Ausgabe des Funktionswertes 1 an. D. h. das eine Menge M akzeptierende m-1-System repräsentiert eine Halbfunktion χ_M mit folgender Eigenschaft:

$$\chi_M(x) = \begin{cases} 1, \text{ wenn } x \in M, \text{ und} \\ \text{undefiniert andernfalls.} \end{cases}$$

Die Eigenart von m-1-Systemen besteht also darin, Mengen partiell zu charakterisieren. Gehört ein Ausdruck x nicht zu der von einem m-1-System akzeptierten Menge, so kommt das System angesetzt auf x zu keinem

Ergebnis. Ist das System z. B. nach n Rechenoperationen noch zu keinem Ergebnis gekommen, so kann daraus im allgemeinen nicht geschlossen werden, daß dies auch zu keinem späteren Zeitpunkt der Fall sein wird. Das System kann die Zugehörigkeit von x zu der von ihm akzeptierten Menge zwar verifizieren, aber nicht auch falsifizieren, m-1-Systeme sind also als Turing-Versionen der effektiven Verifikation zu interpretieren, die an sich noch keine Falsifikation umfaßt. Zu einem späteren Zeitpunkt, werden wir sehen, daß es effektiv verifizierbare Mengen gibt, für die aus logischen Gründen keine effektive Falsifikation möglich ist, d. h. daß es eine unbehebbare Asymmetrie zwischen Verifikation und Falsifikation gibt.

Der dritte und letzte Begriff ist die ‚halbalgorithmische Abzählbarkeit':

Definition 6: Ein Halbalgorithmus heißt ‚abzählend', wenn er die Menge $\{|\}^* = \{|, ||, |||, \ldots\}$ akzeptiert. Eine Menge heißt ‚algorithmisch abzählbar', wenn sie von einem abzählenden Halbalgorithmus erzeugt wird.

Der Begriff der Abzählbarkeit ist für mathematisch-logische Zwecke hilfreich, u. a. weil er der definierten Menge durch Zuordnung zu Strichfolgen bzw. zu den natürlichen Zahlen eine Struktur gibt.

Theorem 2: Die Begriffe der 1-Erzeugbarkeit, der 1-Akzeptabilität und der halbalgorithmischen Abzählbarkeit sind untereinander und mit den in Theorem 1 genannten Begriffen äquivalent.

Beweis: Wir beweisen die Äquivalenz mit Hilfe eines Implikationszyklus, in dem ein in Theorem 1 genannter Begriff vorkommt, nämlich die Erzeugbarkeit. Der Einfachheit halber sprechen wir wiederum nur von nichtleeren Mengen (vgl. Definition 6!):

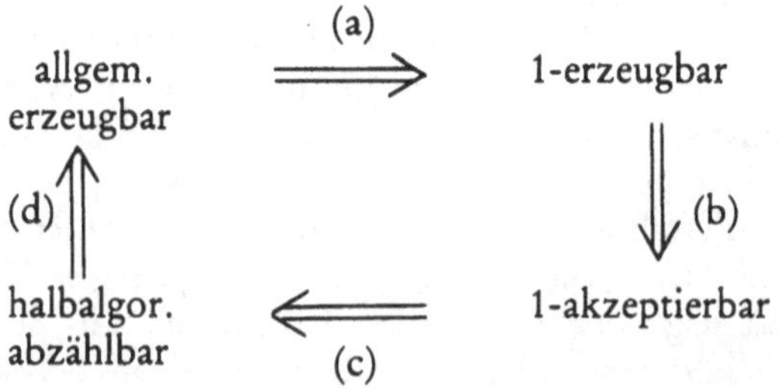

(a) X erzeugbar ⇒ X 1-erzeugbar

Ist eine Menge X erzeugbar, so gibt es ein sie erzeugendes System S_a. Der Argumentbereich von S_a, innerhalb dessen die von ihm akzeptierte Menge liegt, ist verabredungsgemäß A^*. Um aus S_a ein 1-m-System zu machen, müssen wir ein 1-m-System zur Erzeugung von A^* konstruieren und dieses mit S_a so verbinden, daß das neue System S_b aus 1 alle Ausdrücke über A erzeugt und diese sodann mit Hilfe von S_a weiterverarbeitet. S_b ist ein 1-m-System, das genau die Ausdrücke aus 1 erzeugt, die von S_a aus irgendeinem Ausdruck über A erzeugt werden.

Der (sonst nicht erstrebten) Vollständigkeit halber geben wir ein 1-m-System S_k zur Erzeugung von A^* an. S_k arbeitet nach einem ähnlichen Prinzip wie das, mit dem wir im Appendix arbeiten.[4] Wie dort die Ausdrücke von links nach rechts durch Anhängen je eines Symbols entstehen, erzeugt S_k seine Ausdrücke symbolweise von rechts nach links. Sei $A = \{a_1, \ldots, a_n\}$. S_k besteht aus folgenden Regeln:

P0	$BZ_k^i 1 \rightarrow BZ_k 1$
P1	$BZ_k 1 \rightarrow BZ_k 1 a_1$
⋮	⋮ ⋮ ⋮
P_n	$BZ_k 1 \rightarrow BZ_k 1 a_n$
P_{n+1}	$BZ_k 1 \rightarrow BZ_k^t$

(b) X 1-erzeugbar ⇒ X 1-akzeptierbar

Aufbauend auf S_b konstruieren wir ein System S_c, das die von S_b erzeugte Menge 1-akzeptiert. Hierzu stellen wir eine Liste L der Folgen von Regeln aus S_b her, d. h. die Liste der Erzeugungsschemata (nach dem im Beweis (a), Theorem 1 beschriebenen Verfahren). S_c angewendet auf einen Ausdruck x wendet das erste Erzeugungsschema von L auf 1 an und vergleicht das Ergebnis mit x. Stimmt das Ergebnis mit x überein, gibt S_c den Funktionswert 1 aus, schließt seine Berechnung ab und gibt damit kund, daß es x akzeptiert hat. Stimmt das Ergebnis mit x nicht überein, wendet S_c das in der Liste L nächste Erzeugungsschema auf 1 an und verfährt analog. Wird x von S_b erzeugt, dann wird es nach irgendeinem Erzeugungsschema aus 1 erzeugt. In diesem Falle findet S_c dieses Schema, wendet es auf 1 an, vergleicht und schließt mit 1 ab. Umgekehrt kann S_c nur aus Anlaß eines von S_b erzeugten Ausdrucks abschließen. Also akzeptiert S_c die Menge, die von S_b 1-erzeugt wird.

(c) X 1-akzeptierbar ⇒ X halbalgorithmisch abzählbar

Um aus einem die Menge M akzeptierenden System T_1 ein M 1-akzeptierendes System T_2 zu machen, haben wir nur zu erreichen, daß immer dann, wenn T_1 abschließt, T_2 mit 1 abschließt. Dies braucht nicht ausgeführt zu werden. Da die 1-Akzeptabilität eine spezielle Form der Akzeptabilität ist, können wir zur Demonstration (c) einen Teil des Zyklus aus dem Beweis des Theorems 1 verwenden, nämlich

X akzeptierbar ⇒ X algorithmisch erzeugbar.

[4] S. S. 181!

Wir haben jetzt nur noch zu zeigen, daß

X algorithmisch erzeugbar ⇒ X halbalgorithmisch abzählbar.

Diesen Übergang demonstrieren wir mit Hilfe der (hier vorausgesetzten und nicht bewiesenen) Existenz eines Halbalgorithmus T, der eine Bijektion zwischen $\{|\}^*$ und A^* repräsentiert. Sei S_d das System, das die Menge M algorithmisch erzeugt. Stellen wir S_d den Algorithmus T voran, so erzeugt das neue komplexe System S_e dieselbe Menge M, akzeptiert aber nicht mehr A^*, sondern $\{|\}^*$, womit (c) bewiesen ist.

(d) X halbalgorithmisch abzählbar ⇒ X erzeugbar

Dieser Übergang schließlich ist leicht zu demonstrieren. Wenn es ein System zur Erzeugung von A^* gibt, so auch ein System T zur Erzeugung von $\{|\}^*$. Stellen wir dieses dem unter (c) charakterisierten Halbalgorithmus S_e voran, so ergibt sich ein System, das genau die Ausdrücke erzeugt, die S_e abzählt, womit der gesamte Beweis abgeschlossen ist.

Die von Noam Chomsky in die Sprachwissenschaft eingeführten Grammatiksysteme verwenden keine Turing-, sondern sog. ‚Semi-Thue-Systeme', die in diesem Zusammenhang wesentliche Vorteile bieten. Wir haben im vorangehenden Kapitel Turing-Regeln als spezielle Semi-Thue-Systeme dargestellt, um es jetzt – bei der Bestimmung des Verhältnisses von Turing- zu Semi-Thue-Systemen – leichter zu haben. Es genügt nämlich der Nachweis, daß Semi-Thue-Systeme als spezielle Turing-Systeme darstellbar sind, um zu zeigen, daß es für jedes Turing-System ein äquivalentes Semi-Thue-System gibt und umgekehrt, in anderen Worten, daß beide Systemklassen äquivalent sind. Auch hier verweisen wir zur Durchführung des Beweises auf die Literatur[5] und beschränken uns auf eine Skizze desselben. Zunächst geben wir eine Definition der Semi-Thue-Systeme und besprechen ihre grammatisch-sprachtheoretische Anwendung.

Um aus den (oben als spezielle Semi-Thue-Regeln eingeführten) Turing-Regeln ihre allgemeine Semi-Thue-Form zu bekommen, hat man lediglich die starken Beschränkungen zu lockern, denen die linke wie die rechte Seite der Turing-Regeln unterliegen: Als Alphabet nehmen wir wiederum das oben verabredete A, vereinigen es mit der Zustandsmenge $\mathbf{Z}$ zu dem ‚Gesamtalphabet' G: $G = A \cup \mathbf{Z}$. Eine Semi-Thue-Regel ist also ein Ausdruck $x \rightarrow y$, wobei x und y beliebige Ausdrücke über G sind, d. h. beliebig viele Symbole aus A und beliebig viele Zustände aus $\mathbf{Z}$ beliebig oft enthalten können. $x \rightarrow y$ soll wiederum anschaulich interpretiert werden als ‚x darf ersetzt werden durch y'. Wir übergehen alle weiteren definitionstechnischen Details.

---

[5] Vgl. H. Hermes (1971), S. 147ff.

Semi-Thue-Systeme sind jedenfalls wiederum bestimmte Ausdrücke über dem Alphabet aller Semi-Thue-Regeln oder äquivalent: endliche Mengen von Semi-Thue-Regeln.

Es gibt zwei wesentliche Unterschiede gegenüber Turing-Systemen: Erstens kommen links und rechts vom Pfeil beliebig lange Ausdrücke vor, die beliebig viele Vorkommen von Symbolen und Zuständen enthalten. Zweitens können Semi-Thue-Regeln mitunter auf mehrere Weisen auf Ausdrücke angewendet werden. Ist z. B. $v = wxyx$ und $x \rightarrow z$ eine Semi-Thue-Regel, so kann $x \rightarrow z$ entweder auf das erste oder auf das zweite Vorkommen von x in v angewendet werden. Diese Freiheit ist Turing-Regeln dadurch versagt, daß in jedem korrekten Ausdruck genau ein Zustand genau einmal vorkommt, und jede Turing-Regel – falls sie überhaupt anwendbar ist – auf dieses Vorkommen bzw. auf seine unmittelbare Umgebung angewendet werden kann. Diese Eingeschränktheit bietet entscheidende Vorteile beim Übergang zu deterministischen Systemen. Weil Turing-Regeln nur an der durch den Zustand eindeutig bestimmten Stelle anwendbar sind, läßt sich an Turing-Systemen syntaktisch feststellen, ob sie Halbalgorithmen sind: Dies ist dann der Fall, wenn keine zwei verschiedenen Regeln in ihren linken Seiten übereinstimmen. Dagegen macht es die beschriebene Anwendungsfreiheit der Semi-Thue-Regeln schwer, die entsprechenden Systeme auf Halbalgorithmen und Algorithmen einzuschränken.

Dafür haben Semi-Thue-Systeme eine Flexibilität, die es Chomsky ermöglichte, sie zur Beschreibung syntaktischer Sachverhalte heranzuziehen. Wie im Falle von Turing-Systemen, so kann man auch Semi-Thue-Systeme auf 1-m-Systeme, m-1-Systeme, Halbalgorithmen und Algorithmen einschränken. Chomsky hat in seinen frühen Schriften Semi-Thue-1-m-Systeme in die Grammatik- bzw. Syntaxtheorie eingeführt und gezeigt, daß diese Systeme allen ‚taxonomischen' Theorien überlegen waren. Er nannte diese Systeme ‚Phrasenstrukturgrammatiken' – in unserem Zusammenhang eignet sich die Bezeichnung ‚Chomsky-System' besser – und erweiterte diese um eine sog. ‚transformationelle' Komponente zu sog. ‚generativen Transformationsgrammatiken'. Wir befassen uns zunächst mit den ersteren und stellen die letzteren zurück.

Chomsky hat, in Analogie zur Automatentheorie, eine Hierarchie von Chomsky-Systemen entwickelt[6]:

Definition 7: Sei A das Alphabet, **Z** das Zustandsalphabet, $G = A \cup \mathbf{Z}$ das Gesamtalphabet. **Z** enthält u. a. ‚initiale' Zustände, aber keine ‚terminale'. (Man kann sich die terminalen mit den Symbolen in A identifiziert denken.) Ein ‚Chomsky-System' ist eine endliche Menge von

[6] N. Chomsky (1955), (1956), (1957), (1959), (1962), (1963); Chomsky-Miller (1958), Chomsky-Schutzenberger (1963). Eine der besten Einführungen in die Theorie der formalen Sprachen und Grammatiken ist Hopcroft-Ullman (1969). Vgl. auch Ginsburg (1966) und Beeh (1978).

Produktionen $x \rightarrow y$ mit $x, y \in G^*$. Äquivalent können Chomsky-Systeme als Ausdrücke aufgefaßt werden, die durch die Verkettung von Produktionen entstehen.

(a) Typ 0 enthält alle Chomsky-Systeme.

(b) Typ 1 enthält alle Typ-0-Systeme, für deren sämtliche Regeln $x \rightarrow y$ gilt: $|x| \leq |y|$, wobei $|x|$ die Länge, d.h. die Zahl der Vorkommen von Symbolen in x ist.

(c) Typ 2 enthält alle Typ-1-Systeme, für deren sämtliche Regeln $x \rightarrow y$ gilt: $x \in \mathbf{Z}$.

(d) Typ 3 enthält alle Typ-2-Systeme, für deren sämtliche Regeln $x \rightarrow y$ gilt: $x \rightarrow y$ hat entweder die Form $Z_i \rightarrow a_j Z_k$ oder $Z_i \rightarrow a_j$ mit $Z_i, Z_k \in \mathbf{Z}$ und $a_j \in A$.

Zur Notation: Wir indizieren die Z's nicht mit Zahlen, sondern mit den syntaktischen Kategorien, mit denen sie später interpretiert werden: Z_S^i (Satz), Z_{NP} (Nominalphrase), Z_{VP} (Verbalphrase), . . .

Typ 3 liegt ganz in Typ 2, dieser in Typ 1 und dieser in Typ 0. Im Laufe der Zeit sind darüber hinaus feinere Stufungen entwickelt worden, auf die wir jedoch verzichten können. Typ-1-Systeme nennt man, wegen ihrer definierenden Eigenschaft ‚längenmonoton'. Für jedes längenmonotone System gibt es ein äquivalentes ‚kontextsensitives' und umgekehrt, so daß wir bei unseren grundsätzlichen Überlegungen diese beiden Klassen identifizieren können. Typ-2-Systeme nennt man ‚kontextfrei', wobei man mit dieser Bezeichnung nicht eine Eigenschaft der erzeugten Ausdrücke beschreiben will – die etwa eine nur schwache Form syntaktischer Abhängigkeit repräsentieren – sondern die Eigenschaft der Typ-2-Regeln, daß die linke Seite der Regeln ‚in allen Kontexten' ersetzt werden darf. Gerade dies ist bei längenmonotonen Systemen unter ihrer Interpretation als ‚kontextsensitive' nicht erlaubt. Man muß allerdings darauf hinweisen, daß die kontextfreien Systeme spezielle kontextsensitive sind und nicht umgekehrt. Typ-3-Systeme nennt man auch ‚regulär'. Die Bezeichnungen der Systemtypen überträgt man im allgemeinen auf die von ihren Systemen erzeugten Mengen, so daß man von Typ-0- bis Typ-3-Mengen bzw. von längenmonotonen, kontextsensitiven, kontextfreien und regulären Mengen spricht.

Die weitere Skizzierung des Gedankenganges macht ein einfaches Beispiel erforderlich. Wir wählen ein primitives Typ-2-System, d. h. ein kontextfreies System S.

$$
\begin{aligned}
S = \langle Z_S^i &\rightarrow Z_{NP} Z_{VP}, \\
Z_{NP} &\rightarrow Z_T Z_N, \\
Z_{VP} &\rightarrow Z_{Vb} Z_{NP}, \\
Z_N &\rightarrow Z_V, \\
Z_T &\rightarrow \text{to}, \\
Z_V &\rightarrow \text{create}, \\
Z_V &\rightarrow \text{recombine}, \\
V_{Vb} &\rightarrow \text{is}\rangle
\end{aligned}
$$

Dieses System erlaubt z. B. die folgende Erzeugung:

1. Z_S^i
2. $Z_{NP}Z_{VP}$
3. $Z_TZ_NZ_{VP}$
4. $Z_TZ_NZ_{Vb}Z_{NP}$
5. $Z_TZ_NZ_{Vb}Z_TZ_N$
6. $Z_TZ_V Z_{Vb}Z_TZ_N$
7. $Z_TZ_V Z_{Vb}Z_TZ_V$

. .

. .

. .

12. to create is to recombine.

Die Erzeugung ist in folgendem Baum darstellbar:

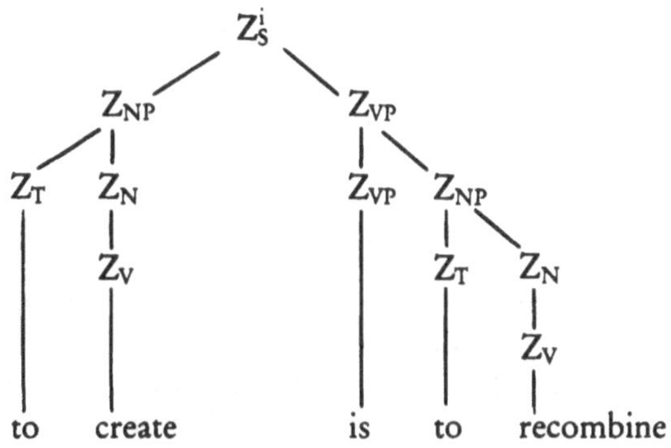

Chomsky hat vorgeschlagen, die im Baum anschaulich werdende Art und Weise der Erzeugung hauptsächlich kontextfreier Systeme (= Typ-2-Systeme) zur Beschreibung der syntaktischen Struktur von Sätzen nutzbar zu machen. Im Regelfall ist dies auch möglich. Sollten kontextfreie Systeme nicht ausreichen, so könnte man immer noch kontextsensitive (= Typ-1) heranziehen. Dieses Vorgehen leidet aber unter dem Unvermögen, gewisse wichtige Beziehungen zwischen verwandten Sätzen bzw. Ausdrücken erfassen zu können, wie z. B. die Beziehung zwischen Aktiv- und korrespondierenden Passivsätzen, zwischen Aussage- und korrespondierenden Frage-, Befehls- und Nebensätzen usw. Auf die Frage, warum diese Beziehungen so wichtig sind, daß sie ihre Berücksichtigung in der syntaktischen Beschreibung verlangen können, werden wir in Kapitel 7 eingehen. Chomsky hat im wesentlichen zwei Modelle für die syntaktische Beschreibung dieser Beziehungen angeboten, die aber nicht fundamental verschieden sind: Das erste Modell erzeugt z. B. mit Hilfe eines kontextfreien Systems eine Standardklasse von Sätzen, z. B. die Gesamtheit der Aussagesätze, und transformiert diese Standard-Sätze mit Hilfe eines weiteren Systems in die korrespondierenden Frage-, Befehls-, Neben- usw. -Sätze. Das zweite, spätere und wohl bewährtere Modell erzeugt mit Hilfe eines kontextfreien Systems sozusagen ‚Prototypen', die dann mit Hilfe eines weiteren Systems erst zu endgültigen Sätzen transformiert werden, nämlich zu Aussage-, Frage- usw. -Sätzen. Beide Male tritt zu dem im allgemeinen kontextfreien (Typ-2) Basissystem ein weiteres System, das von recht verschiedener Struktur ist: Es ist eine Folge bzw. eine Menge von sog. ‚Transformationsregeln'. Diese unterscheiden sich von kontextfreien Regeln, allgemein von Semi-Thue-Regeln, dadurch, daß sie 1. auf Strukturbäume angewendet werden, nicht auf erzeugte Ausdrücke, 2. daß sie auf Folgen von Strukturbäumen angewendet werden und damit mehrstellig sind (nicht einstellig wie Semi-Thue-Regeln) und 3. wesentlich stärkere Modifikationen hervorrufen können als Semi-Thue-Regeln.

Man braucht diese Unterschiede aber nicht zu überschätzen. Denn 1. kann die gesamte in einem Strukturbaum repräsentierte Information z. B. mit Hilfe einer geeigneten Klammerung dem erzeugten Ausdruck einverleibt werden:

((to create) (is (to recombine)))

2. haben wir oben für Turing-Systeme gezeigt, daß jede 1-m-erzeugbare Menge auch z. B. halbalgorithmisch erzeugbar ist, und daß wir keinen wesentlichen Unterschied machen müssen zwischen 1- und mehrstelligen (Halb-)Algorithmen. Die Mehrstelligkeit ist also stets 1-stellig zu rekonstruieren. 3. kann man die stärkeren Modifikationen der Transformationsregeln zwar nicht mit einzelnen Semi-Thue-Regeln erreichen, wohl aber mit Mengen von bzw. Systemen aus solchen. Man kann also Transformationsregeln als im allgemeinen deterministische Semi-Thue-Systeme, d. h. also als Semi-Thue-Halbalgorithmen darstellen. Dabei legt man keinen Wert auf deren Arbeitsweise, sondern nur auf die von ihnen repräsentierte Halbfunktion, d. h. auf das Ergebnis.

Eine Transformationsgrammatik, die nach dem soeben Gesagten aus einem kontextfreien System als Basiskomponente und einem transformierenden System besteht, das seinerseits aus einer Menge von Transformationen, d. h. Semi-Thue-Halbalgorithmen besteht, kommt seinem Aufbau nach sehr nahe an die in der Logik und Mathematik üblichen axiomatischen Systeme, die offenbar das Vorbild waren. Diese bestehen aus einer endlichen oder unendlichen Menge von Axiomen und einer Menge von Ableitungsregeln. Im Falle einer unendlichen Axiomenmenge muß diese endlich erzeugt werden, was man (meist mit Hilfe von sog. ‚Axiomenschemata' erreicht, was man aber auch) mit Hilfe von kontextfreien bzw. -sensitiven (= Typ 2 bzw. 1) Systemen tun kann. Die Ableitungsregeln haben häufig die Form von Transformationen. Sie sind z. B. häufig mehrstellig (wie z. B. die weithin verwendete, den modus ponens darstellende Regel ‚$[A, A \supset B] \rightarrow B$').

Die Rekonstruierbarkeit der Transformationsregeln mit Hilfe von Semi-Thue-Regeln wurde ohne Beweis behauptet. Sie ergibt sich aus im folgenden Kapitel zu besprechenden Ergebnissen der Algorithmentheorie und der Theorie der rekursiven Funktionen. Wir setzen sie aber jetzt schon voraus und benützen die Tatsache, da sie uns erlaubt, in den anschließenden, aufs Grundsätzliche gerichteten Überlegungen auf die Transformationsregeln zu verzichten und uns auf ‚Phrasenstrukturgrammatiken‘ bzw. ‚Chomsky-Systeme‘ zu beschränken.

Wir haben oben die Behandlung der von Chomsky entwickelten Grammatik-Systeme aufgenommen, um ihr Verhältnis zu Turing-Systemen zu beschreiben. Zunächst eine Definition, dann ein Theorem:

Definition 8: Eine Menge $M \subseteq A^*$ ist ‚Chomsky-erzeugbar‘ genau dann, wenn sie von einem Chomsky-System aus einem initialen Zustand Z_j^i erzeugt wird.

Theorem 3: Die Begriffe der Chomsky-Erzeugbarkeit und der Erzeugbarkeit sind äquivalent.

Da wir im vorangehenden Kapitel Turing-Regeln als spezielle Semi-Thue-Systeme definiert haben, folgt aus der (mit Turing-Regeln definierten) Erzeugbarkeit über deren Äquivalenz mit der entsprechenden 1-m-Erzeugbarkeit deren Semi-Thue- und damit ihre Chomsky-Erzeugbarkeit. Die andere Richtung wird hier nicht gezeigt. Man kann sie dadurch beweisen, daß man für jede Semi-Thue-Regel ein System von Turing-Regeln angibt, das etwa folgendermaßen arbeitet: Ein erster Teil des Systems besteht in einer Vorrichtung zur beliebigen Verschiebung des Zustandes nach links und nach rechts. Damit wird dem Turing-System dieselbe Anwendungsfreiheit verliehen, die Semi-Thue-Regeln haben: Wie oben gezeigt, können diese gegebenenfalls an mehreren Stellen innerhalb ein und desselben Ausdrucks angewendet werden. Semi-Thue-Regeln entfernen eine Symbolfolge beliebiger Länge von der Stelle, auf die sie angesetzt werden, und füllen sie wieder auf mit einer anderen Symbolfolge. Unter Verwendung von Turing-Regeln kann dieser Vorgang in einem zweiten Teil dadurch ‚simuliert‘ werden, daß man zur Entfernung und Einführung jedes einzelnen Symbols genau eine Turing-Regel nimmt. Dadurch bekommt man ein (nicht-deterministisches) Turing-System, das dieselbe Leistung vollbringt wie die Semi-Thue-Regel, von der wir ausgegangen sind.

Wenn man Semi-Thue-Systeme z. B. in Form von Chomsky-Systemen zur Beschreibung syntaktischer Strukturen verwendet, so hat man zu beachten, daß die Arbeitsweise des eine einzige Semi-Thue-Regel simulierenden Turing-Systems syntaktisch-strukturell irrelevant ist. Nur das Ergebnis des Systems ist beschreibungsrelevant. Ganz analog verhält es sich mit der Rekonstruktion der Transformationsregeln mit Hilfe von Semi-Thue-Regeln und nach unserem letzten Ergebnis letztlich mit Hilfe von Turing-Regeln.

Die Rekonstruktion einer einzigen Transformationsregel erfordert ein Semi-Thue- bzw. ein Turing-System, dessen syntaktisch-struktureller Wert lediglich in seinem Ergebnis besteht, nicht in der Art und Weise, in der es zum Ergebnis gelangt. Der syntaktisch-beschreibende Wert der ‚Phrasenstrukturgrammatiken' dagegen besteht ja gerade nicht nur im Ergebnis, d.h. in der erzeugten Menge, sondern in der Erzeugungsweise, d.h. in der syntaktisch-strukturellen Beschreibung der erzeugten Ausdrücke.

Die bisher angestellten Überlegungen haben zum Ergebnis, daß sich alle eingeführten Versionen der Definierbarkeit von Mengen 1. auf Turing-Definierbarkeit zurückführen lassen (sofern sie nicht schon diese Form haben) und 2. sämtlich äquivalent sind. Wir werden im folgenden Kapitel die Kette der Äquivalenzen auf eine etwas andere Weise fortführen und die These von Church als eine These über den weiteren Verlauf dieser Kette über den Bereich des tatsächlich Nachgewiesenen hinaus interpretieren. Die Einordnung der Chomsky-Erzeugbarkeit in diese Kette macht den erkenntnistheoretischen Inhalt der These von Church auf diese anwendbar. Dies führt zu einem wichtigen Ergebnis unserer Argumentation.

3. Die These von Church

Die Äquivalenzen des vorangehenden Kapitels ergaben sich durch Variation der Verwendungsweise ein und desselben Systemtyps: der Turing-Systeme. In diesem Kapitel wird auch der Systemtyp, d. h. die zugrunde liegende Regelform variiert. Wir beschränken uns dabei auf die Hauptergebnisse, die den im vorangehenden entstandenen Erwartungen entsprechen: Auch die Variation der Regelform führt stets zu Äquivalenzen. Dies war der Anlaß für die 1936 von A. Church und A. M. Turing ausgesprochene These, nach der nicht nur die bekannt gewordenen Begriffe und Systemtypen, sondern darüber hinaus alle logisch möglichen äquivalent sein müssen. In diesem Falle hätte man es mit einem absoluten Begriff zu tun.

Für die Entwicklung des folgenden Gedankens ist eine weitere Äquivalenz nützlich. Im ersten Kapitel sind die Möglichkeiten der Reduktion mehrstelliger Halbalgorithmen auf 1-stellige beschrieben worden. Da 1-stellige Halbalgorithmen als Systeme aufgefaßt 2-stellig sind, stellt sich die Frage, ob die 2-Stelligkeit allgemeiner Systeme nicht ebenfalls mit Hilfe entsprechender Kodierungen auf 1-Stelligkeit sich reduzieren läßt. 1-stellige Systeme gibt es ihrer Natur nach nicht; doch das, was sie zu repräsentieren hätten, müßten 1-stellige Relationen, d. h. Mengen sein. Die im vorangehenden Kapitel ausführlich beschriebenen, den Turing-Systemen eigentümlichen Weisen der Bestimmung von Mengen haben wir unter dem Sammelbegriff der ‚Turing-Definition' einer Menge zusammengefaßt. Kodieren wir also die n-Tupel n-stelliger Relationen zu 1-Tupeln, d. h. fassen wir mit Hilfe einer geeigneten Kodierung n-stellige Relationen als 1-stellige Relationen, d. h. als Mengen von n-Tupeln auf, so stellt sich die Frage nach dem Verhältnis der Turing-Repräsentierbarkeit n-stelliger Relationen zur Turing-Definierbarkeit ihrer ‚kodierten' 1-stelligen Entsprechungen. Wir verabreden folgenden Sprachgebrauch:

Definition 1: Eine Relation ist ‚Turing-repräsentierbar', wenn es ein sie repräsentierendes Turing-System gibt. Insbesondere ist eine (Halb-)Funktion ‚Turing-berechenbar', wenn es einen sie berechnenden Turing-(Halb-)Algorithmus gibt.

Eine n-stellige Relation R bzw. eine n+1-stellige (Halb-)Funktion φ ist ‚Turing-erzeugbar', wenn R bzw. φ als Menge von n-Tupeln bzw. von n+1-Tupeln Turing-erzeugbar ist.

Beispiel: Ein 3-stelliges Turing-System S repräsentiert die 3-stellige Relation R, wenn S für alle x, y und z, für die xyRz ist, aus xy z erzeugt.[1] Dieselbe Relation R wird erzeugt, wenn es z. B. ein 1-m-Turing-System T gibt, das wie folgt arbeitet: Für alle x, y und z, für die xyRz ist, erzeugt T xyz aus 1. Ein 2-stelliger Turing-Halbalgorithmus S berechnet eine 2-stellige Halbfunktion φ, wenn S für alle x, y und z, für die z = φ⟨x, y⟩, aus xy den Wert z berechnet. Dieselbe Halbfunktion φ wird erzeugt, wenn es z. B. ein 1-m-Turing-System T gibt, das für alle x, y und z mit z = φ⟨x,y⟩ xyz aus 1 erzeugt. Entsprechendes gilt für Algorithmen und Funktionen.
Die Antwort auf die gestellte Frage ist aufgrund der bisherigen Ergebnisse vorauszusehen:

Theorem 1: Eine Relation R ist Turing-repräsentierbar genau dann, wenn sie Turing-erzeugbar ist.

Beweis: (a) R Turing-repräsentierbar ⇒ R Turing-erzeugbar

Sei R Turing-repräsentierbar und sei xRy. Es gibt also ein Turing-System S, das R repräsentiert. Wir konstruieren aufbauend auf S ein Turing-System T, das R erzeugt. Dazu hat man S so zu modifizieren, daß T angesetzt auf einen Ausdruck x diesen zunächst kopiert, so daß die weitere Verarbeitung von xx[2] ausgeht. T wendet dann das ursprüngliche System S auf das zweite Vorkommen von x an und läßt das erste unberührt stehen. S erzeugt aus x das Ergebnis y genau dann, wenn T aus x zunächst xx und daraus xy erzeugt. In anderen Worten: T erzeugt xy genau dann, wenn xRy.

(b) R Turing-erzeugbar ⇒ R Turing-repräsentierbar

Aufbauend auf einem R erzeugenden System T konstruieren wir ein System S, das R repräsentiert. Die Arbeitsweise von S läßt sich folgendermaßen charakterisieren: Angesetzt auf einen Ausdruck x wendet S ein 1-m-System zur Erzeugung des Ausdrucksraums A^* auf den initialen Ausdruck 1 an und erzeugt sich einen beliebigen Ausdruck z über A. Auf diesen wendet S das System T an und kommt dabei eventuell zu einem Ergebnis zy. Stimmt z mit dem Ausgangspunkt x der Berechnung überein, so schließt S mit dem Ergebnis y ab und gibt damit zu erkennen, daß zRy bzw. xRy[2].

---

[1] Der Einfachheit halber nehmen wir an, daß die Wiedergabe eines geordneten Paars ⟨x, y⟩ zweier Ausdrücke x und y in der von den Turing-Systemen S und T verwendeten Sprache aus der Verkettung xy besteht. In der Praxis wäre sicher ein Trennzeichen zwischen x und y notwendig.

[2] Eine analoge Äquivalenz benutzt man mitunter bei mathematisch-logischen Beweisen. Um zu zeigen, daß etwa $x \simeq y$, wobei $\simeq$ irgendeine Äquivalenzrelation ist, kann man entweder y aus x herleiten:
$x \simeq x_1 \simeq \ldots \simeq z_n \simeq y$
oder die Äquivalenz auf eine triviale Äquivalenz zurückführen:
$x \simeq y, z_1 \simeq y, \ldots, z_n \simeq y, y \simeq y.$

Theorem 1 erlaubt unter dieser Voraussetzung eine wesentliche Vereinfachung des Gedankenganges: Wie wir im vorangehenden Kapitel verschiedene Versionen der Turing-Definierbarkeit von Mengen im wesentlichen miteinander identifizieren konnten, so können wir jetzt auch die Turing-Repräsentierbarkeit von Relationen und insbesondere die Turing-Berechenbarkeit von Funktionen und Halbfunktionen, mit den verschiedenen Versionen der Turing-Definierbarkeit identifizieren. Und wie wir Turing-definierbare Mengen äquivalent als von allgemeinen Systemen, Halbalgorithmen, Algorithmen und sogar arithmetischen Algorithmen erzeugte Mengen und auch als von entsprechend vielen Systemtypen akzeptierte Mengen bestimmen konnten, so können wir jetzt aufgrund von Theorem 1 die Turing-Repräsentierbarkeit und -Berechenbarkeit auf gänzlich verschiedene Weisen bestimmen. Dabei ist zu beachten, daß z. B. jede Turing-erzeugbare Menge auch algorithmisch abzählbar ist, und damit auch jede Turing-berechenbare Halbfunktion bzw. Turing-repräsentierbare Relation. Mit anderen Worten: mit Hilfe der Turing-Algorithmen allein gelingt es, die Turing-Halbalgorithmen, und mit Hilfe dieser, die Turing-Systeme zu rekonstruieren. Über die Äquivalenz der Turing-Erzeugbarkeit mit der Chomsky-Erzeugbarkeit (Kapitel 2, Theorem 3) ergibt sich jetzt auch eine Möglichkeit, Chomsky-Systeme zur Präzisierung eines Begriffs der Repräsentierbarkeit bzw. der Berechenbarkeit zu verwenden: Wir haben nur die Chomsky-erzeugbaren Mengen, d. h. 1-stelligen Relationen, zu mehrstelligen Relationen, Halbfunktionen und Funktionen zu dekodieren. So entstehen zu ihren Turing-Pendants äquivalente Begriffe der Chomsky-Repräsentabilität und der Chomsky-Berechenbarkeit.

Die lange Reihe der Äquivalenzen legt den Schluß nahe, daß sämtliche der erwähnten Begriffe verschiedene Metamorphosen ein und desselben für die Gesamtheit der Turing-Systeme charakteristischen Begriffs sind. Jede seiner Erscheinungsformen schöpft den Bereich aller in Turing-Systemen liegenden Möglichkeiten vollständig aus. Diesen Gedanken gilt es im folgenden weiter zu verallgemeinern. Dabei werden uns die Äquivalenzen u. a. auch insofern behilflich sein, als wir, ohne wesentliche Unterscheidungen treffen zu müssen, von verschiedenen Versionen der Definierbarkeit von Relationen und Berechenbarkeit von Halbfunktionen sprechen können.

Hauptsächlich in den dreißiger Jahren dieses Jahrhunderts wurden neben der Turing-Berechenbarkeit mehrere Systemtypen und Berechenbarkeitsbegriffe entwickelt: die Semi-Thue-Berechenbarkeit, die (allgemeine) Rekursivität von Gödel-Herbrand-Kleene, Posts 1-Definierbarkeit und Binormalität, Churchs λ-Definierbarkeit, die Markov-Berechenbarkeit, die Repräsentierbarkeit in Q und andere[3]. Wir nennen sie im weiteren ‚Standard-Begriffe'

[3] Gödel (1934) und (1936), S. C. Kleene (1936a) und (1959), A. Turing (1936/7), E. Post (1936), (1943), (1946), A. Church (1936), A. A. Markov (1951), R. M. Robinson (1952) [=Repräsentierbarkeit in Q. Diese ist gut dargestellt in Boolos-Jeffrey (1974), S. 160–71],

(der Berechenbarkeit), gehen nicht auf ihre Besonderheiten ein, sondern konzentrieren uns auf die wichtigsten Ergebnisse bezüglich ihrer Verhältnisse zueinander. Um Vergleiche zwischen ihnen anstellen zu können, benötigen wir zwei Beziehungen:

Definition 2: Seien A und B zwei Berechenbarkeitsbegriffe. A sei ‚schwächer' als B, wenn jede im Sinne von A berechenbare Halbfunktion auch im Sinne von B berechenbar ist. A und B seien ‚äquivalent', wenn A sowohl schwächer als auch stärker ist als B.

Es hat sich herausgestellt, daß die Standardbegriffe auf vielerlei Arten variiert werden können. So sind z. B. mehrere Beschränkungen und Erweiterungen der Turing-Berechenbarkeit bekannt. Stellt man sich Turing-Halbalgorithmen als physikalische Maschinen vor, die mit einem nach rechts und links unendlichen Band[4] arbeiten, auf dem sie ihre Berechnungen durchführen, so kann eine Beschränkung z. B. darin bestehen, daß man nur noch nach rechts unendliche Rechenbänder erlaubt. Eine Erweiterung könnte z. B. darin bestehen, daß man die Benutzung mehrerer Bänder oder auch die Benutzung mehrdimensionaler Symbolräume zuläßt, in denen die Berechnungen ausgeführt werden können. Wie aber die Umwandlungen der Definitionsbegriffe immer wieder zu Äquivalenzen geführt haben, so gelten auch hier zwei Theoreme:

Theorem 2: Es gibt eine Reihe von Beschränkungen der Standard-Begriffe, die schwächer sind als diese. Es gibt eine Reihe von Beschränkungen und Erweiterungen, die äquivalent sind mit diesen. Es gibt aber keine stärkeren Erweiterungen. Die Standard-Begriffe und ihre Varianten sind also stärkste Berechenbarkeitsbegriffe.

Theorem 3: Sämtliche Standard-Begriffe sind miteinander äquivalent[5].

Erwartungsgemäß sind seit den frühesten Entdeckungen stärkster Berechenbarkeitsbegriffe mehrfach weitere Präzisierungen gelungen, die sich wieder als äquivalent erwiesen haben. Dabei mußte die Frage aufkommen, ob die Gesamtheit aller möglichen Präzisierungen selbst präzisiert werden kann, und ob alle möglichen Präzisierungen wiederum mit ihren Standard-Versionen äquivalent sein werden.

Vor dem Hintergrund dieser Fragen haben Church und Turing gleichzeitig 1936 die heute meist nach dem ersteren benannte These

---

Sheperdson-Sturgis (1963). Der Begriff ‚rekursiv' geht wahrscheinlich zurück auf Skolem (1923).

[4] Zu den Begriffen ‚Band' und ‚Symbolraum' vgl. die Bemerkungen im Appendix S. 182f.!

[5] Die ältesten Beweise sind die von Church (1936), Kleene (1936b) (allgemeine Rekursivität und Churchs λ-Definierbarkeit) und Turing (1937) (λ-Definierbarkeit und Turing-Berechenbarkeit).

formuliert, auf die wir im folgenden eingehen. Im Laufe der Zeit ist es üblich geworden, mit der ,These von Church' eine Behauptung zu verknüpfen, die stärker ist als der historische Wortlaut Churchs. Wir werden die These in zwei Aspekte zerlegen, in eine ,Verallgemeinerungsthese' und in die ,historische' These von Church, die wir unabhängig voneinander behandeln zu können glauben.

> *Verallgemeinerungsthese:* Über die Äquivalenz der Standard-Begriffe hinaus ist jeder weitere mögliche (und möglicherweise aufzufindende) Berechenbarkeitsbegriff schwächer oder äquivalent mit den Standard-Begriffen.

Diese These ist nicht bewiesen. Ihre Beweisbarkeit hinge von der Präzisierbarkeit der Klasse aller möglichen Algorithmenklassen und Berechenbarkeitsbegriffe ab. Es ist unbekannt, ob dies möglich ist. Es gibt aber genügend Hinweise auf die Gültigkeit, so daß sie in der Mathematik und Logik allgemein anerkannt wird, was wiederum für uns Grund genug ist, sie den folgenden Überlegungen zugrunde zu legen.

Zur Veranschaulichung der These wählen wir eine Darstellung, die den Begriff der ,Normalform' verwendet:

> *Definition 3:* Sei M eine Menge, R irgendeine Äquivalenzrelation in M und für jedes Element von M [m] die Äquivalenzklasse von m (bezüglich R), d. h. die Klasse aller mit m äquivalenten Elemente. Eine ,Normalform von M' sei eine echte Teilmenge N von M, die wenigstens einen Repräsentanten jeder Äquivalenzklasse [m] enthält.

Faßt man die Standard-Begriffe sämtlich als Definitionen von Klassen von Halbalgorithmen bzw. Algorithmen auf, so besagt die Verallgemeinerungsthese, daß jede der Standard-(Halb-)Algorithmenklassen als Normalform der Gesamtheit aller Algorithmen gelten kann, obwohl diese an sich gar nicht bekannt ist.

Jeder der Standard-Begriffe der Berechenbarkeit und jeder der eventuell noch aufzufindenden möglichen – nach der Verallgemeinerungsthese mit diesen äquivalenten – Begriffe muß mit Hilfe einer Klasse von Systemen präzisierbar sein. Jede Systemklasse erlaubt ihrerseits nach den Ergebnissen des vorangehenden Kapitels und nach Theorem 1 dieses Kapitels verschiedene Realisierungen des von ihr repräsentierten Berechenbarkeitsbegriffes. Insgesamt hat man eine sehr große Menge von enger oder weiter miteinander verwandten Berechenbarkeitsbegriffen. Die Verallgemeinerungsthese läßt sich als eine Aussage über die Leistungsfähigkeit, die Kompetenz aller formalen Systeme interpretieren. Dasselbe unter einer anderen Perspektive gesehen: Der Begriff der Berechenbarkeit ist unabhängig von seiner Präzisierung, von seinen sprachlichen Realisierungen. Es hat sich durchgesetzt, diesen absoluten Begriff der Berechenbarkeit und seine

Pendants mit dem Adjektiv ‚rekursiv' zu belegen, wodurch die rekursive Berechenbarkeit – sozusagen – zum primus inter pares wurde.

Definition 4: Unter der ‚Rekursivität' von Relationen, Funktionen und Halbfunktionen versteht man deren Berechenbarkeit in einem der genannten (nach Theorem 3 untereinander äquivalenten) Sinne. In ähnlicher Weise macht man den Begriff der ‚rekursiven Abzählbarkeit' zum Stellvertreter für alle seine Pendants, wie Turing-Erzeugbarkeit, Turing-Akzeptabilität, Chomsky-Erzeugbarkeit usw.

Damit hat man genau besehen zwei verschiedene Begriffe der Rekursivität: erstens den soeben in Definition 4 eingeführten unspezifischen und zweitens den von Gödel, Herbrand und Kleene präzisierten spezifischen. Der letztere ist eine der möglichen Realisierungen des ersteren.

Da der Begriff der Rekursivität häufig gebraucht wird, soll versucht werden, in Kürze eine Vorstellung von der ‚Arbeitsweise' des spezifischen Begriffs zu geben. (Genau genommen sprechen wir im folgenden nur von der sogenannten ‚primitiven' Rekursivität.) Prototypen rekursiver Definitionen sind z. B. die in der Grundschule gelehrten Definitionen der ‚großen' Addition, der ‚großen' Multiplikation und anderer Rechenarten auf der Grundlage ihrer ‚kleinen' Entsprechungen. Die kleine Multiplikation besteht aus genau 100 kleinen oder elementaren Multiplikationen, d. h. solchen zwischen einstelligen Zahlen,

	0	1	2	3 ...
0	$0 \cdot 0 = 0$	$0 \cdot 1 = 0$	$0 \cdot 2 = 0$	...
1	$1 \cdot 0 = 0$	$1 \cdot 1 = 1$	$1 \cdot 2 = 2$	...
2	.	.	.	...
.	.	.	.	...
.	.	.	.	...

von denen das Ein-mal-eins-gleich-eins, das dem Ganzen den Namen gegeben hat, wenigstens in unserer Darstellung nicht die erste ist. Diese Basis wird im Schulunterricht auswendig gelernt, wobei man aufgrund der Kommutativität der Multiplikation sich die Hälfte ersparen kann. Danach lernt man Regeln auswendig, mit Hilfe derer man die große Multiplikation, d. h. die Multiplikationen mehrstelliger Zahlen aus der wiederholt angewandten Multiplikation einstelliger Zahlen sich erzeugen kann. Wir beschränken uns auf den Fall der großen Multiplikation einer einzigen Zahl, z. B. 5 mit allen anderen Zahlen. Man hat dabei zwei Fälle zu unterscheiden:

(*) Ist der zweite Faktor ebenfalls einstellig, so hat man nur in der obigen Tabelle oder im Gedächtnis nachzusehen.

(**) Ist der zweite Faktor mehrstellig, z. B. n-stellig, so multipliziert man mit Hilfe der kleinen Multiplikation 5 mit der letzten Ziffer des zweiten Faktors usw. und ‚rekurriert' damit auf das Problem einer Multiplikation mit einem n-1-stelligen zweiten Faktor. Nach n-1-Rechenoperationen ist man bei der letzten kleinen Multiplikation angelangt.

Zur Gedächtnisstütze kann man sich die kleine Multiplikation auf fortgesetzte kleine Additionen zurückführen, die man im Schulunterricht zuvor auswendig gelernt hat, nicht ohne Zuhilfenahme des Fingerrechnens. Dieses besteht seinerseits aus der auswendig gelernten Verbindung von 10 Zahlzeichen mit entsprechenden Finger- oder Strichfolgen, für die die übliche kleine Addition schon als eine große erscheint, die auf die kleinste, die Addition mit der einen Zahl 1 reduziert werden kann. Man kann also die Multiplikation und die Addition letztlich auf die Addition mit 1 zurückführen, für die darum in der Arithmetik eine besondere Operation eingeführt worden ist – die Nachfolgeoperation: Für alle natürlichen Zahlen n gilt für den Nachfolger s(n):

$$s(n) = n + 1$$

Mit Hilfe dieses Nachfolgers definiert man z. B. die Addition rekursiv auf folgende Weise:

Für alle m, n ∈ **N** ist
(*) $m + o = m$,
(**) $m + s(n) = s(m + n)$.

Zur Berechnung von 2+3 ersetzt man zuerst die Zeichen 2 und 3 durch ihre Strichäquivalente, wendet dann dreimal (**) und einmal (*) an:

$$\begin{aligned} || + ||| &= (|| + ||)| \\ &= (|| + |)|| \\ &= (|| + \ )||| \\ &= ||||| \end{aligned}$$

und ersetzt ||||| durch die übliche Ziffer 5. Mit Hilfe einer entsprechenden rekursiven Definition kann man die Multiplikation auf die Addition zurückführen:

Für alle m, n ∈ **N** ist
(*) $m \cdot o = o$,
(**) $m \cdot s(n) = (m \cdot n) + m$.

Allgemein nennt man eine Funktion ‚rekursiv definiert', wenn sie mit Hilfe eines unseren beiden Beispielen entsprechenden Rekursionsschemas definiert ist, das angibt, mit Hilfe welchen Rekursionsübergangs die Berechnung des

Funktionswertes auf welche andere Funktion oder auf welchen anderen Wert, d. h. auf welchen Rekursionsanfang, zurückgeführt wird. In unseren zuerst angeführten Beispielen bestand der Rekursionsübergang in dem Fortschreiten von der Addition bzw. Multiplikation mit einer n-1-stelligen Ziffer zu der Addition bzw. Multiplikation mit einer n-stelligen Ziffer und der Rekursionsanfang in der kleinen Addition bzw. Multiplikation. In den letzten beiden grundlegenden Definitionen bestand der Rekursionsübergang in der Nachfolgerbildung und der Rekursionsanfang in den jeweils in (*) ausgedrückten Sachverhalten.

Um auf das Thema dieses Kapitels zurückzukommen: Eine rekursiv definierte Funktion ist nicht notwendig rekursiv in dem in Definition 4 festgelegten Sinn. Hierzu wäre es erforderlich, daß sowohl die den Rekursionsanfang beschreibende Funktion als auch die Übergangsfunktion selbst rekursiv im Sinne der Definition 4 wäre. Ist eine von beiden nicht rekursiv, so führt das Rekursionsschema zu einer ebensowenig rekursiven Funktion. Sind beide aber schon rekursiv, so erzeugt ein korrektes Rekursionsschema wiederum eine rekursive Funktion aus ihnen. Gödel und andere haben gezeigt, daß sämtliche – im Sinne von Definition 4 – rekursiven Funktionen aus im intuitiven Sinn unbezweifelbar berechenbaren Grundfunktionen durch wiederholte Anwendung eines einzigen Rekursionsschemas sich erzeugen lassen, das die Nachfolgerfunktion als einzigen Rekursionsübergang benutzt.

Die Verallgemeinerungsthese ist für die mathematisch-logische Argumentation von größter Bedeutung aus folgendem Grund: Die Gesamtheit aller möglichen Algorithmen ist nicht bekannt und wird vielleicht nie präzisiert werden können. Infolgedessen läßt sich die Existenz gewisser Halbalgorithmen zwar verifizieren, z. B. durch die Konstruktion eines solchen, in den meisten Fällen jedoch nicht falsifizieren. Aufgrund der in der Verallgemeinerungsthese ausgedrückten Tatsache, daß es für jeden denkbaren Algorithmus bzw. Halbalgorithmus ein Äquivalent in jeder Standard-Klasse gibt, und aufgrund der weiteren Tatsache, daß die Standard-Klassen sich algorithmisch abzählen lassen, ergibt sich in den Standard-Klassen die Möglichkeit negativer Existenzbeweise, deren Ergebnisse sich übertragen auf die an sich unbekannte Gesamtheit aller Algorithmen: Wenn eine Funktion bzw. eine Halbfunktion mit den Möglichkeiten einer Standard-Klasse nicht berechenbar ist, dann ist diese im absoluten Sinn nicht berechenbar. Die bekannten negativen Resultate der Logik und der Algorithmentheorie, von denen wir in Kapitel 8 und 9 einige ausgewählte entwickeln werden, sind nur auf diesem Wege zu erhalten[6].

Zur eigentlichen von Church behaupteten Formulierung benötigen wir einen Begriff, der gänzlich anderer Natur ist als die bislang behandelten:

---

[6] Vgl. die Bemerkungen zu den negativen bzw. limitativen Theoremen in der Einleitung und die Entwicklung derselben in den Kapiteln 8 und 9!

Definition 5: Eine Halbfunktion sei ‚effektiv berechenbar', wenn sie ein Mensch (unter normalen Umständen) berechnen kann.

These von Church[7]: Der effektive Berechenbarkeitsbegriff ist mit den Standard-Begriffen äquivalent.

Im Gegensatz zur Verallgemeinerungsthese, die mathematisch-logischen Inhalts ist, verbindet die These von Church einen mathematischen Begriff mit einem psychologischen bzw. anthropologischen und unterliegt darum an sich weder der Möglichkeit noch der Notwendigkeit eines mathematisch-logischen Beweises[8]. Die von Church behauptete Äquivalenz läßt sich in zwei Teile analysieren, die sich in ihrem Trivialitäts- bzw. Nichttrivialitätsgrad unterscheiden. Ein Teil behauptet, die Standard-Begriffe seien schwächer als der effektive, der andere, der effektive sei schwächer als die Standard-Begriffe. Die erste Behauptung ist mit der Demonstration der effektiven Berechenbarkeit, z. B. der Semi-Thue- oder der Turing-Berechenbarkeit leicht plausibel zu machen und soll darum weiterhin als trivial angesehen werden. Jeder Mensch kann sich ja mit den Standard-Klassen der Halbalgorithmen vertraut machen und jeden von diesen anwenden.

Die zweite Behauptung bereitet mehr Schwierigkeiten und muß ausführlicher begründet werden. Nach S. C. Kleene[9] hat sich erstens jede bisher untersuchte im effektiven Sinn berechenbare Halbfunktion als berechenbar im Sinne der Standard-Begriffe erweisen lassen. Zweitens hat die Untersuchung verschiedener Methoden, von denen man angenommen hatte, sie führten zu im effektiven Sinn aber nicht im Sinne der Standard-Begriffe berechenbaren Halbfunktionen, das Ergebnis erbracht, daß sie entweder doch zu standard-berechenbaren Halbfunktionen führten oder auch zu im effektiven Sinn nicht berechenbaren. Drittens sind die Verfahrensweisen zum Nachweis der Standard-Berechenbarkeit zu einem Stand entwickelt worden, der praktisch jeden Zweifel daran ausschließt, man könne die Berechenbarkeit einer Halbfunktion garantieren, ohne daß diese Form der Berechenbarkeit nicht in die Standard-Versionen übersetzt werden könne.

Eine weitere Behauptung, die man häufig mit der These von Church verbindet, bezieht sich auf die Äquivalenz des physikalisch-mechanischen Berechenbarkeitsbegriffs mit den Standard-Begriffen.

Definition 6: Eine Halbfunktion ist ‚physikalisch-mechanisch' berechenbar, wenn es eine sie berechende physikalisch-mechanische Maschine gibt.

---

[7] Die historische Aussage Churchs (Church (1936), Davis (1965), S. 90, Anm. 3 und S. 100f.) behauptet die Äquivalenz des effektiven Begriffs mit der λ-Definierbarkeit und der Rekursivität. Die hier angegebene Form folgt aus Theorem 3.
Die These setzt die Existenz genau eines intuitiven Berechenbarkeitsbegriffs voraus. Man kann diese Annahme akzeptieren – schon deshalb, weil sie sehr vage ist.

[8] Zur Kritik z. B. L. Kalmár (1959), R. Péter (1959).

[9] S. C. Kleene (1952), S. 317–323 und S. 376–381, H. DeLong (1971), S. 193–201, H. Rogers (1967), S. 20f.

Die Argumente für diese Äquivalenz entsprechen denen für die These von Church und brauchen darum nicht ausgeführt zu werden. Wir erkennen die Behauptung im weiteren an, erinnern aber daran, daß sie an sich weder mit der Verallgemeinerungsthese noch mit der von Church äquivalent ist.

Die Verallgemeinerungsthese und die von Church werden meist miteinander identifiziert und sind wohl auch von Church in diesem Sinne verstanden worden. Sie sind aber logisch voneinander unabhängig: Aus der Tatsache, daß alle möglichen Berechenbarkeitsbegriffe schwächer oder äquivalent sind mit den Standard-Begriffen, folgt allein noch nicht die andere, daß die letzteren äquivalent mit der effektiven Berechenbarkeit sind, und ebensowenig folgt aus der zweiten Tatsache die erste. Die Identifizierung ist zwar statthaft, aber nur unter zusätzlichen Voraussetzungen: Hat man zuvor die Berechenbarkeit nach dem vorgegebenen effektiven Begriff definiert, so folgt aus der These von Church die Verallgemeinerungsthese. Alle nicht mit dem effektiven äquivalenten Begriffe sind dann per definitionem keine Berechenbarkeitsbegriffe. Diese Auffassung unterschätzt aber den mathematischen Gehalt der Verallgemeinerungsthese und kann nicht akzeptiert werden. Definiert man umgekehrt das menschliche Denkvermögen als äquivalent mit einem Berechenbarkeitsbegriff, in anderen Worten: das menschliche Gehirn z. B. als ein Turing-System, so folgt aus der Verallgemeinerungsthese die von Church, wenn man die Trivialität akzeptiert, daß z. B. alle Turing-berechenbaren Halbfunktionen auch von Menschen berechnet werden können. Da wir uns nicht zu weit vom üblichen Sprachgebrauch entfernen wollen, setzen wir im weiteren eine Interpretation voraus, die die Verallgemeinerungsthese, die These von Church und die Äquivalenz mit dem physikalisch-mechanischen Berechenbarkeitsbegriff äquivalent macht.

Alle bisherigen Äquivalenztheoreme lassen sich in einer strengeren Version formulieren: Über die Äquivalenz der Berechenbarkeitsbegriffe hinaus hat sich herausgestellt, daß der Übergang von jedem Begriff zu jedem anderen algorithmisch vollzogen werden kann. D. h. man weiß nicht nur, daß es z. B. für jeden Semi-Thue-Halbalgorithmus einen dieselbe Halbfunktion berechnenden Turing-Halbalgorithmus gibt, sondern man hat darüber hinaus einen Algorithmus zur Verfügung, der Semi-Thue-Halbalgorithmen akzeptiert und daraus die Turing-Entsprechungen erzeugt. Wir nennen solche Äquivalenzen ‚algorithmisch'. Das Arbeitsprinzip dieses Algorithmus besteht darin, daß er Semi-Thue-Halbalgorithmen in Turing-Entsprechungen ‚übersetzt' oder als solche ‚simuliert'. Der Algorithmus erzeugt Turing-Entsprechungen, die ihr Semi-Thue-Vorbild in allen relevanten Eigenschaften nachahmen, bzw. in einem etwas abstrakteren Sinn ‚denselben' Halbalgorithmus darstellen wie dieses. Alle Äquivalenzbeweise im vorangehenden Kapitel waren algorithmisch. Sie enthielten präzise Anleitungen zur Konstruktion eines äquivalenten Systems eines anderen Typs. Die Anleitungen lassen sich formalisieren zu Algorithmen, die Systeme eines bestimmten Typs – als Ausdrücke, d. h. Verkettungen von Regeln aufgefaßt – übersetzen in äquivalente Systeme eines anderen Typs.

Definition 7: Im weiteren nennen wir zwei Berechenbarkeitsbegriffe ‚schwach' oder ‚extensional' äquivalent, wenn sie sich auf dieselbe Klasse von Halbfunktionen beziehen, und ‚stark' oder ‚intensional' äquivalent, wenn sie darüber hinaus die gleichen Halbfunktionen mit Hilfe in allen relevanten Eigenschaften sich entsprechenden Halbalgorithmen berechnen.

Entsprechende algorithmische und starke bzw. intensionale Versionen gibt es auch für die Äquivalenzen zwischen den Definitionsbegriffen in Kapitel 2 und für die Äquivalenz mit dem mechanischen Berechenbarkeitsbegriff. So ist z. B. die Semi-Thue-1-m-Erzeugbarkeit, d. h. die Chomsky-Erzeugbarkeit, algorithmisch und intensional äquivalent mit der Semi-Thue-Abzählbarkeit, da es einen Algorithmus gibt, der für jedes Chomsky-System einen Algorithmus ermittelt, der dieselbe Menge auf in allen relevanten Hinsichten gleiche Weise erzeugt. Wir können also alle bisherigen Ergebnisse in einer verstärkten Version zusammenfassen:

Theorem 4: Alle bislang nachgewiesenen Äquivalenzen gelten algorithmisch und stark bzw. intensional.

Außerdem ergibt sich eine

starke bzw. intensionale Version der Verallgemeinerungsthese bzw. der These von Church: Über die (schwache bzw. extensionale) Äquivalenz der Standard-Begriffe hinaus ist jeder weitere (und möglicherweise aufzufindende) Berechenbarkeitsbegriff schwächer oder algorithmisch und intensional äquivalent mit den Standard-Begriffen. Der effektive Berechenbarkeitsbegriff und der mechanische ist intensional äquivalent mit den Standard-Begriffen. Die den verschiedenen Berechenbarkeitsbegriffen entsprechenden Definierbarkeitsbegriffe für Mengen sind sämtlich algorithmisch und intensional äquivalent.

Wir haben oben aus der ersten, d. h. extensionalen Version der These von Church den Schluß gezogen, daß die Rekursivität (im unspezifischen Sinn) einen absoluten Begriff darstellt – ‚absolut' in dem Sinne, daß er unabhängig ist von seinen verschiedenen sprachlichen Formulierungen. Die zweite, starke oder auch intensionale Version der These von Church behauptet darüber hinaus die intensionale Absolutheit des Begriffs der Rekursivität. In diesem Sinn ist die berühmte Stellungnahme K. Gödels zu verstehen: „Tarski stressed in his lecture (and I think justly) the great importance of the concept of general recursiveness (or Turing's computability). It seems to me that this importance is largely due to the fact that with this concept one has for the first time succeeded in giving an absolute definition of an interesting epistemological notion, i.e. one not depending on the formalism chosen. In all other cases treated previously, such as demonstrability or definability, one has been able to define them only relative to a given language, and for each individual language it is clear that the one thus obtained is not the one looked for. For the concept of computability however, although it is merely a special kind of demonstrability or decidability the situation is different. By a kind of miracle it is not neccessary to distinguish orders, and the diagonal procedure does not lead outside the defined notion".[10]

Da alle Realisierungen der Rekursivität, z. B. die oben erwähnten Standard-Begriffe oder die in den vorangehenden Kapiteln entwickelte Turing-Berechenbarkeit bzw. -Erzeugbarkeit oder auch die in der Sprachwissenschaft bekanntere Chomsky-Erzeugbarkeit mit endlich vielen Symbolen, endlich vielen Regeln, endlicher Länge und endlich langen Erzeugungen bzw. Ableitungen arbeiten, kann man die Rekursivität und mit ihr alle ihre Realisierungen als die absolute Bestimmung alles dessen auffassen, was mit endlichen Mitteln erreichbar ist. Die intensionale These besagt, daß es wohldefinierbare Mengen von Systemen gibt, nämlich die den Standard-Begriffen entsprechenden, die alle relevanten Eigenschaften der wahrscheinlich nicht definierbaren Gesamtheit aller möglichen Systeme haben. Dieses Ergebnis ist geeignet, einen in der Sprachwissenschaft z. T. heftig geführten Streit um den Begriff des ‚Formalen' beizulegen: Wenn man diesem Begriff nicht den vordergründigen Sinn lassen will, den er in unserer Umgangssprache hat, so bleibt nur die Möglichkeit, ihn mit dem Begriff des ‚Rekursiven' gleichzusetzen. Damit bekommt er den Sinn, in dem wir ihn in allem folgenden gebrauchen werden, und in dem wir die von Chomsky begründete formale Linguistik interpretieren wollen.

Zum Beschluß dieses Kapitels soll in Kürze die Frage nach dem Grund für die Absolutheit der Rekursivität formuliert werden. Es lassen sich dabei – wie immer – zwei Möglichkeiten denken. Entweder der Begriff ist gattungsspezifischer Natur, d. h. zwar absolut für uns, aber nicht absolut im Sinne einer Biologie als allgemeiner Theorie möglicher Lebewesen, insbesondere intelligenter Lebewesen. Oder der Begriff ist absolut nicht nur für uns, sondern auch im Rahmen einer so verstandenen Biologie. Obwohl diese

[10] K. Gödel (1965), S. 84. Es ist vielleicht für die neuere Entwicklung der Sprachtheorie und -philosophie bezeichnend, daß die Ergebnisse der Platonisten bzw. Realisten Gödel, Church, Tarski u. a. kein großes Interesse gefunden haben im Gegensatz zu der u. a. von Wittgenstein angeregten skeptisch-relativierenden ‚angelsächsischen' Philosophie (vgl. Kapitel 0, S. 17, Anm. 2!). J. Hintikka trifft den Kern der Sache, wenn er Gödel (und Church) den eigentlichen Gegenspieler Wittgensteins nennt. („We can in any case see who is Wittgenstein's most important antipode among contemporary logicians. He is Kurt Gödel with his realistic (Platonistic) attitude to such concepts as function and rule . . . This is an indication of the depth of the realistic (platonistic) attitude we have to adopt in game-theoretical semantics towards functions. Such an attitude is deeply antithetical to Wittgenstein's holism". (J. Hintikka (1976), S. 28).

Frage wahrscheinlich nicht entschieden werden kann, scheint die zweite Möglichkeit aufgrund des mathematischen Gehalts der bekannten (und zum Teil im vorangehenden Kapitel entwickelten) Äquivalenztheoreme doch die plausiblere zu sein. In diesem Fall ergäbe die Äquivalenz der effektiven Berechenbarkeit mit der rekursiven keine „limitations of the mathematicizing power of Homo Sapiens", sondern Begrenzungen der Endlichkeit schlechthin[11].

[11] Die Bemerkungen E. Posts ((1936), S. 105 (= Davis (1965), S. 291)) sind nicht klar: „. . . Church's identification of effective calculability with recursiveness . . . the success of the above program would, for us, change this hypothesis not so much to a definition or to an axiom but to a natural law". Post fügt die berühmte Anmerkung an: „Actually the work already done by Church and others carries this identification considerably beyond the working hypothesis stage. But to mask this identification under a definition hides the fact that a fundamental discovery in the limitations of the mathematicizing power of Homo Sapiens has been made and blinds us to the need of its continual verification".

4. Übergang zur Realität

Die Vorbereitung der Kapitel 5ff. erfordert einige Überlegungen zum Verhältnis von Erzeugungssystemen, Halbalgorithmen und Algorithmen als Mittel der Beschreibung zu den von ihnen beschreibbaren Gegenständen. Zunächst wird gezeigt, daß das Verhältnis zwischen formaler und nicht formaler Beschreibung nicht als Konkurrenz- und Ausschlußverhältnis mißverstanden werden darf. Jedes Beschreibungssystem hat ihm eigentümliche Vorteile, für die es entsprechende Nachteile in Kauf nehmen muß. Die Beschreibung mit Hilfe von Algorithmen und rekursiven Funktionen ist atomistisch, d. h. erlegt unter Voraussetzung einer isomorphen semantischen Interpretation ihrem Gegenstandsbereich eine atomistische Struktur auf. Dieser abstrakte Atomismus hat eine gewisse Verwandtschaft mit dem ‚logischen‘ von B. Russell und L. Wittgenstein, von dem er sich in seiner Begründung allerdings unterscheidet. Der abstrakte Atomismus wird verknüpft mit einem methodischen Reduktionismus, dessen Rolle hauptsächlich in der Biologie kurz diskutiert wird.

Die Theorie der Algorithmen und der rekursiven Funktionen gewinnt in immer mehr Zweigen der Wissenschaft an Bedeutung. Abgesehen von der Logik, mit der diese Theorien von Anfang an verbunden waren, und abgesehen von einigen der Logik relativ nahe stehenden Anwendungsgebieten werden diese Theorien neuerdings z. B. in der Wahrscheinlichkeitstheorie, in der Physik und in der Biologie verwendet[1]. In der Sprachwissenschaft ist der erste Versuch einer Anwendung relativ früh unternommen worden. 1955 lag die älteste Version von Noam Chomskys „The logical structure of linguistic theory“ vor[2], die eine neue Epoche in der Linguistik eröffnete. Zwischen 1956 und 1963 erschienen die Arbeiten Chomskys, die die mathematisch-logische Theorie der formalen Sprachen bzw. Grammatiken begründeten und zugleich deren wichtigste Ergebnisse enthielten[3]. Allgemein bekannt wurden Chomskys Gedanken mit den „Syntactic structures“ von 1957, und die 1965 erschienenen „Aspects of the theory of syntax“ machten diese geradezu populär[4].

---

[1] Zur Wahrscheinlichkeitstheorie z. B. Fine (1973), zur Physik z. B. Kreisel (1974); zur Biologie z. B. McCulloch-Pitts (1943), Turing (1952), von Neumann (1966), Burks (1968), Codd (1968) (Mathematische Theorie der Selbstreproduktion als wesentliche Eigenschaft lebender Systeme); Herman-Rozenberg (1975), Lindenmayer-Rozenberg (1976) (u. a. formale Sprachen bzw. Grammatiken zur Beschreibung biologischer Strukturen und Entwicklungen). – Dies ist lediglich eine willkürliche Auswahl von Hinweisen.

[2] N. Chomsky (1955)

[3] N. Chomsky (1956), (1959), (1962), (1963); Chomsky-Miller (1958), Chomsky-Schutzenberger (1963).

[4] N. Chomsky (1957), (1965).

Vor dem Hintergrund dieser Tradition sind die folgenden Kapitel zu verstehen, in denen es um abstrakte Eigenschaften empirischer Theorien und insbesondere um Theorien der Sprache und ihrer Erlernung gehen wird, die möglichst weitgehend ‚formalisiert' sind, d. h. die möglichst viele der von ihnen beschriebenen Sachverhalte und möglichst umfassende Sachverhalte als Modelle von Erzeugungssystemen auffassen. In Kapitel 5 wird diese Bemühung zu einer allgemeinen Charakterisierung der phylo- und der ontogenetischen Entwicklung von Verhaltensvermögen bzw. Verhaltensrepertoires führen. In Kapitel 6 soll versucht werden, die so gewonnenen Ergebnisse auf die phylo- und ontogenetische Entwicklung von Sprache anzuwenden und auf diesem Gebiet zu genaueren Ergebnissen zu kommen. Dieses Vorhaben wird später in den Kapiteln 8–10 weitergeführt. Zur Vorbereitung müssen in diesem Kapitel einige Überlegungen zum Verhältnis von Erzeugungssystemen als Mittel der Beschreibung zu den von ihnen beschriebenen Gegenständen und Sachverhalten angestellt werden. Das folgende leidet notgedrungen unter einer gewissen Unvollständigkeit und Unbestimmtheit. Von der Schwierigkeit der theoretischen Begründung der Notwendigkeit strenger Formen der Rationalität abgesehen kann die Erörterung des logischen wie des chemisch-physikalischen Atomismus und des hauptsächlich biologischen Reduktionismus nur skizzenhaft und unbefriedigend erfolgen – unter anderem deshalb, weil diese Probleme auch in den entsprechenden Wissenschaften und in der Wissenschaftstheorie nur ungenügend untersucht worden sind. Das folgende beschränkt sich mehr oder minder stark auf solche Aspekte, die im unmittelbaren Zusammenhang mit der Theorie der Algorithmen und rekursiven Funktionen stehen, deren Bedeutung bei der Konstruktion empirischer Theorien bislang nur unzureichend durchdacht worden ist[5].

Zunächst ist darauf hinzuweisen, daß es keine zwingenden Gründe für die Verwendung von Erzeugungssystemen bzw. rekursiven Funktionen gibt. Bei einer mehr oder minder forschungspraktischen Entscheidung könnte man sich von folgendem Sachverhalt leiten lassen: Beim Verstehen und bei der Erklärung hat man die Wahl zwischen strengeren und weniger strengen Formen der Rationalität. Dabei befindet man sich stets in einem Dilemma: Die weniger strengen Formen erkaufen sich ihre größere Ausdrucksstärke mit ihrer relativ bescheidenen erklärenden Kraft. Die strengeren Formen erlauben zwar stärkere Erklärungen, haben aber relativ eingeschränkte Anwendungsbereiche. Man könnte dieses Verhältnis als eine Hypothese über die ‚Konstanz der erkennenden Energie' formulieren: Die Stärke und

[5] Vgl. die Bemerkungen in der Einleitung S. 9, Anm. 9 und Kapitel 3, S. 70 Anm. 10! Bezeichnend für einen großen Teil der Wissenschaftstheoretiker ist E. Nagel, in dessen „The structure of science" (1961) unsere Problematik nicht vorkommt. Die Auseinandersetzung mit der Theorie der Algorithmen und rekursiven Funktionen ist aber unumgänglich angesichts der erwähnten Anwendungen.

Rationalität der Erklärung ist umgekehrt proportional zur Größe ihres Anwendungsbereichs.

Die Hypothese scheint auch innerhalb der Logik zu gelten: Die Prädikatenlogik erster Ordnung ist vollständig[6]. Die Frage, ob ein Satz aus einer Menge von Prämissen folgt, ist darum in ihr effektiv verifizierbar (aber nicht notwendig auch effektiv falsifizierbar). Jede Axiomatisierung der Arithmetik in der Sprache der Logik erster Ordnung ist unvollständig. Vollständig läßt sich die Arithmetik nur in der höheren Prädikatenlogik axiomatisieren. Da diese aber selbst unvollständig ist, läßt sich hier die Folgebeziehung nicht effektiv verifizieren. Die höhere Prädikatenlogik ist zwar ausdrucksstärker als die erster Ordnung (z. B. kann die Identität nur in der höheren Logik definiert werden), aber die prinzipielle Unausdrückbarkeit eines Sachverhaltes, wie z. B. die der Struktur der natürlichen Zahlen, bleibt auch hier erhalten und muß sich in einer ausdrucksstärkeren Sprache nur in einem anderen Gewand zeigen. Dies ergibt sich als Folge aus den negativen Theoremen von Gödel u. a. und der These von Church. Die intuitive Vorstellung, nach der die Unlösbarkeit von Problemen und die Unausdrückbarkeit von Sachverhalten stets nur eine Frage der Leistungsfähigkeit der Sprache sei, und diese beliebig gesteigert werden könne, trifft offensichtlich nicht zu.

Angewandt auf unsere ‚Hypothese von der Konstanz der erkennenden Energie' besagen diese Ergebnisse, daß uns zur Beschreibung und zur Erklärung von Sachverhalten zwar reichere Systeme zur Verfügung stehen als die Algorithmen und rekursiven Funktionen, daß aber die Nicht-Erfaßbarkeit von Sachverhalten mit Algorithmen und rekursiven Funktionen bei Verwendung reicherer Beschreibungssysteme nur unter anderem Gewand wieder zum Vorschein kommt, d. h. sich prinzipiell nicht beheben läßt. Formale und nicht bzw. weniger formale Beschreibungssysteme sollten darum nicht in unangebrachte Konkurrenz gebracht werden. Für verschiedene Zwecke hat jedes seine eigene Berechtigung.

Unter der Voraussetzung der These von Church bestehen die Begrenzungen der logischen Systeme für alle Sprachen (ab einer gewissen Komplexität), also auch für natürliche. Daß es in diesen verschiedene Stufen der Rationalität gibt, ist bekannt. Weniger bekannt ist unsere Hypothese, nach der die Weite und Tiefe der Ausdrucksmöglichkeiten sich umgekehrt proportional verhält zu ihrer Rationalität. Daß diese Hypothese an sich noch nicht mit einer Bewertung verbunden ist, zeigen die Beispiele der metaphorischen, poetischen und mythischen Rede. Diese erreichen die ihnen eigentümliche Wirkung auf Kosten ihrer Rationalität. Gerade dann kann man diese Redeformen nicht negativ bewerten, wenn man gemäß unserer Hypothese einräumt, daß die in ihrem angesprochenen Sachverhalte in

---

[6] Vgl. die Übersicht über die negativen Ergebnisse in der Einleitung und ihre ausführlichere Darstellung in den Kapiteln 8 und 9!

strengerer Rationalität ebenfalls, aber vielleicht in anderem Gewand, z.B. nur negativ, sich ausdrücken lassen. Die Hypothese bestätigt eher Sinn und Wert uneigentlicher Rede – auch in wissenschaftlichen Texten –, als daß sie ihn in Zweifel zieht. – Diese Annahmen und nicht irgendein Dogma der Formalisierung bilden den Hintergrund, vor dem die folgenden Kapitel verstanden werden möchten.

Im folgenden versuchen wir eine allgemeine Charakterisierung der Beschreibungs- und Erklärungskraft formaler Systeme. Erzeugungssysteme sind endliche Ausdrücke über endlichen Alphabeten, die aufgrund ihrer Interpretation Relationen zwischen Ausdrücken repräsentieren. Zur Beschreibung realer Gegenstände bzw. Sachverhalte müssen diese Ausdrücke ihrerseits mit einer ‚realen' Interpretation versehen werden.

Wir begnügen uns mit einem Beispiel aus der Molekularbiologie, dessen biologischen Gehalt wir im folgenden Kapitel beiläufig benutzen werden, und mit einigen allgemeinen Bemerkungen: Sei S ein Turing-Algorithmus zur Verkettung + von Ausdrücken über dem Alphabet $A = \{a, c, g, t\}$. S erzeugt bzw. berechnet zu je zwei Ausdrücken x und y über A (in dieser Reihenfolge) den verketteten Ausdruck $xy = x+y$. Wir interpretieren die Symbole a, c, g und t als (Bezeichnungen für) die vier im Genom, dem Träger der Erbinformation, vorkommenden ‚Nukleotide', nämlich a als Adenin, c als Cytosin, g als Guanin und t als Thymin. Fassen wir die chemische Verbindung der Nukleotide zu einem DNA-Molekül als eine Operation $\oplus$ auf, so wird diese durch das System S repräsentiert bzw. berechnet[7]. Diese Darstellung ist zweistufig: Die Gesamtheit der DNA-Moleküle einschließlich der elementaren Moleküle Adenin, Cytosin, Guanin und Thymin werden als Ausdrücke über A repräsentiert. Diese werden von dem Turing-System S so manipuliert, daß jede von ihm hergestellte Verkettung ein mögliches DNA-Molekül repräsentiert. S arbeitet nicht mit Molekülen, sondern mit Ausdrücken.

DNA-Moleküle eignen sich deshalb zur Demonstration einer Anwendung von Turing-Systemen bei Beschreibungen realer Sachverhalte, weil sie an sich schon die Struktur von Ausdrücken haben. Dies ist jedoch keinesfalls eine notwendige Bedingung. Ausdrücke können als Gebilde in eindimensionalen ‚Symbolräumen' aufgefaßt werden (vgl. den Exkurs über die zwei möglichen Auffassungen von Ausdrücken im Appendix!):

	B	B	B	B	B	B	B	A	u	s	d	r	u	c	k	B	B	B	B	B	B	B	B	B	B	B	B	B

Man kann selbstverständlich auch zweidimensionale Symbolräume, d. h. ‚Symbolebenen'

---

[7] Eine einfache und gute Darstellung des molekularbiologischen Sachverhaltes findet sich z. B. in Dobzhansky-Ayala-Stebbins-Valentine (1977), S. 20ff.; Bresch-Hausmann (1972), S. 134ff. Eine gute Einführung zusammen mit neueren Forschungsergebnissen (über die Syntax der DNA-Moleküle) bietet J. C. Fiddes (1977).

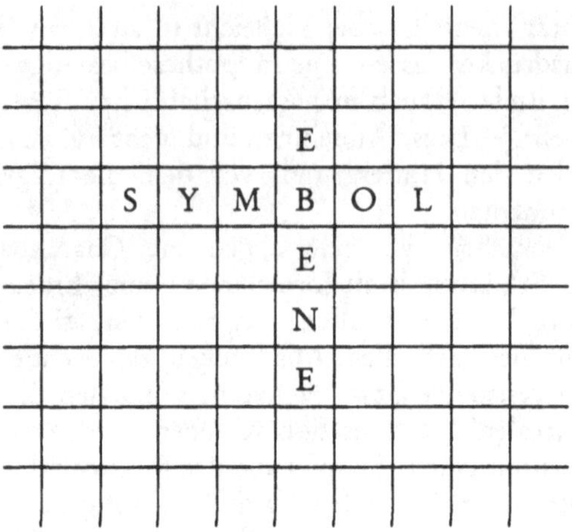

und mehrdimensionale definieren und in ihnen mit Hilfe unwesentlich modifizierter Turing-Systeme arbeiten. Es ist nachgewiesen, daß jede in einem n-dimensionalen Symbolraum mit $n \in \mathbf{N}$ Turing-repräsentierbare Relation äquivalent ‚übersetzt' werden kann in eine Relation, die in einem eindimensionalen Symbolraum repräsentierbar ist. In der Theorie der Algorithmen und rekursiven Funktionen spielen Dimensionen keine entscheidende Rolle, da mehrdimensionale ‚Ausdrücke' stets in eindimensionale kodiert werden können. In unseren weiteren Überlegungen lassen wir darum das Problem der Dimension beiseite.

Die ausschließliche Verwendung von Erzeugungssystemen als Beschreibungssprachen impliziert nicht notwendig eine bestimmte Ontologie. Man könnte z. B. annehmen, daß reale Gegenstände – wie in unserem Beispiel die DNA-Moleküle – komplexerer Natur – z. B. in Raum und Zeit kontinuierliche Phänomene – sind, die von unseren Erzeugungssystemen stets nur unvollständig beschrieben, sozusagen mit einem von der Optik erzeugten Raster überzogen und lediglich zerstückelt wiedergegeben werden. Andererseits ist nicht zu übersehen, daß jede Sprache ihren Benutzer zur bequemsten und einfachsten semantischen Interpretation einlädt, die in einer Isomorphie zwischen Sprache und Realität besteht. Die ‚isomorphe' Semantik – wie wir weiterhin sagen werden – spricht der Realität im wesentlichen zwei Eigenschaften zu: Erstens besteht die Realität aus Atomen endlich vieler Kategorien und zweitens besteht sie *nur* aus diesen Atomen.

Zunächst zur ersten Eigenschaft, d. h. zur atomistischen Struktur der realen Welt: Natürlich ist ein solcher Atomismus ein abstrakter und kein physikalischer, etwa im Sinne des Rutherfordschen Atommodells. Der abstrakte Atomismus postuliert wie der physikalische die Existenz kleinster Bausteine endlich vieler Kategorien, macht aber im Gegensatz zu diesem keine Aussagen über die Abmessungen, über die chemisch-physikalische

Stufe der Bausteine. Der hier intendierte abstrakte Atomismus teilt wesentliche Züge mit dem von B. Russell und L. Wittgenstein vertretenen ‚logischen'[8]. Der wichtigste Unterschied besteht darin, daß der logische aus der Isomorphie zwischen Realität und der Logik der ‚Principia Mathematica' hervorgegangen ist, d. h. eines relativ willkürlich aufgebauten Systems, während der hier intendierte Atomismus auf einer Isomorphie mit Erzeugungssystemen bzw. Algorithmen beruht, d. h. mit Systemen, deren Grundsätzlichkeit gemäß der These von Church genau bestimmt ist.

Es ist schwierig, Vermutungen über die Art der Verwandtschaft unseres abstrakten Atomismus bzw. des logischen Atomismus mit dem physikalischen anzustellen. Ursprünglich hießen die Bestandteile der Welt ‚Stoffe', bis man entdeckte, daß sich die Stoffe aus nur wenigen ‚Elementen' zusammensetzen, die aus kleinsten, unteilbaren Bausteinen bestehend gedacht wurden, den ‚Atomen'. Mit Entwicklung des Rutherfordschen Atommodells wurde klar, daß die Atome gerade nicht ‚atomar', d. h. unteilbar waren, sondern aus ‚Elementarteilchen' sich zusammensetzten. Diese Betrachtungsweise bot den Vorteil, daß die relativ große Anzahl von Atomtypen, den Elementen und deren Isotopen, auf nur wenige Elementarteilchen, den neuen ‚Atomen', reduziert werden konnte. Die wiederholte Entdeckung neuer Elementarteilchen führte zur beträchtlichen Vergrößerung ihrer Zahl, so daß man zuletzt mehr Elementarteilchen als Atome kannte. Zur Vereinfachung des ‚Teilchen-Zoos' wurden 1963 die sog. ‚Quarks' eingeführt, deren Bezeichnung nicht ohne Eleganz und Grund keinen erneuten Anspruch auf Unteilbarkeit erhebt[9]. In der Tat hat in der jüngsten Vergangenheit die Zahl der bekannt gewordenen Quarks so zugenommen, daß man ernsthaft mit der Möglichkeit einer weiteren Reduktion rechnet[10].

Der spekulative Rückblick über die physikalische Suche nach fundamentalen Bausteinen der Natur, die es inzwischen schwer macht, eine neutrale und nicht von der Physik festgelegte Bezeichnung für fundamentale Bausteine zu finden, demonstriert, daß die Suche der Physiker nicht allein von Hinweisen aus der Natur geleitet war, sondern ebensosehr durch ein durch keinen Mißerfolg zu schwächendes Bedürfnis nach einer atomistischen Theorie der Natur. Bezeichnend ist die zu Anfang unserer Einleitung zitierte

---

[8] B. Russell (1918/19), (1924); L. Wittgenstein (1921). Zur Übersicht z. B. J. O. Urmson (1956), S. 1–21 und W. Stegmüller (1965), S. 524–550.

[9] M. Gell-Mann und G. Zweig belegten die 1963 von ihnen postulierten Bausteine mit einem Kunstwort aus J. Joyces „Finnegan's Wake":
„Three quarks for Muster Mark!
Sure he hasn't got much of a bark
And sure any he has it's all beside the mark".

[10] Vgl. Schwitters (1977). Dazu A. L. Robinson (1977), S. 481: „A proliferation of particles accompanied by an underlying structure always seem to signal a new and more fundamental type of particle. If more and more quarks and leptons continue to be found, the question may well become: What are quarks and leptons made of?"

Wendung J. Perrins aus seinem Buch über „die Atome“, der zufolge die Suche nach Atomen von der Erklärung des komplizierten Sichtbaren durch das einfache Unsichtbare[11] geleitet war. Die Natur verhält sich gegen diese Bemühungen relativ gleichgültig: Sie gibt den atomistischen Theorien aller Stufen jeweils zum Teil recht und gibt zum Teil auch Hinweise zur Suche nach der nächsten tieferliegenden Schicht.

Bis zu einem gewissen Grade dürfte die Suche der Physiker nach einer atomistischen Theorie jedenfalls von der mehr oder minder bewußten Verwendung der Erzeugungssysteme als Beschreibungssprache inspiriert worden sein. Bis zu einem gewissen Grade könnte es auch umgekehrt sich verhalten haben. Dies Verhältnis genauer zu verstehen, wäre reizvoll[12], aber müßte in diesem Zusammenhang nicht notwendig ausschlaggebend sein. Sicher ist, daß die im Zusammenhang mit der These von Church behauptete Äquivalenz der rekursiven Berechenbarkeit mit der mechanischen zur Beurteilung des Verhältnisses von großer Bedeutung sein dürfte, daß der abstrakte Atomismus die Struktur des physikalischen enthält und die isomorphe, d. h. einfachste Ontologie der Erzeugungssysteme darstellt. In diesem Sinne wird in allem folgenden ein methodischer abstrakter Atomismus vertreten als Folge der Entscheidung für Erzeugungssysteme als alleinige Beschreibungssprache.

Die Entscheidung hat nur Sinn im Verein mit der zweiten oben als Folge aus der isomorphen Semantik beschriebenen Forderung, die Realität als aus nichts anderem als aus Atomen bestehend zu betrachten, d. h. im Verein mit einem entsprechenden methodischen Reduktionismus. Über das Problem des Reduktionismus, hauptsächlich über das Problem der möglichen Reduktion der Biologie auf Physik und Chemie ist in der jüngsten Vergangenheit viel geschrieben worden[13].

Fr. J. Ayala glaubt in der Einleitung zu den „Studies in the Philosophy of Biology“[14] drei verschiedene Spielarten des Reduktionismus in der Biologie erkennen zu können. Der ‚ontologische‘ Reduktionismus behaupte, daß allen Lebensphänomenen physikalisch-chemische Einheiten und Prozesse zugrunde lägen. Organismen bestünden vollständig aus Atomen, d. h. nicht belebten Bausteinen. Sie seien ‚extrem komplexe, extrem spezielle

---

[11] J. Perrin (1914), S. VII

[12] Merkwürdigerweise ist das erkenntnistheoretische Problem des Atomismus der modernen Wissenschaftstheorie nicht zum Problem geworden. Vgl. z. B. Stegmüller (1968) und Nagel (1961), in dessen Register die Stichwörter ‚atom‘, ‚elementary particle‘, ‚fundamental particle‘ nicht vorkommen.

[13] Vgl. z. B. die beiden Konferenzberichte A. D. Breck und W. Yourgrau (Hg.), Biology, History, and Natural Philosophy (1972) und Fr. J. Ayala und Th. Dobzhansky, Studies in the Philosophy of Biology (1974) und die „philosophical issues“ zum Reduktionismus in der ausgezeichneten und umfassenden Einführung in die Evolutionstheorie von Dobzhansky-Ayala-Stebbins-Valentine (1977), S. 487–495. Die umfassendste Darstellung aus wissenschaftstheoretischer Sicht findet sich in E. Nagel (1961), S. 336–446.

[14] Ayala-Dobzhansky (1974), S. VIff.; vgl. Simpson (1975).

und extrem unwahrscheinliche' Formen physikalisch-chemischer Systeme[15]. Diese Form des Reduktionismus werde heute in einer stärkeren oder einer schwächeren Form von der Mehrzahl der Biologen anerkannt. Der ,methodologische' Reduktionismus betreffe die Frage, auf welcher Komplexitätsstufe wir nach biologischen Erklärungen suchen sollten: auf der Stufe der atomaren und subatomaren Partikel, auf der Stufe komplexer Moleküle, oder auf makroskopischen Stufen. Während radikale Vertreter des methodologischen Reduktionismus Erklärungen nur auf möglichst niedrigen Stufen suchten, stritten deren radikale Gegner ab, daß es sich bei derartigen Erklärungen überhaupt um biologische Erklärungen handele. Die strengste Form des Reduktionismus, die ,epistemologische', betrachte die biologischen Theorien und Gesetze als bloße Spezialfälle der chemisch-physikalischen. Hier sei die Mehrzahl der Biologen der Meinung, daß zwar alle chemisch-physikalischen Gesetze auf die Biosphäre zuträfen, daß aber nicht alle Eigenschaften von Organismen Spezialfälle chemisch-physikalischer Möglichkeiten seien. Die Mehrzahl der Biologen verträte danach einen ,ontologischen', aber keinen ,epistemologischen' Reduktionismus. Andererseits schienen einige prominente Anhänger des ontologischen und methodischen Reduktionismus eine Tendenz zum epistemologischen zu zeigen (wie z. B. B. F. Crick, P. B. Medawar und J. Monod.).

Medawar gibt in seinem brillanten Büchlein über „Induction and Intuition in Scientific Thought"[16] zwar zu, daß Begriffe wie ,Demokratie', ,Verbrechen' usw. nur schwer biologisch, und daß Begriffe wie ,Gedächtnis', ,Sexualität', ,Angst' usw. nur schwer physikalisch definiert werden könnten. Aber erstens stellt er mit Recht die Frage, wie es denn vor dem Hintergrund der Irreduzibilität möglich sei, daß so viele Triumphe der modernen Wissenschaften auf einer Zurückweisung dieser Tatsache begründet sein könnten?[17] Zweitens macht Medawar auf die ungenaue Formulierung des Problems aufmerksam. In einem möglichen Sinn umfaßt die Soziologie die Biologie und diese die Physik, so daß die Soziologie reicher ist als die Biologie und diese reicher als die Physik. Jede physikalische Tatsache kann ja in der Biologie relevant werden, und jede biologische Tatsache in der Soziologie. In dem Sinne jedoch, in dem die Soziologie ein Spezialfall der Biologie ist, und die Biologie ein Spezialfall der Physik, umfaßt offenbar die Physik die Biologie und diese die Soziologie. Zum Verständnis dieses nur scheinbaren Widerspruchs vergleicht Medawar die Hierarchie der empirischen Disziplinen mit der Hierarchie der Geometrien, wie sie F. Klein beschrieben und interpretiert hat[18]. Die Topologie, die affine, die Euklidische und die metrische Geometrie gehen durch fortgesetzte Ein-

[15] Th. Dobzhansky in Ayala-Dobzhansky (1974), S. 1
[16] Medawar (1969) und in seinem Beitrag zu Ayala-Dobzhansky (1974).
[17] Medawar (1969), S. 15
[18] Medawar (1969), S. 16, Anm. 8 (S. 16–19). F. Klein (1908).

schränkungen auseinander hervor. Die Theoreme der Topologie gelten auch in der affinen Geometrie, die der affinen auch in der Euklidischen und die der Euklidischen auch in der metrischen Geometrie. Insofern enthalten die ranghöheren Disziplinen die niedrigeren. Andererseits lassen sich in den eingeschränkteren Disziplinen Begriffe definieren, die in den ranghöheren bedeutungslos sind, so daß nach unten hin eine Bereicherung in der Komplexität der Begriffe und der Theoreme stattfindet. Z. B. werden die Begriffe des Quadrats und des Kreises im Übergang von der Euklidischen zur affinen Geometrie sinnleer, und im Übergang zur Topologie werden fast alle üblichen geometrischen Vorstellungen hinfällig mit Ausnahme einiger weniger Grundbegriffe wie z. B. die Relationen ‚innerhalb' und ‚außerhalb' in Bezug auf geschlossene Figuren. – Medawar beschreibt hier eine in der Logik bekannte Tatsache: Intensional betrachtet umfaßt die Merkmalmenge des Unterbegriffs die des Oberbegriffs ({weiß, Pferd} umfaßt {Pferd}); extensional betrachtet umfaßt der Oberbegriff den Unterbegriff (die Menge der Pferde umfaßt die Menge der Schimmel). In diesem Sinne umfassen die eingeschränkteren Disziplinen der Geometrie und der empirischen Wissenschaften intensional die allgemeineren, und diese extensional die eingeschränkteren. Möglicherweise haben Begriffe wie Demokratie und Verbrechen nur in dem Sinne keine biologische und noch weniger physikalische Bedeutung, wie Kreis und Quadrat keine Bedeutung in der Topologie haben.

Die Betrachtungsweise Medawars zeigt, daß auch die Reduktion einer Theorie auf eine andere, wie z. B. die der Geometrien auf die Topologie und der Biologie auf die Physik eine Erklärung der unmittelbar anschaulichen Tatsache ermöglicht, daß bestimmte Begriffe einer Theorie in der grundlegenden Theorie keinen Sinn haben. Dies spricht nicht gegen die Reduktion, zumal die Theorien der Definition möglicherweise nicht zufriedenstellend entwickelt sind.

Mit der Reduktion von Theorien, Behauptungen, Begriffen auf andere sind verschiedenartige Probleme verbunden, von denen in unserem Zusammenhang nicht alle von Bedeutung sind. Die bekannte Frage, ob z. B. die Behauptung, irgendeine Flüssigkeit habe eine Temperatur von 30°C, (in welchem Sinne auch immer) ‚synonym', ‚bedeutungsgleich', ‚übersetzbar' usw. sei mit einer in der Sprache der Thermodynamik formulierten Beschreibung dieses Sachverhalts, oder sogar ob beide Beschreibungen auf verschiedene Sachverhalte sich bezögen, kann ohne Beeinträchtigungen unseres Gedankenganges ohne allgemeingültige Antwort bleiben. Wir nehmen stets aus methodischen Gründen den ‚reduzierten' Standpunkt ein – im obigen Beispiel den der Thermodynamik – und geben uns mit einer jeweils einzeln zu prüfenden Annäherung zufrieden. Im Falle der Reduktion der Syntax auf Erzeugungssysteme ist das Problem besonders unbedeutend, da die syntaktischen Komplexe, die Ausdrücke, sich sozusagen natürlich auf ihre Atome, die Wörter, Morpheme oder Phoneme reduzieren lassen, deren

Komposition nicht nur in irgend einem Sinne äquivalent, sondern als identisch mit den untersuchten Ausdrücken sich auffassen läßt. Darüber hinaus wird sich die folgende Argumentation auf einem relativ abstrakten Niveau bewegen, auf dem die meisten z. B. bei Nagel[19] behandelten mit der Empirie in Zusammenhang stehenden Probleme wenig oder keine Bedeutung haben.

Näher an unsere Problematik heran kommt die Diskussion um die Lehre von der ‚Emergenz'[20]. Aber auch dieses Problem stellt sich in unserem Zusammenhang ohne die sonst meist mit ihm verknüpften Belastungen durch ungeklärte empirische Fragen. Nagel macht mit Recht darauf aufmerksam, daß die Frage, ob eine Eigenschaft eines Komplexes, wie z. B. die Durchsichtigkeit von Wasser, sich aus den Eigenschaften seiner chemischen Elemente erschließen läßt oder nicht, unvollständig formuliert ist. Die Frage muß vielmehr im Rahmen einer bestimmten chemisch-physikalischen Theorie gestellt werden, die auch Aussagen über die Kompositionsgesetze der Elemente enthält[21]. Die im folgenden verwendeten Erzeugungssysteme sind jedoch per definitionem Idealfälle formalisierter Systeme und erfüllen insofern alle diese Bedingungen: den Elementen entsprechen die elementaren Ausdrücke, die Symbole, und den Kompositionsregeln die Verkettung (von Ausdrücken) zusammen mit den Ersetzungsregeln, und alle diese Faktoren bleiben unverändert. Da alle nicht auf dem zweifellos schwierigen Verhältnis von Theorie und Empirie beruhenden Probleme der Emergenz im folgenden Kapitel im Zusammenhang mit der Theorie der Evolution behandelt werden, können wir hier auf ein genaueres Eingehen auf die Emergenz verzichten.

Den praktisch wie theoretisch interessantesten und klarsten Standpunkt nimmt K. R. Popper in dem Exposé seines Beitrags zu Ayala-Dobzhansky ein[22], das wir darum hier wiedergeben: „First, I will suggest that scientists have to be reductionists in the sense that nothing is as great a success in science as a successful reduction (such as Newton's reduction – or rather explanation – of Kepler's and Galileo's laws to his theory of gravity, and his correction to them . . .). A successful reduction is, perhaps, the most successful form conceivable of all scientific explanations . . .". „Secondly, I will suggest that scientists, whatever their philosophical attitude towards holism, have to welcome reductionism as a method: they have to be either naive or else more or less critical reductionists; indeed, somewhat desperate critical reductionists . . . because hardly any mayor reduction in science has ever been completely successful: there is almost always an unresolved residue left by even the most successful attempts of reduction." „Thirdly, I shall contend that there do not seem to be any good arguments in favour of philosophical reductionism while, on the contrary, there are good arguments against

[19] Nagel (1961), S. 345ff.
[20] Z. B. Nagel (1961), S. 366ff.
[21] Nagel (1961), S. 367ff.
[22] Ayala-Dobzhansky (1974), S. 259f.

essentialism, with which philosophical reductionism seems to be closely allied. But I shall also suggest that we should, nevertheless, on methodological grounds, continue to attempt reductions. The reason is that we can learn an immense amount even from unsuccessful and incomplete attempts at reduction . . ." – Diesen Standpunkt machen wir uns zu eigen und legen ihn allem folgenden zugrunde.

Jeder Reduktionismus wird leicht das Opfer einer Verwechslung, auf die in diesem Zusammenhang hingewiesen werden muß, weil eine analoge Verwechslung der sog. ‚formalen' Sprachwissenschaft ebenfalls ungerechtfertigterweise geschadet hat. Die Behauptung, Organismen seien komplexe chemisch-physikalische Systeme, ist unabhängig von dem Glauben bzw. Irrglauben an die Möglichkeit vollständiger Beschreibungen dieser Systeme. Auf diese Grenzen unseres Wissens hingewiesen zu haben, ist das Verdienst N. Bohrs, der als erster die aus der Unschärfenrelation sich ergebenden Konsequenzen für die Biologie durchdacht hat. Bohr kam so zu einer Position, die nach seinen eigenen Worten „von den extremen Standpunkten des Mechanismus und des Vitalismus gleichweit entfernt" sei[23]. Einerseits verwirft Bohr Vergleiche zwischen Lebewesen und Maschinen; andererseits lehnt er die Einführung eigentlich biologischer Gesetze ab, und besonders die Behauptung, „daß eine besondere der Physik ganz unbekannte Lebenskraft alles organische Leben beherrscht".[24] Kann man hierzu verschiedener Meinung sein, so ist der folgende Gedanke unabweisbar. Wir „. . . müssen jedoch daran denken, daß die Bedingungen bei biologischen und physikalischen Untersuchungen nicht unmittelbar miteinander verglichen werden können, da die Notwendigkeit, das Untersuchungsobjekt am Leben zu halten, für jene eine Einschränkung bedeutet, die bei diesen kein Gegenstück aufzuweisen hat. So würden wir zweifellos ein Tier töten, wenn wir versuchten, eine Untersuchung seiner Organe so weit durchzuführen, daß wir den Anteil der einzelnen Atome an den Lebensfunktionen angeben könnten. In jedem Versuch an lebendigen Organismen muß daher eine gewisse Unsicherheit in bezug auf die physikalischen Bedingungen, denen sie unterworfen sind, bestehen bleiben; und es drängt sich der Gedanke auf, daß die geringste Freiheit, die wir in dieser Hinsicht den Organismen zugestehen müssen, gerade groß genug ist, um ihnen zu ermöglichen, ihre letzten Geheimnisse gewissermaßen vor uns zu verbergen. Von diesem Gesichtspunkt aus muß die Existenz des Lebens als eine elementare Tatsache aufgefaßt werden, für die keine nähere Begründung gegeben werden kann und die als Ausgangspunkt für die Biologie genommen werden muß . . ."[25]

Bohr kommt zu diesem Ergebnis, indem er die chemisch-physikalische Natur des Wissenschaftlers und der Instrumente seiner Arbeit berücksich-

---

[23] Bohr (1937), zit. nach (1958), S. 21. Ähnlich auch Bohr (1932), (1954).
[24] Bohr (1932), zit. nach (1958), S. 9.
[25] Bohr (1932), zit. nach (1958), S. 9f.

tigt. Für subatomare Systeme kann man sich nämlich nicht mehr von dem aus der klassischen Physik vertrauten Begriff der Messung leiten lassen. Jede Messung ist eine Interaktion zwischen zwei Körpern. In der klassischen Physik gab es eine ungestörte Asymmetrie zwischen dem zu messenden Gegenstand und der Meßapparatur, insofern als der erstere von der letzteren nicht wesentlich beeinflußt werden konnte. Messungen in der Physik der Elementarteilchen bestehen aber in der Regel aus Teilchenkollisionen. Der Einfluß des ‚messenden' Teilchens auf das zu ‚messende' ist hier vollständig symmetrisch zum umgekehrten Einfluß. Um den Zustand organischer Systeme genau kennenzulernen, muß man Messungen vornehmen, die das System sehr stark verändern.

Die Bohrsche Verallgemeinerung der Unschärfenrelation ist prinzipiell anzuerkennen. Sie zeigt, daß die Behauptung, Organismen bestünden aus Atomen, streng zu unterscheiden ist von der Behauptung, man könne den atomaren Aufbau von Organismen vollständig rekonstruieren. Wir werden sehen, daß dieser Sachverhalt sich in der Psychologie und der Sprachtheorie wiederholt: Die Behauptung, bestimmte Vermögen, wie z. B. das zur Erlernung von Sprachen, könnten in Form von Turing-Systemen vorgestellt werden, schließt nicht die Behauptung ein, derartige Turing-Systeme seien tatsächlich zu konstruieren. Wir werden in Kapitel 6 nicht versuchen, individuelle Systeme zu konstruieren, sondern allgemeine Eigenschaften möglicher zur Rekonstruktion in Frage kommender Systeme festzustellen.

Es muß eine weitere mögliche Verwechslung ausgeschlossen werden. Die einfachste, d. h. isomorphe Interpretation von Erzeugungssystemen und Algorithmen führt an sich noch nicht zu ‚mechanistischen' Beschreibungen. Normalerweise verlangt man von mechanistischen Systemen, daß jeder ihrer Zustände genau einen Folgezustand bestimmt, d. h. daß sie deterministisch sind. Gerade diese Eigenschaft kommt den Erzeugungssystemen im allgemeinen nicht zu, wenn sie auch entsprechend auf Halbalgorithmen und Algorithmen eingeschränkt werden können. In Erzeugungssystemen gelten an sich noch keinerlei Erhaltungsprinzipien wie z. B. Newtons actio-reactio-Prinzip. In dieser Hinsicht sind also unsere atomistischen Theorien umfassender als die mechanistischen der klassischen Physik. Andererseits implizieren nur zwei der von E. Nagel angeführten Begriffe des Mechanischen die Existenz kleinster Partikel[26]. In dieser Hinsicht sind also die entsprechenden physikalischen Begriffe weiter als unsere atomistischen Theorien.

Es ist klar, daß unser abstrakter Atomismus und der entsprechende Reduktionismus eine strenge und eingeschränkte Form der Rationalität verkörpern, über die man sich jedoch nicht hinwegsetzen kann, ohne gemäß der zu Anfang dieses Kapitels formulierten Hypothese an anderer Stelle Tribut zahlen zu müssen. Wie die Struktur der Reihe der natürlichen Zahlen

---

[26] E. Nagel (1961), S. 172f.

formal nicht vollständig zu charakterisieren ist, und aufgrund der Ergebnisse von Gödel und Church auch sonst auf keine Weise, so sind generell mit Hilfe der Erzeugungssysteme erwiesenermaßen nicht vollständig charakterisierbare Sachverhalte, die darum von ihrer Natur her auch unserem abstrakten Atomismus und Reduktionismus entgehen, auch sonst auf keine andere Weise vollständig zu charakterisieren. Diese Überlegung spricht nicht für und nicht gegen strengere oder weniger strenge Formen der Rationalität. Sie spricht aber gegen die häufig anzutreffende Ansicht, nach der die Reduktion auf einen Atomismus unser Erkenntnisvermögen über Gebühr beschränke, was durch Verwendung weniger ‚verkürzter' Sprachen ohne negative Auswirkungen zu vermeiden sei. Die Probleme, die sich in ausdrucksstärkeren Sprachen stellen lassen, zeigen sich auf irgendwelche Art auch schon in der Sprache der Erzeugungssysteme.

Wir legen also allem folgenden einen abstrakten Atomismus und einen entsprechenden Reduktionismus als hypothetischen Ausgangspunkt zugrunde. Es wird ausdrücklich darauf hingewiesen, daß nicht die mechanische Struktur des Universums behauptet wird, sondern lediglich – im Sinne Poppers – die Möglichkeit und Nützlichkeit der entsprechenden Hypothese und der Darstellung möglichst vieler Sachverhalte auf ihrer Grundlage. Wir gehen also von der Voraussetzung aus, daß alle im folgenden zu untersuchenden Gegenstände aus endlich vielen kleinsten Bausteinen – abstrakten Atomen – zusammengesetzt sind, insbesondere auch die Lebewesen und auch die wahrscheinlich am höchsten entwickelten unter ihnen, die Menschen. Gegen diese Anwendung des Atomismus und des Reduktionismus wehrt sich unsere Intuition und Selbsteinschätzung sehr entschieden, und wenn irgendwo, dann findet der Vitalismus auf diesem Gebiet seine Anhänger. Dagegen glaubt der Reduktionismus J. Monods auch diesen Bereich vollständig aufklären zu können: „Um zu überleben, hat der Vitalismus es nötig, daß in der Biologie, wenn nicht wirklich Paradoxa, so doch zumindest ‚Geheimnisse' erhalten bleiben. Die Entwicklungen der letzten zwanzig Jahre in der Molekularbiologie haben den Bereich der Geheimnisse außerordentlich zusammenschrumpfen lassen; dadurch blieb den Spekulationen der Vitalisten kaum mehr als das weite Feld der Subjektivität offen – der Bereich des Bewußtseins. Man geht kein großes Risiko ein mit der Voraussage, daß diese Spekulationen sich auf diesem, im Augenblick noch unzugänglichen Gebiet als ebenso unfruchtbar erweisen werden wie überall, wo das bisher auch offenkundig der Fall war."[27]

Der im folgenden vertretene Reduktionismus leugnet dagegen nicht die Möglichkeit und die Wahrscheinlichkeit biologischer und allgemein wissenschaftlicher ‚Geheimnisse'. Er lehnt jedoch die Ansicht als falsch ab, nach der die Sprache der Erzeugungssysteme und Algorithmen unfähig sei, diese Geheimnisse aufzuspüren, geschweige denn, sie zu lösen. Im Lichte des

[27] J. Monod (1975), S. 42

eingangs charakterisierten Prinzips von der ‚Konstanz der erkennenden Energie' muß sich jedes echte ‚Geheimnis' auch in der Sprache der Erzeugungssysteme auf irgendeine Weise zeigen, und umgekehrt sind in dieser Sprache unlösbare Probleme absolut unlösbar und bleiben damit auch in reicheren Sprachen, z. B. in natürlichen als solche erhalten: Unsere ‚Beschränkung' auf Erzeugungssysteme, Algorithmen bzw. rekursive Funktionen hat keine unwiederbringlichen Verluste zur Folge.

Noam Chomsky hat nicht nur wesentlich zur Entwicklung der Theorie der formalen Systeme beigetragen, sondern war auch der erste, der formale Systeme und die Theorie der Erzeugungssysteme zur Beschreibung und Erklärung natürlicher Sprachen vorgeschlagen und angewendet hat, speziell zur syntaktischen Beschreibung. Seine Theorie ist in der europäischen Sprachwissenschaft bald auf Ablehnung gestoßen. Den Tenor der Kritik kann man zum Vorwurf des Reduktionismus zusammenfassen: Chomsky wolle äußerst komplexe Sachverhalte mit äußerst bescheidenen Mitteln rekonstruieren und sei darum zum Scheitern verurteilt. Die im zweiten und dritten Kapitel vorgeführten Äquivalenzen und die These von Church zeigen, wie weitreichend und von welcher Erklärungskraft die formalen Mittel Chomskys sind: Sie sind äquivalent mit dem durch die These von Church eindeutig bestimmten, anspruchsvollsten Begriff der Rationalität: dem der Erzeugungssysteme. Ob man bei der formalen Rekonstruktion der Syntax, allgemeiner: der gesamten Kompetenz, einschließlich der Semantik und Pragmatik, spezielle Chomsky-Systeme verwendet oder eine abzählende Funktion, ob man Semi-Thue-Systeme verwendet oder Turing-Systeme ist ein Problem der Darstellung, kein theoretisches: Von jeder Darstellung kann man algorithmisch und intensional äquivalent zu jeder anderen übergehen. Unter der Voraussetzung der intensionalen Äquivalenz der rekursiven Berechenbarkeit mit der mechanischen ist die Behauptung der Existenz eines Erzeugungssystems als Modell für eine Kompetenz äquivalent mit der Behauptung, die Kompetenz sei in dem betreffenden Individuum vollständig physikalisch-chemisch realisiert. Der Chomsky vorgeworfene Reduktionismus ist nicht nur mit dem biologischen vergleichbar, sondern ist aufgrund der These von Church mit diesem zu identifizieren, und die Behauptung der Unmöglichkeit einer formalen Beschreibung der Sprache ist mit dem biologischen Vitalismus zu identifizieren. Falls es aber eigentliche Geheimnisse auf diesem Gebiet geben sollte – was durchaus zu erwarten ist – so muß sich deren Existenz auch in der formalen Beschreibung aufzeigen lassen[28].

---

[28] Dieser Sachverhalt läßt auch das Problem der ‚Cartesianischen Linguistik' (vgl. Chomsky (1966)) in einem anderen Lichte erscheinen. Wir werden auf dieses Problem in Kapitel 10 eingehen.

5. Evolution und Evolution des Lernens

Die Evolution des Lebens ist ein langsamer Prozeß, der auf einer Wellenbewegung von mikroskopischer und makroskopischer Daseinsform des Lebens beruht. Die letztere besteht in der üblichen Existenzweise eines entfalteten Lebewesens, die erstere in der verschlüsselten Existenzweise in der Form des genetischen Informationsträgers. Der Fortschritt in der Evolution kommt aufgrund der im mikroskopischen Bereich stattfindenden und zufälligen Mutationen und der im makroskopischen Bereich stattfindenden Selektion zustande und bewegt sich in Richtung auf eine Steigerung der Komplexität der Organismen, die eine Beschleunigung der Evolution bewirkt. Insbesondere werden von diesem Vorgang die Verhaltensvermögen von Gattungen erzeugt und in Richtung auf eine beschleunigende Komplexitätssteigerung fortentwickelt. Lernvermögen sind spezielle Arten von Verhaltensvermögen, nämlich solche, die als Reaktion auf bestimmte Wahrnehmungen Verhaltensvermögen erzeugen, die danach zur Ausübung bereitstehen. Lernvermögen sind relativ komplexe Vermögen, deren autonome Morphogenese relativ viel genetische Information erfordert. Das Vermögen, eine menschliche Sprache erlernen zu können, ist sehr speziell und mit großer Wahrscheinlichkeit sehr komplex. Es bereichert die für die Evolution charakteristische Wellenbewegung wesentlich: Neben die genetische Tradition, die Vererbung, tritt die kommunikative. Die erweiterte Form der Evolution, die auch die Kulturgeschichte und die Sprachgeschichte umfaßt, setzt enorm komplexe und genetisch tradierte Vermögen voraus und hat eine entsprechende Beschleunigung zur Folge.

Im folgenden versuchen wir ein z. T. spekulatives Bild der Evolution des Lebens zu entwerfen. Die Ergebnisse des vorangehenden Kapitels geben uns sowohl die Möglichkeit, als auch die Veranlassung, davon auszugehen, daß erstens alle Organismen aus unbelebten Bausteinen bestehende Komplexe sind, und zweitens, daß sowohl die Bausteine wie auch die Prinzipien der Komplexbildung mit Hilfe von Erzeugungssystemen, Algorithmen und rekursiven Funktionen – wenn auch wahrscheinlich nicht praktisch, so wenigstens theoretisch – rekonstruierbar sind. Wir werden in diesem Kapitel von der Theorie der Erzeugungssysteme, Algorithmen und rekursiven Funktionen nur pauschalen Gebrauch machen: Die Komplexitätssteigerung der Verhaltensvermögen ergibt nur vor dem Hintergrund ihrer Rekonstruktion mit Hilfe von Erzeugungssystemen und Algorithmen einen zwingenden Grund zur Annahme der Komplexitätssteigerung der organischen Verankerung des Verhaltens. Der Gedankengang hat zum Ziel, den biologisch-evolutionstheoretischen Zusammenhang aufzuzeigen, in dem das Vermögen der Spracherlernung zu sehen ist. Wir werden uns in den folgenden Kapiteln ausschließlich mit der Spracherlernung befassen und dabei den Beweis ihrer außerordentlichen Komplexität und der Notwendigkeit relativ komplexer genetisch-tradierter Informationen als Grundlage zu ihrer Erlernung in Kapitel 6 in einer schwächeren und in Kapitel 10 in einer stärkeren Version führen. Der Beweis dürfte nachträglich ein Argument für die schon im folgenden vertretene These der Komplexitätssteigerung ergeben.

Zunächst geben wir zur Orientierung einen kurzen Überblick über die Geschichte der Evolutionstheorie: In der archaischen Gedankenwelt, in der z. B. verdorbenes Fleisch in Fliegen übergehen konnte, besaß Belebtes und Unbelebtes eine Verwandlungsfähigkeit, wie sie heute nur noch in den Unterhaltungskünsten sich erhalten hat. Sowohl die Vorstellung unverändert sich fortpflanzender Lebewesen als auch die geschichtliche Entwicklung der Evolution ist jüdisch-christlichen Ursprungs. Der erste moderne Begriff der Evolution geht auf Lamarck zurück (1809), der allerdings noch die Ansicht vertrat, daß Organismen im Verlaufe ihres Lebens relativ zu von ihrer Umwelt an sie gerichteten Anforderungen bleibende und vererbbare Eigenschaften erwerben könnten, und daß es eine den Lebewesen innewohnende Tendenz zur Entwicklung vom Einfachen zum Komplexen gebe. Beide Vorstellungen sind später verworfen worden. Als der eigentliche Begründer der Theorie der Evolution gilt Charles Darwin. Alle wichtigen Elemente seines 1859 in erster und 1872 in letzter Auflage erschienenen epochemachenden Werkes über die „Origin of species“ waren schon in dem nicht veröffentlichten „Essay of 1844“ vorhanden. Etwa zur selben Zeit hatte A. R. Wallace unabhängig von Darwin ähnliche Gedanken entwickelt. Das größte Problem der Theorie Darwins bestand in ihrem Begriff der natürlichen Selektion. Die Lösung dieses Problems war erst nach der um die Jahrhundertwende erfolgten Wiederentdeckung der 1865 formulierten Mendelschen Gesetze möglich[1], die die erste begründete Theorie der Vererbung darstellten. Paradoxerweise ging das Ansehen Darwins nach 1900 zunächst stark zurück. Die übliche Ansicht entsprach der von Morgan 1932 veröffentlichten Theorie, die der natürlichen Selektion eine nur untergeordnete Bedeutung zugestand und darum der Mutation einen um so größeren Anteil an der schöpferischen Leistung der Evolution zuweisen mußte, wobei man sich über die Mangelhaftigkeit dieser Ansicht im klaren war.

Die Wiederentdeckung der Theorie Darwins von der natürlichen Selektion war angeregt hauptsächlich von Chetverikov (1926) und Fischer (1930), die Darwins Theorie mit der Mendelschen Genetik in Einklang brachten. Fischer erkannte als erster, daß der Beitrag zur Evolution einer Gattung nicht mit Mutationen zu erklären ist, die große phänotypische Veränderungen bewirken, sondern allein mit langen Folgen von Mutationen sehr geringer Auswirkungen – eine Erkenntnis, die die Rolle der Mutationen als Motor der Evolution erst verständlich gemacht hat. Die moderne Form der Evolutionstheorie trat mit der von Dobzhansky 1937 vorgenommenen

[1] Mendel (1865)

Synthese mehrerer biologischer Theorien auf, nach dessen Vorbild eine Reihe ähnlich umfassender Darstellungen konzipiert sind: Huxley (1942), Mayr (1942), Simpson (1944), (1953), Stebbins (1950).

Die Entstehung der Molekulargenetik in den 50er Jahren brachte keine grundlegenden Veränderungen der Evolutionstheorie. Ein wichtiges Ergebnis bestand in der endgültigen Widerlegung der Lamarckschen Vorstellung der Vererbbarkeit individuell erworbener Eigenschaften[2]. Eine der besten – wenn nicht *die* beste und neueste Darstellung ist ohne Zweifel die 1977 erschienene und umfassende „Evolution" von Dobzhansky, Ayala, Stebbins und Valentine, deren erstes Kapitel eine kurze Geschichte der Evolutionstheorie enthält[3], an die sich die soeben gegebene Übersicht in wesentlichen Zügen anlehnt. Selbstverständlich verdanken wir auch die übrigen evolutionstheoretischen Elemente des vorliegenden Kapitels mittelbar oder unmittelbar den genannten Darstellungen.

Lebewesen zeichnen sich vor unbelebten Gegenständen vornehmlich in ihrem Vermögen aus, sich fortzupflanzen. Offenbar hat dieses Vermögen zusammen mit der damit nicht notwendig verbundenen Sterblichkeit des Individuums die Evolution immer komplexerer Gattungen in Gang gesetzt. Die Evolution kommt durch eine Art von Wellenbewegung von mikroskopischer und makroskopischer Daseinsform des Lebens zustande. Der im Genom enthaltene mikroskopische Bauplan wird bei der Entstehung des Individuums realisiert, das auf dem Höhepunkt seines Lebens allein seinen Bauplan weitergibt und selbst vergeht. Zumindest die einfachste Form der Fortpflanzung, die unsexuelle oder vegetative, ist konservativ, d. h. auf die vollkommene Reproduktion des Elters ausgerichtet. Üblicherweise macht man für die Abweichungen von der identischen Reproduktion Mutationen, d. h. zufällige ‚Fehler' des reproduktiven Systems verantwortlich, und wertet die reproduktive Invarianz als die primäre, allein ‚intendierte' Eigenschaft. Der Beitrag der Gattungen zu ihrer Evolution beruht darum auf in ihren Ursachen unfreiwilligen und zufälligen, in ihrer Wirkung ungerichteten und in ihrer Dimension mikroskopischen Vorgängen. Dieser Beitrag kann in unserer Wellenmetapher ausgedrückt nur in den Wellentälern geleistet werden. Immerhin ist die reproduktive Varianz und ein gewisser Überschuß an Nachkommen, das sog. ‚reproduktive Rauschen', notwendig zur Entstehung eines breiteren Spektrums von Eigenschaften, auf die die Umwelt selektiv einwirkt. Die Fortentwicklung müßte unweigerlich in einen chaotischen Zustand einmünden, wenn nicht die Umwelt eine stetige Auslese vornähme. Für die hier anzustellenden Überlegungen ist die Natur der Selektion nicht ausschlaggebend, weshalb wir auf eine Erörterung verzichten können. Sicher ist der durch Spencer populär gewordene ‚Kampf ums Dasein' als eine extreme und biologisch relativ unbedeutende Interpretation

---

[2] Lederberg u. Lederberg (1952)

[3] S. 9–19

anzusehen. Wesentlich bedeutsamer für das Sich-Durchsetzen von Merkmalen scheint die unterschiedliche Fortpflanzungsrate ihrer Träger zu sein. Die Selektion kommt in einem Zusammenspiel zwischen einer Gattung und ihrer Umwelt zustande, wird von beiden Mitspielern gleichermaßen bestimmt und ist im Gegensatz zu der Mutation von makroskopischen Dimensionen und weder in ihren Ursachen noch in ihren Auswirkungen zufällig. Eines der Prinzipien, nach denen die Evolution fortschreitet, besteht darin, daß niemals ein Organ oder eine Verhaltensweise entworfen, konstruiert und in Anwendung gebracht werden kann, wenn es benötigt wird. Vielmehr werden neu auftretende Bedürfnisse stets nur notdürftig befriedigt mit dem schon vorhandenen Material. Dabei darf sich jede von einer Mutation verursachte Veränderung von dem ‚status quo' nur so weit entfernen, daß der Organismus in jeder Phase des Umbaus funktionstüchtig bleibt. Nach den Worten F. Jacobs handelt es sich um eine immerwährende ‚Kesselflickerei'[4].

Daß makroskopische Systeme, wie z. B. das der Selektion zugrunde liegende, die aus einer großen Menge zufällig sich verhaltender mikroskopischer Teile bestehen, sich insgesamt gesetzmäßig fortentwickeln, ist eine in der Physik bekannte Tatsache, die an einem einfachen Beispiel demonstriert werden kann[5]. Stellt man eine mit Parfüm gefüllte Flasche in einen abgeschlossenen und mit Luft gefüllten Raum und öffnet sie, so wird das Parfüm verdunsten und sich gleichmäßig auf den ganzen Raum verteilen. Stellte man sich eine Filmaufnahme der Bewegung eines einzelnen Parfümmoleküls vor auf seinem in der Flasche beginnenden Zickzackweg durch den Raum, und stellte man sich vor, alle technischen Hilfsmittel zur Bestimmung der Richtung, in der der Film aufgenommen worden sei, wären zerstört worden, so müßte man zum Schluß kommen, daß die Aufnahmerichtung sich nicht mehr rekonstruieren ließe. Denn die Filmaufnahmen selbst lassen nicht die Bewegungsrichtung des Moleküls erkennen. Jede der Zickzackbewegungen könnte mit gleicher Wahrscheinlichkeit auch in der entgegengesetzten Richtung verlaufen sein. Die Wahrscheinlichkeit, daß ein einzelnes Molekül die Flasche verläßt, ist nicht größer als die, daß es dorthin wieder zurückkehrt. Denken wir uns dagegen eine Aufnahme der Bewegungen sämtlicher Moleküle in unserem Raum, so können wir uns ein sehr eindeutiges Kriterium zur Bestimmung der Aufnahmerichtung vorstellen. Der geordnete Zustand, in dem die Parfümmoleküle sämtlich sich in der Flasche befinden, muß mit extrem großer Wahrscheinlichkeit der zeitlich frühere sein, und der Zustand, in dem der Raum einschließlich der Flasche mit einem relativ homogenen Duftstoff-Luft-Gemisch erfüllt ist, muß mit derselben Wahrscheinlichkeit der spätere sein. Obwohl also die mikroskopischen Vorgänge ungerichtet sind im Hinblick auf die Zeitachse, sind die

---

[4] F. Jacob, Evolution and tinkering (1977)
[5] Nach D. Layzer (1972), (1975)

makroskopischen Vorgänge ohne Zweifel gerichtet. Dies ist eine Folge des zweiten Hauptsatzes der Thermodynamik, des ‚Entropiesatzes', nach dem die ursprüngliche Ordnung des Raums, die darin bestand, daß alle Parfümmoleküle sich in der Flasche befanden, nur abnehmen und in einen chaotischen Zustand übergehen kann, in dem die Duft- und die Luftmoleküle homogen verteilt sind.

Vor dem Hintergrund dieses Sachverhalts muß man die sonst etwas dunkle Passage bei Monod verstehen, nach der die Evolution „eine Art Maschine dar(stelle), mit der man in der Zeit zurückgehen" könne[6]. Der Fortschritt der Zeit besteht oder zeigt sich doch wenigstens im Verlust und Zerfall von Ordnung. Die aufgrund der auf der makroskopischen Ebene stattfindenden Selektion der zeitlich ungerichteten mikroskopischen Mutationen zustande kommende Evolution ist ein zeitlich eindeutig gerichteter Vorgang, der jedoch von weniger geordneten Zuständen zu höher organisierten fortschreitet. Die lokale Herstellung von Organisation und Ordnung – Monods ‚Zurückgehen' in der Zeit – muß jedoch an anderen Stellen mit der Herstellung um so größerer Unordnung, d. h. mit dem Verbrauch von Energie bezahlt werden, soll die vom Entropiesatz aufgestellte Rechnung ausgeglichen bleiben. Jedenfalls steht der Aufbau von Ordnungsstrukturen in der Evolution nicht nur im Einklang mit dem Entropiesatz, sondern er stellt mit dem von diesem geforderten steten Abbau von Ordnung einen Vorgang dar, der aufs engste mit dem Phänomen der Zeit, genauer mit der Feststellbarkeit der Richtung der Zeit zusammenhängt[7].

Es ist unklar und von einer Klärung weit entfernt, ob und inwieweit der gesamte Vorgang der Evolution der Biosphäre als eine von einem Erzeugungssystem hervorgebrachte Erzeugung sich denken läßt. Der in der Biologie selbstverständliche Atomismus, die Neigung der Biologen, im mikroskopischen Bereich nur Zufall und Notwendigkeit walten zu lassen, und die von Nicht-Mathematikern fast immer unterschätzte Kompetenz der Erzeugungssysteme ergeben zusammen genommen ein gewichtiges Argument – wenn nicht für die Korrektheit dieser Betrachtungsweise, so doch – für die Möglichkeit und Notwendigkeit derselben als hypothetische Grundlage unserer Überlegungen. In diesem Sinne ist im vorangehenden Kapitel die Theorie der Erzeugungssysteme zum ausschließlichen Mittel der Beschreibung gewählt worden. Selbstverständlich gibt es besonders im Zusammenhang mit dem Entropietheorem ungelöste Fragen, die eine endgültige Antwort wenigstens in der Gegenwart unmöglich machen.

Besser steht es um die mathematisch-logische Erforschung der Fortpflanzung. Unter den möglichen Modellen der Hervorbringung eines Lebewesens bei der Fortpflanzung gab es zwei sich widersprechende, die gleichermaßen unzutreffend sind. Die Anhänger der ‚Präformation'

---

[6] Monod (1970), (dt. 1975), S. 114.
[7] D. Layzer (1972), (1975)

verallgemeinerten das Prinzip der unmittelbar beobachtbaren Entwicklungsphase, das Prinzip des Wachstums während der Kindheit und nahmen an, das Ei enthielte den Erwachsenen in Miniatur und vergrößere sich bei seiner Entwicklung lediglich. Diese Ansicht ist mit der atomistischen Struktur der Materie letztlich nicht vereinbar, so daß die Annahme der Präformation das Anfangsstück der Entstehung des Lebens nicht erklären kann. Die ‚Epigenetiker' vertraten die Ansicht, das Wachstum mache – sozusagen – Sprünge, d. h. führe zu echten, vorher nicht schon angelegten Bereicherungen des Organismus. Diese Ansicht verstößt gegen den Entropiesatz, nach dem Ordnung niemals spontan entstehen kann. Als Ausweg bleibt – so viel wir wissen – die heute in der Biologie vertretene Ansicht, nach der die Morphogenese der Lebewesen ausschließlich von einem im Lebewesen bzw. Embryo vorhandenen Plan, dem Genom, gesteuert wird, der an sich leblos und ohne Bedeutung ist, und der erst durch die Dekodierung und Realisierung Sinn bekommt[8]. Da sämtliche Eigenschaften des Individuums mit Hilfe des im Genom ausgedrückten Plans erst erzeugt werden, geschieht die Entwicklung ohne Zutun bzw. Präsenz des entstehenden Individuums. Die embryonalen Vorgänge sind anderer Natur als die für das spätere Lebewesen charakteristischen Vorgänge. Das Lebewesen entwickelt sich autonom und automatisch, ein Vorgang, den wir mit dem Begriff ‚Wachstum' zu benennen gewohnt sind. Die Umwelt tritt nur fördernd oder hemmend, aber nicht eigentlich formend in Erscheinung. In der Biologie spricht man von ‚autonomer Morphogenese'.

Bei der Erzeugung eines neuen Organismus wird diesem ein komplexes DNA-Molekül, das Genom, zur Verfügung gestellt[9]. Ein Teilkomplex des Genoms verhält sich als ein System, das einen anderen als einen Plan interpretiert, nach dem der entstehende Organismus aufgebaut werden soll. Das Zusammenwirken von Bauplan und Interpretationsinstanz zeigt im Kern die Grundstruktur von Sprachen, die nicht nur aus einer Menge von Ausdrücken, einer formalen Sprache, bestehen, sondern aus einer Menge von Ausdrücken zusammen mit einer semantischen Interpretation. Die Verbindung und die relative Unabhängigkeit beider ermöglicht die für Sprachen aller Art charakteristische Arbitrarität ihrer Zeichen. Diese schließt nicht die chemisch-physikalische oder – unter unserer algorithmischen Betrachtungsweise – algorithmische Verknüpfung der Ausdrücke mit ihren Bedeutungen aus. Mit ‚Arbitrarität' bezeichnet man lediglich die nicht notwendige Verknüpfung einer formalen Sprache mit ihrer Interpretation, die an sich mechanisch oder algorithmisch sein könnte. Die Arbitrarität erst trennt die Ausdrücke von ihrer Bedeutung und erzeugt somit an sich

[8] Wie kompliziert und syntaktisch interessant die Struktur des Genoms sein kann, hat die in den letzten Jahren geglückte erste vollständige Entzifferung eines Genoms gezeigt. Vgl. den zusammenfassenden Bericht von Fiddes (1977).

[9] Vgl. das Beispiel einer ‚realen' Interpretation eines Algorithmus im vorangehenden Kapitel!

bedeutungslose Ausdrücke. Dies hat zur Folge, daß Veränderungen der Ausdrücke eventuell gänzlich andersartige Veränderungen in deren Bedeutungen nach sich ziehen können. Die relative Unabhängigkeit der Veränderungen auf der Seite der Ausdrücke, d. h. des Genoms, von den entsprechenden Veränderungen auf der Seite der Bedeutungen, d. h. der Realisierungen, ist die Voraussetzung für die semantische Bearbeitbarkeit und wenigstens partielle Realisierbarkeit von Mutationen und damit für die Kreativität der Evolution.

Die Entwicklung der Theorie der Erzeugungssysteme und Algorithmen war schon früh mit biologischen Fragestellungen und Anwendungen befaßt[10]. Für unseren Zusammenhang nicht von technischem, aber von prinzipiellem Interesse ist die von J. von Neumann entworfene und von anderen weitergeführte Theorie selbstreproduktiver Systeme[11]. Die von v. Neumann verwendeten selbstreproduzierenden Turing-Algorithmen, die in einem 2-dimensionalen Zell-Raum repräsentiert sind, kann man sich z. B. als universale Turing-Algorithmen denken, die angesetzt auf ihre eigene Nummer (in irgendeiner effektiven Abzählung) sich selbst reproduzieren[12].

Die Begriffe und Verfahrensweisen dieser Theorien sind in unserem Zusammenhang weitgehend entbehrlich. Wichtiger ist, daß für die Selbstreproduktion und für die autonome Morphogenese formale Modelle mit Erfolg entwickelt werden konnten. Diese Tatsache erhöht nämlich die Plausibilität unserer Vermutung und Hoffnung, daß sich diese Modelle auch auf die Selbstreproduktion und die autonome Morphogenese von Lebewesen ausdehnen lassen, die mit Sprache und kultureller Tradition versehen sind. Chomskys Versuch der Rekonstruktion des sprachlichen Vermögens zusammen mit dem Vermögen zur Erlernung desselben kann man als eine Annäherung an eine mathematische Theorie von Systemen verstehen, die sich organisch und intellektuell reproduzieren. Die Entwicklung dieses Gedankens, der die Bemühungen Chomskys in Zusammenhang und in Geschichte einer mathematischen Biologie einordnet, verlangt eine genauere Darstellung einiger Grundzüge der Evolutionstheorie.

Im folgenden müssen wir ein Bild der Evolution von Verhaltensweisen und -vermögen entwerfen, wobei wir uns im wesentlichen auf K. Lorenz stützen[13]. In seiner theoretischen Abhandlung über die „evolution and

---

[10] McCulloch-Pitts (1943), A. M. Turing (1952), Turing-Richards. Die beiden letzten Arbeiten waren bedeutsam für die Arbeit von J. Prigogine, dessen Theorien über die Entstehung von Ordnungsstrukturen in Nichtgleichgewichtszuständen große Konsequenzen haben für die Biomorphologie, Embryologie und Evolutionstheorie; Herman-Rozenberg (1975), Lindenmayer-Rozenberg (1976), (= u. a. Verwendung der von Chomsky eingeführten formalen Sprachen bzw. Grammatiken zur Beschreibung biologischer Strukturen und deren Morphogenese).

[11] J. von Neumann (1951), (1966), A. W. Burks (1968), E. F. Codd (1968), M. A. Arbib (1972)

[12] Vgl. Kapitel 8!

[13] K. Lorenz (1965), (1969), (1973)

modification of behavior"[14] bemüht sich Lorenz um die Rettung des Begriffs des „Angeborenen" gegen Angriffe von verschiedenen Seiten und um den Nachweis seiner Unverzichtbarkeit in der Biologie. Viele der amerikanischen ‚behavioristischen' Psychologen sprechen dem Begriff des ‚Angeborenen' die Daseinsberechtigung ab. Er könnte ausschließlich in Opposition gegen den Begriff des Erlernten definiert und nicht in empirischen Beobachtungen verankert werden[15]. Andere Verhaltensforscher schließen zwar die Brauchbarkeit des Begriffs des Angeborenen nicht aus, erachten aber die Bemühung um die Trennung des Angeborenen vom Erlernten als experimentell unmöglich und darüberhinaus gefährlich[16]. Dagegen nehmen einige ältere Verhaltensforscher die Existenz von Verhaltenssteuerungen an, die nicht durch Lernvorgänge modifizierbar sind, und stellen diese angeborenen Vermögen den erlernten gegenüber.

Gegen den ersten Einwand führt Lorenz die Überlegung ins Feld, von der wir im folgenden Gebrauch machen werden: Die Wahrscheinlichkeit dafür, daß eine zufällige Modifikation des Verhaltens adaptiv vorteilhaft ist, wird in der Größenordnung von 10^{-8} angesetzt[17]. Lernvermögen, deren Ausübung im Regelfalle die Tüchtigkeit eines Organismus steigert, verlangt ein auf phylogenetischer Erfahrung beruhendes Lernsystem, das nur genetisch tradiert sein kann. Die Leugnung dieses Systems zwinge zur Annahme einer prästabilierten Harmonie zwischen Organismus und seiner Umwelt. Weiterhin gebe es keinen zwingenden Grund anzunehmen, daß alle diese Lernsysteme durch Lernvorgänge selbst verändert werden könnten. Vielmehr gebe es Systeme, die ererbt und unverändert ausgeübt würden. Die Begriffe des phylogenetisch Erworbenen und des Erlernten seien niemals durch gegenseitigen Ausschluß definiert worden: Nicht in jedem phylogenetisch ererbten Verhaltensvermögen ist Lernen involviert, sondern umgekehrt in jedem Lernen sind ererbte Vermögen involviert; sie sind nämlich eine notwendige Voraussetzung dafür. ". . . the innate is not only what is not learned, but what must be in existence before all individual learning in order to make learning possible"[18]. Gegen den zweiten Einwand argumentiert Lorenz entsprechend. Es trifft zu, daß fast alles Verhalten aufgrund von Umwelteinflüssen modifizierbar ist; aber gerade die Modifizierbarkeit setzt ererbte Vermögen voraus. Die Existenz einer so großen Anzahl von Lernvermögen wie notwendig wäre, damit jedes Verhalten beeinflußt werden könnte, widerspräche den Erfahrungen der Biologie. Die dritte Position entspricht der von Lorenz am ehesten. Jedoch muß sie sich denselben Vorwurf gefallen lassen wie die erste und die zweite: Es wurde nicht erkannt, daß jedes Lernvermögen ererbte Vermögen voraussetzt.

---

[14] K. Lorenz (1965)
[15] Hebb (1953), Lehrmann (1953)
[16] Z. B. Tinbergen (1955), (1963)
[17] K. Lorenz (1965), z. B. S. 12, 45f., 103 f.
[18] K. Lorenz (1965), S. 44

Im folgenden versuchen wir den Grundgedanken Lorenz', nach dem jedes Lernen angeborene Fähigkeiten voraussetzt, auf einige prinzipielle Überlegungen zur Evolution anzuwenden. Für unseren Gedankengang ist die Evolution der Morphologie nicht in dem Maße bedeutsam wie die des Verhaltens und insbesondere des sprachlichen Verhaltens. Als die primitivste Form des Verhaltens muß die genetisch vollkommen gesteuerte Morphogenese angesehen werden, zu deren Gelingen die Umwelt nur pauschal, nämlich fördernd oder hemmend, beiträgt. Im allgemeinen vernachlässigt man die Morphogenese bei der Definition des Begriffs des Verhaltens und beschränkt diesen auf die im Zusammenhang mit komplexeren Wechselwirkungen zwischen Lebewesen und Umwelt auftretenden Veränderungen. Je komplexer die organischen Ausrüstungen von Gattungen im Laufe ihrer Evolution wurden, desto komplexer wurden auch ihre Vermögen, mit der Umwelt in Kontakt zu treten. Dies ist an sich schon ein Hinweis darauf, daß komplexere Vermögen komplexere Organismen zur Voraussetzung haben. Es gibt aber weitere und bessere. Wohl die meisten – wenn nicht alle – Eigenschaften von Organismen stehen direkt oder indirekt mit ihrem teleonomischen Projekt in Zusammenhang, das darin besteht, sich fortzupflanzen. Die Selektion sorgt dafür, daß nur solche Organismen sich erhalten und fortpflanzen, deren diesem Projekt förderlichen Eigenschaften in einem günstigen Verhältnis stehen zu den hinderlichen. Zweifelsohne waren die Umwelten von Organismen und diese selbst schon immer gelegentlichen Veränderungen unterworfen. Die Veränderungen müssen noch nicht von den Organismen selbst aktiv herbeigeführt worden sein, sondern könnten z. B. auch zufällig oder zwar regelmäßig, aber ausschließlich aufgrund von Umweltfaktoren eingetreten sein. Hierbei sind gewisse Veränderungen nützlich und andere schädlich, und man wird annehmen dürfen, daß die Selektion die Erhaltung und Entstehung von Gattungen verhindert, deren nützliche zu ihren schädlichen in einem allzu ungünstigen numerischen Verhältnis stehen. Als eigentliches ‚Verhalten' zählen nur solche Vorgänge, die in der Regel für den Organismus nützlich sind, und deren Herbei- und Durchführung gerade darum nicht allein der Umwelt überlassen werden können, sondern vom Organismus selbst aktiv betrieben werden müssen. Selbstverständlich erfordert ein solches Vermögen eine relativ komplexe Ausrüstung.

Als einen Grenzfall von Verhalten könnte man sich z. B. ein konstantes, starres vorstellen, wie z. B. eine unaufhörliche Fortbewegung. Unabhängig davon, ob es jemals ein solches Verhalten gegeben hat oder nicht, ist klar, daß man mit dem Begriff des Verhaltens meist solche Vermögen verbindet, die dem Organismus ermöglichen, relativ zu bestimmten Umweltbedingungen verschiedene Vorgänge in die Wege zu leiten. Das Vermögen hierzu muß wiederum im Organismus angelegt sein, da die Delegation der Entscheidung an die Umwelt im allgemeinen schlecht honoriert würde. Selektiven Vorteil bieten nur solche Vermögen, die in der Regel eine für den Organismus günstige Wahl treffen. Da das Verhältnis der von der Umwelt in eigener Initiative getroffenen, aber für einen bestimmten Organismus günstigen Entscheidungen normalerweise zu schlecht ist, haben nur solche Gattungen die Chance ihrer Erhaltung, die möglichst viele dieser Entscheidungen ‚in die eigene Hand' nehmen. Die Individuen dieser Gattungen müssen mit einer Organisation ausgerüstet sein, die es ihnen ermöglicht, ungünstige Situationen in günstigere umzuwandeln, z. B. durch eigene Ortsveränderung. Es ist wiederum klar, daß der Besitz eines solchen Vermögens eine komplexere Organisation verlangt als der Besitz ‚konstanter' Vermögen. Je mehr Verhaltensweisen zur Verfügung stehen, desto komplexer deren organische Verankerung.

Die Argumentation geht an dieser Stelle leicht in die Irre. Das einfachste Verhaltensvermögen besteht in der Unfähigkeit überhaupt etwas zu tun und ist auch unbelebten Gegenständen zu eigen. Es besteht aber nicht darin, die Umwelt unverändert zu erhalten, sondern den Einfluß des Gegenstandes oder des Organismus auf seine Umwelt ausschließlich in dessen Gegenwart bestehen zu lassen. In der Regel lassen sich in dieser Umwelt allerlei Vorgänge beobachten. Die Untätigkeit des Gegenstandes oder des Organismus kann man als das identische Verhaltensvermögen auffassen, d. h. als dasjenige, das jede Umwelt so beeinflußt, daß kein Einfluß ausgeübt wird. Stellt man diese Verhaltensweise als Funktion f dar, die Umwelten in Umwelten abbildet, so ist in diesem Falle f die identische Abbildung, d. h. diejenige, die jede Umwelt x in $f(x) = x$ abbildet. Relativ zu unserem Gegenstand verhält sich die Umwelt zufällig, so daß sowohl die Folge von Umwelten $x_1, x_2, \ldots$ als auch die Folge $f(x_1), f(x_2), \ldots$ zufällig ist (relativ zu unserer Betrachtungsweise). Konstant sich verhaltende Organismen wirken auf ihre Umwelt so ein, daß die Beziehung der angetroffenen Umwelt zu der verlassenen stets dieselbe ist. Stellen wir uns diese Beziehung wieder als eine Funktion vor, so ist f in der Regel keine konstante Funktion: Nur der Veränderungseffekt von x zu f (x) bleibt für jede Umwelt derselbe. f dürfte als eine Art linearer Funktion aufzufassen sein, und wie die Folge $x_1, x_2, \ldots$ von Umwelten zufällig ist, so auch $f(x_1), f(x_2), \ldots$ Ein solches Verhaltensvermögen böte wahrscheinlich in der Regel keinen selektiven Vorteil. Dieser erwüchse erst aus einem Vermögen, die Umwelt zu verbessern, wenn dies notwendig ist, d. h. den gesamten Bereich der angetroffenen Umwelten umzuwandeln in einen möglichst beschränkten Bereich möglichst freundlicher Umwelten. Verschiedene Umwelten müssen verschieden stark verändert werden. Die Funktion f dürfte nicht mehr linear sein. Das bezüglich einer Menge möglicher Umwelten umfassendste Vermögen bestünde darin, jede dieser Umwelten in einen Repräsentanten einer sehr beschränkten Menge freundlicher Umwelten zu verwandeln, wenn nicht sogar in ein und dieselbe Idealwelt. In dem letzteren Falle wäre das Vermögen als eine konstante Funktion f darzustellen, die jeder Umwelt x die Idealwelt $y = f(x)$ zuordnet. Dieser gänzlich undenkbare Extrem- und Idealfall dient hier nur dem Zweck, den Gedankengang zum Ende und zur Klarheit zu bringen.

Organismen mit beschränktem Verhaltensrepertoire wirken nur stereotyp auf die stets sich ändernde Umwelt ein und haben die Imponderabilien der relativ unabhängig von ihnen sich ändernden Umwelt zu ertragen. Je reichhaltiger das Verhaltensrepertoire, desto anpassungsfähiger der Organismus und desto beschränkter die Klasse der effizierten freundlichen Umwelten. Das ‚freiere' Verhaltensvermögen eines Organismus besteht zwar darin, tun zu können, was er will, aber das, was er will, ist nicht so viel, wie man annehmen könnte: Es besteht darin, in jeder Situation das jeweils Notwendige tun zu können, um den einen Idealzustand zu erreichen.

Das soeben entworfene Bild von Verhaltensvermögen entspricht natürlich nur sehr unvollkommen der Realität. Erstens gibt es im Regelfalle nicht einen anzustrebenden Idealzustand, sondern eher eine große Menge von befriedigenden Zuständen. Dazu kommt, daß ein bestimmter Idealzustand auf mehreren Wegen erreicht werden kann, und daß gelegentlich die Wahl zwischen verschiedenen Idealzuständen besteht. In den letzten Fällen wären die entsprechenden Vermögen nicht wie oben als Funktionen, sondern allgemeiner als Relationen darzustellen. Es ist aber klar, daß derartige Verhaltensvermögen im Regelfalle aufwendigerer organischer Ausrüstungen bedürften als die oben genannten einfacheren.

Das vorläufige Hauptergebnis unserer Überlegungen kann man etwa folgendermaßen umreißen: Da Verhaltensvermögen im Interesse der Gattung stets relativ viele relativ zur Gattung günstige Verhalten ermöglichen müssen, ist eine bloße numerische Erweiterung eines Verhaltensrepertoires um eine Anzahl von Verhaltensweisen niemals eine echte Bereicherung der Gattung, sondern nur solche Erweiterungen, die den Nutzen des Verhaltensrepertoires für die Gattung erhöhen. Die Evolution wird also nur zu sehr speziellen Erweiterungen führen, deren organische Verankerung großen Aufwand kostet.

Es liegt nahe, solche Erweiterungen mit phylogenetischem ‚Lernen' zu beschreiben. Bei der außerordentlichen Vieldeutigkeit dieses Ausdrucks ist dies auch zulässig unter der Bedingung des Ausschlusses jeglichen Lamarckianismus: Die Gattung lernt, ohne daß nur ein einziger Angehöriger derselben lernt. Die Individuen mit unvorteilhafterem genetischen Plan vermehren sich verhältnismäßig schwach und steuern weniger Material zum ‚genetic pool' bei.

Es ist wahrscheinlich möglich und vernünftig, anzunehmen, daß Organismen ihre Verhaltensweisen aus elementaren Verhaltensweisen zusammensetzen. Da man ohne weiteres von mehrdimensionalen Gebilden konstruktiv zu (eindimensionalen) Tupeln übergehen kann[19], kann man das Verhaltensrepertoire eines Organismus als eine formale Sprache denken, die

[19] Vgl. Kapitel 4!

durch eine formale Grammatik z. B. von Chomskyschem Typ erzeugt wird. Jeder von der Grammatik erzeugte Ausdruck stellt ein Verhaltensschema dar, das sich aus den Symbolen, den elementaren Verhaltensschemata, durch ihre lineare Anordnung ergibt, die das nicht notwendig lineare Arrangement der Gesamtschemata bestimmt. Ein Verhaltensvermögen eines Organismus kann aufgefaßt werden als eine Bewertungsfunktion, im einfachen Falle als eine charakteristische Funktion c, die jedem Paar $\langle u, v \rangle$ bestehend aus einer Umwelt u und einem von der formalen Grammatik erzeugten Verhaltensschema v den Wert $w = c \langle u, v \rangle$ zuordnet. Dabei ist $w = 1$, wenn das Verhalten v in u von einigem Wert ist, und $w = 0$ in allen anderen Fällen. Das Verhaltensvermögen ist in Form der aus der Logik und Modelltheorie bekannten Semantik darzustellen. Jedem Satz wird relativ zu einer Welt oder einer (semantischen) Interpretation genau einer der Werte 1 oder 0 zugeordnet, die in der üblichen Semantik als ‚wahr' und ‚falsch' gelesen werden. In unserem biologischen Zusammenhang entspricht 1 etwa ‚vorteilhaft' und 0 ‚unvorteilhaft'. Eine Erweiterung eines Verhaltensvermögens besteht nun nicht allein in der Erweiterung des Repertoires, d. h. der von der Grammatik erzeugten Menge, sondern auch in der Erweiterung der Semantik, der Bewertungsfunktion. Da aber aufgrund des selektiven Drucks nicht alle neu eingeführten Verhaltensweisen nutzbringend sein können, darf nur ein Teil der neuen Paare $\langle u, v \rangle$ positiv bewertet werden und der Rest negativ.

Unter einer Verallgemeinerung einer Definition D einer Menge M versteht man normalerweise einen Übergang zu einer Definition D' einer Menge M', so daß erstens M' eine Erweiterung von M ist, d. h. daß $M \subseteq M'$, und daß zweitens D' eine Vereinfachung von D ist. So wird man wahrscheinlich den Übergang von der Menge **N** der natürlichen Zahlen zur Menge **N'**, die alle natürlichen und darüber hinaus die Zahlen −1, −3 und −7 enthält, relativ zur deutschen Umgangssprache nicht als Verallgemeinerung von **N** gelten lassen, weil die Definition von **N'** komplexer sein muß als die von **N**, obwohl die erste der angegebenen Bedingungen erfüllt ist, die $\mathbf{N} \subseteq \mathbf{N}'$ fordert[20]. Dagegen empfindet man jedenfalls vor dem Hintergrund der alltäglichen Vorstellungen von Zahlen den Übergang von **N** zur Menge **R** der ‚Zahlen' als eine Verallgemeinerung, da der einschränkende Zusatz ‚natürlich' wegfällt. Nicht jede Erweiterung einer Definition, d. h. nicht jeder Übergang von einer Definition D einer Menge M zu einer Definition D' einer Menge M' mit $M \subseteq M'$, kann jedoch mit einer Vereinfachung, d. h. einer Verkürzung von D einhergehen. Erweiterungen, die nicht zugleich vereinfachend sind, d. h. also Verallgemeinerungen, nennen wir im folgenden ‚komplexitätssteigernd'. (Den entsprechenden Unterschied gibt es bei Einschränkungen von Definitionen. Diese können ebenfalls zur Vereinfachung und zur Verkomplizierung führen).

---

[20] Das Beispiel ist nicht sehr gut und muß mit Wohlwollen interpretiert werden.

Aus dem vorangehenden ist hinreichend klar geworden, warum die Weiterentwicklung und die Erweiterung von Verhaltensvermögen im Verlaufe der Evolution des Lebens, d. h. das phylogenetische ‚Lernen', in der Regel komplexitätssteigernd gewesen sein dürfte: Die Weiterentwicklung wird im allgemeinen von einer Gattung nicht ‚freiwillig' vorgenommen oder aus Prinzipien der Ökonomie des organischen Aufbaus, sondern wird von der Umwelt ‚erzwungen'. Die Umwelt besteht u. a. auch aus rivalisierenden Gattungen bzw. Populationen, wobei die Rivalität verschiedener Natur sein kann. Sie kann aus z. B. einem Kampf um Nahrungsresourcen resultieren oder z. B. daraus, daß eine Gattung die Nahrung der anderen darstellt. In beiden Fällen werden die Verhaltensmodifikationen nicht beliebiger oder auch naheliegender, d. h. in beiden Fällen einfacher Natur sein, sondern müssen sehr speziell und kompliziert sein. Sie müssen den Zweck erfüllen, eine Überlegenheit über die anderen Gattungen herzustellen.

In unserer teils systematischen, teils entwicklungsgeschichtlichen Skizze machen wir jetzt einen Sprung. Eine weitere beträchtliche Komplexitätssteigerung war nämlich notwendig, um die Lernfähigkeit, d. h. die Fähigkeit, Verhaltensvermögen unter den Anforderungen der Umwelt weiterzuentwickeln, von einer den Gattungen vorbehaltenen Eigenschaft zu einer dem Individuum eigenen Fähigkeit werden zu lassen. Ein Lernvermögen ist ein Verhaltensvermögen im oben beschriebenen Sinn mit der Besonderheit, daß die Reaktion nicht (nur) in einer unmittelbar auf die Umwelt gerichteten Handlung besteht, sondern in einer Erstellung oder Modifikation eines Verhaltensvermögens, das bei späteren Gelegenheiten in Anspruch genommen werden kann. Dabei muß man eine der obigen analoge Überlegung anstellen: Würde ein Lernvermögen z. B. zufällig aufgrund irgendwelcher Vorkommnisse in der Umwelt des zu betrachtenden Organismus wiederum zufällig irgendein Verhalten erzeugen, so wäre die Wahrscheinlichkeit überwältigend groß, daß es sich dabei um ein unnützes oder sogar um ein schädliches Vermögen handelte. Derartig ausgerüstete Gattungen könnten vermutlich dem Selektionsdruck nicht widerstehen. Dies wird dann vermieden, wenn ihre Lernvermögen vorteilhafte Vermögen enstehen lassen. Da die Entscheidung über Nutzen oder Schaden eine gattungsspezifische ist, müssen die Lernvermögen gattungsspezifische Ausrüstungen sein, die zu ebensolchen Vermögen führen. Und in dem Maße, in dem die zu lernenden Vermögen komplexer sind, muß auch das Lernvermögen komplexer sein.

Ein Lernvermögen muß in einem Organismus in Form eines Erzeugungssystems D repräsentiert sein, das wahrscheinlich deterministisch arbeitet, d. h. ein Halbalgorithmus oder ein Algorithmus ist. Seine Arbeitsweise läßt sich in etwa auf folgende Weise charakterisieren: (1) D enthält ein Teilsystem zur Charakterisierung derjenigen Umwelten, bzw. derjenigen Aspekte von Umwelten, von denen der Organismus lernen können soll. (2) D ordnet den verschiedenen wahrgenommenen Umwelten je ein gelerntes Vermögen zu. Es gehört zu den Eigentümlichkeiten komplexer Lernvorgänge, daß das auf einer n+1-ten Stufe erreichte Ergebnis eine Weiterentwicklung des n-ten Ergebnisses ist. Also kann man sich den gesamten im Leben eines Organismus durchlaufenen Lernvorgang nach dem Vorbild der Definition und Arbeitsweise rekursiver Funktionen aufgebaut denken[21]: (*) In einem frühen Lebensstadium, in dem der Organismus noch nicht gelernt haben kann und das wir u_0, die erste Umwelt des Organismus, nennen, ordnet das Lernsystem D der Umwelt u_0 ein Vermögen v_0 zu. (**) D verwendet ein Übergangssystem d, das aus dem nach der Wahrnehmung der n-ten Umwelt u_n von D erzeugten Vermögen v_n aufgrund der Wahrnehmung der n+1-ten Umwelt u_{n+1} das n+1-te Vermögen berechnet. Für alle n und u_n ist

$$D(u_{n+1}) = d\langle D(u_n), u_{n+1}\rangle.$$

Ein Lernvermögen setzt also einen Lernalgorithmus D voraus, dessen Arbeitsweise nach der Art der rekursiven Funktionen ausgehend von einem Startvermögen v_0 mit Hilfe des Rekursionsübergangs d und den wahrgenommenen Umwelten den Lernvorgang ermöglicht. Man kann sich D zwar selbst wieder erlernt denken, aber nur unter Voraussetzung eines anderen Lernvermögens D', das prinzipiell seine Struktur mit D gemeinsam hat. Um einen infiniten Regress zu vermeiden, den die atomistische Struktur der von uns angenommenen Realität und unserer Erzeugungssysteme verbieten, ist man genötigt, ein fundamentales Lernvermögen anzunehmen, das nicht gelernt sein kann.

Nach den oben formulierten Ergebnissen muß wenigstens der Lernalgorithmus in jedem Individuum in autonomer Genese entstanden sein, wofür man auch sagen kann: er muß angeboren sein. Das Angeborene umfaßt eine Fähigkeit zur Diskrimination dessen, von dem gelernt werden soll, ein Start- oder Ausgangsvermögen v_0, und die durch d repräsentierte Fähigkeit zum Lernübergang. Der Bereich dessen, von dem gelernt werden kann, läßt sich mit der Argumentemenge des Lernalgorithmus identifizieren, der zusammen mit D auch die Wertemenge bestimmt. Das angeborene Lernsystem D legt also auch den Bereich des Lernbaren fest. Diese Tatsache ist nicht in der Weise auszudrücken, daß D den Bereich des Lernbaren *beschränkt*, sondern daß D einen Bereich des Lernbaren und zugleich Nützlichen erst *eröffnet*. Die Leistung der Evolution besteht darin, solche Bereiche aufgefunden und erweitert, nicht beschränkt zu haben. Im folgenden Kapitel werden wir sehen, daß die soeben erschlossenen angeborenen Fähigkeiten recht genau der Struktur der von Chomsky angenommenen ‚angeborenen Ideen' entsprechen.

Die menschlichen Gesellschaften zeichnen sich vor den meisten tierischen Populationen durch eine weitere Errungenschaft aus: durch die Fähigkeit zu kultureller Tradition, die zu einem beträchtlichen Teil auf dem Besitz der Sprache beruht, auf die wir uns im weiteren beschränken wollen. Die Sprache

---

[21] Vgl. das Beispiel der großen und kleinen Addition und Multiplikation in Kapitel 3, S. 64ff.!

entsteht nicht in autonomer Genese, d. h. ist nicht angeboren in dem oben beschriebenen Sinn. Aber es gilt als erwiesen, daß jeder Mensch jede menschliche Sprache erlernen kann — wenigstens in seiner Kindheit. Zwei Errungenschaften mußten zusammentreffen, damit Sprachen entstehen konnten, und es scheint müßig darüber nachzudenken, welcher von ihnen die Priorität zukommt. Es müssen erstens Verhaltensweisen aufgetreten sein, deren Funktion in einer Beeinflussung von Artgenossen bestand. Zweitens müssen Verhaltensweisen aufgetreten sein, die es ermöglichten, Verhaltensvermögen kommunikativ auszutauschen, d. h. Erfahrungen auszutauschen. Beide Entwicklungen bringen eine Aufkündigung der alten Verbindung von Verhaltensweisen zur Realität mit sich, die ihren Zweck aufgrund ihrer inhärenten, physischen Eigenschaften erfüllten. Die Verhaltensweisen des neuen Typs sind arbiträr, d. h. sind auf eine konventionelle Verknüpfung mit ihrem Sinn und Zweck angewiesen. Sie können von jungen Organismen nicht autonom erworben werden, sondern sind auf die Übernahme von kompetenten Artgenossen angewiesen.

Wir haben die allgemein anerkannte Tatsache erwähnt, nach der kein Mensch von Geburt an im Besitz einer Sprache ist, daß aber jeder gesunde Mensch im hierfür vorgesehenen Alter jede menschliche Sprache zu lernen imstande ist. Aufgrund der vorgebrachten Überlegungen setzt die Lernfähigkeit ein im Organismus des Menschen realisiertes Lernsystem voraus, wahrscheinlich einen Lernalgorithmus. Die Charakterisierung dessen, was von diesem gelernt werden soll, ist schwierig, unter anderem darum, weil es auf diesem Gebiet weder empirische noch theoretische Vorarbeiten gibt. Eine grobe Skizzierung müßte etwa folgendermaßen aussehen: Erstens müßte die Beherrschung eines Verhaltensrepertoires, eine Menge von Ausdrücken, gelernt werden: die Grammatik. Zweitens müßte eine erste Bewertung s gelernt werden, die jedem Paar $\langle u, v\rangle$ bestehend aus einer Umwelt u und einem grammatischen Ausdruck v genau einen Wert 1 oder 0 zuordnet, je nachdem ob v relativ zu u wahr oder falsch ist: die Semantik. Drittens müßte eine zweite Bewertung p gelernt werden, die jedem Paar $\langle u, v\rangle$ einen Wert, der Einfachheit halber nehmen wir ebenfalls 1 und 0, zuordnet, je nachdem ob v relativ zu u vorteilhaft für den Sprecher ist oder nicht: die Pragmatik.

Die menschlichen Gesellschaften zeichnen sich durch das Zusammenspiel zweier Traditionen aus: Die bei und mit dem einmaligen Vorgang der Zeugung erfolgende Herstellung und Übertragung von Information nennt man ‚genetische Tradition' oder ‚Vererbung'. Die ‚kommunikative Tradition' der Sprache wird im Zusammenhang mit Lehren und Lernen geleistet, wobei beide dieser vieldeutigen Begriffe genauerer Bestimmung bedürfen. Die kommunikative Tradition verläuft in viel weniger geordneten Bahnen als ihr genetisches Gegenstück. Sie führt nicht in einem einmaligen von genau zwei Eltern ausgeführten Akt auf ein oder mehrere Kinder, sondern ist ein über das ganze Leben sich ausdehnender Vorgang, bei dem die Rollen des Gebenden und des Nehmenden fortwährend wechseln und oft nicht zu unterscheiden sind. Diese Betrachtungsweise gibt Stegmüller recht, wenn er in der Sprache „auf einer etwas höheren Ebene das Analogon zu dem (sieht), was auf einer niedrigeren Stufe die Sexualität darstellt."[22] Wie in den besprochenen Formen der Entwicklung und Aneignung von Verhaltensvermögen, so auch bei der Spracherlernung: Nicht die Beschränkung der Verhaltensmöglichkeiten kostet organischen Aufwand, sondern die Eröffnung derselben. Und in dem Maße, in dem die Sprachlernfähigkeit ein komplexes Vermögen ist, setzt sie komplexe organische Anlagen voraus, die selbst dann, wenn auch diese wiederum erlernt sein sollten, letztlich auf nicht erlernte, sondern genetisch ererbte Vermögen zurückgehen. Bei dem Zustandekommen eines Sprechvermögens scheint man vor einer ähnlichen Alternative zu stehen wie in der Embryologie: Nach der Lehre der Präformation erlernen Kinder ihre Sprache, indem sie sie verstehen und im Gedächtnis aufbewahren. Da so gerade die Fähigkeit vorausgesetzt wird, die gelernt werden soll, muß die Präformation abgelehnt werden. Die epigenetische Position kommt ohne diese Voraussetzung aus, kann aber die frühen Vorgänge ebensowenig verständlich machen. Man muß also auch bei der kommunikativen Tradition einen Mittelweg einschlagen: Die Erklärung einer Sprache ist eine ‚relative autonome Morphogenese'[23]. Daß unser Wissen ein Medium seiner Tradition, d. h. eine Sprache voraussetzt, die ihm ihre Struktur aufzwingt, entspricht einer in den Geistes- und Gesellschaftswissenschaften der Gegenwart verbreiteten und vielleicht übertriebenen Ansicht. Nicht mehr und nicht weniger einleuchtend ist dagegen unser Ergebnis, nach dem auch die Sprache selbst in Existenz und Struktur ein nicht erworbenes, sondern in autonomer Morphogenese entwickeltes, d. h. letztlich ererbtes kommunikatives Vermögen, ein Vermögen zur Spracherlernung voraussetzt.

Selbstverständlich muß das der Theorie der Evolution zugrundegelegte Prinzip, nach dem Belebtes eine spezielle Form von Unbelebtem ist, auch in der Theorie der individuellen Entwicklung gelten. Diese ist bei Primaten ein relativ langwieriger Prozeß, der sich bei den Menschen noch weiter verzögert hat, so daß er sich heute über ein bis zwei Jahrzehnte erstreckt. Es wäre falsch anzunehmen, daß mit der Erlernung einer Sprache eine Brücke geschlagen würde über einen vorher unpassierbaren Fluß. Ebenso unangebracht wäre es, einen Stein lahm zu nennen, nur weil er der Fortbewegung nicht mächtig ist. Im Verlaufe des embryonalen und kindlichen Zustands entsteht sowohl die Notwendigkeit als auch die Möglichkeit zur Kommunikation. Die Fähigkeiten zu sprechen und verbal zu kommunizieren stellen die Verständigung nicht her, sondern die allmähliche Entstehung dieser Fähigkeit ist eine Begleiterscheinung der

[22] Stegmüller (1975), S. 480
[23] In diesem Sinne z. B. Monod (1970), Kapitel VII „Evolution", S. 110–123

körperlichen und geistigen Loslösung des Kindes und läßt das ursprüngliche Verständigtsein lediglich nicht abreißen. Die tote Materie ist mit sich selbst a priori verständigt. Erst die Evolution hat die Lebewesen hervorgebracht, die die Fähigkeit haben nicht verständigt zu sein, nicht zu wissen, und darum auch die Fähigkeit zu lernen, Erfahrungen zu machen usw.

Die Charakterisierung der Spracherlernung als ‚relative autonome Morphogenese' soll die der Sprache eigentümliche Weise der Tradition beschreiben: Die Erlernung geschieht relativ zu und in Abhängigkeit von einer sprechenden und denkenden Umwelt; doch die Bedingungen der Möglichkeit der Erlernung bestehen in der Existenz eines in autonomer Morphogenese entstandenen Lernvermögens. Die kommunikative Tradition beruht auf der genetischen und nur beide zusammen machen die Selbstreproduktion des kulturellen Menschen aus. Unter der Evolution der Menschen versteht man praktisch meist die Evolution bis zum Menschen unter Aussparung der erst danach aufkommenden kulturellen Tradition. Selbstverständlich ist sich jeder klar darüber, daß die bis in die Gegenwart sich erstreckende Evolution des Menschen mit der Entstehung der Sprache und Kultur sich gleichsam gespalten hat. Die genetische Tradition als die primäre ist die Voraussetzung für die kommunikative, die sekundäre, die selbstverständlich auf die genetische zurückwirkt. Die strukturelle Ähnlichkeit des von der genetischen und der kommunikativen Tradition verwendeten Systems ist frappierend[24]. Da die kommunikative Tradition aufgrund der ihr wesentlichen Offenheit wesentlich variabler und anpassungsfähiger ist als die genetische, besteht das eigentliche Ergebnis der Spaltung in einer beträchtlichen Beschleunigung der neuen Form der Evolution, die die beiden Zweige als integrale Bestandteile umfaßt. Erst diese erweiterte Evolution eröffnet eine Möglichkeit, die man früher in der genetischen Tradition schon angenommen und später ausgeschlossen hatte, nämlich die Möglichkeit, individuell erworbene Information tradierbar zu machen.

[24] Vgl. z. B. Dobzhanski, Ayala, Stebbins, Valentine (1977) und besonders die neuen Ergebnisse, die von Fiddes (1977) für Nichtfachleute verständlich beschrieben wurden.

6. Die (ontogenetische) Erlernung der Sprache und ihre phylogenetischen Voraussetzungen

In der Rekonstruktion natürlicher Phänomene mit Hilfe von Erzeugungssystemen werden intuitive Begriffe wie ‚Verallgemeinerung', ‚Analogie' u. a. unbrauchbar. Wir wurden darum im vorangehenden Kapitel zur Annahme gedrängt, daß das von der genetischen Information veranlaßte und gesteuerte Wachstum des Kindes die Entstehung eines Lernalgorithmus umfaßt, der die Tradition der zur Erlernung der Sprache benötigten Information vornimmt. Der Lernalgorithmus wird in diesem Kapitel eingehender untersucht, wobei wir uns in mehreren Hinsichten an N. Chomsky anlehnen, u. a. auch in unserer Beschränkung auf die Syntax. Erstens geht es um eine stärkere Berücksichtigung der Begriffe und Verfahrensweisen der Theorie der Erzeugungssysteme und Algorithmen. Zweitens geht es um die Berücksichtigung einiger empirischer, wenn auch selbstverständlicher Annahmen. Die Rekonstruktion des Lernalgorithmus ist nur annäherungsweise zu erreichen, läßt aber einige detaillierte Rückschlüsse zu. In der Terminologie Chomskys repräsentiert der Lernalgorithmus die sog. ‚angeborenen Ideen' und zugleich ‚universale' Eigenschaften menschlicher Sprachen.

Unsere Vorgehensweise besteht darin, daß wir aus allgemeinen und mehr oder minder selbstverständlichen Charakteristika der üblichen Bedingungen, unter denen Sprachen gelernt werden, nämlich aus den Postulaten 1–5 und den Folgerungen 1–3, eine Perspektive herstellen, unter der wir die Frage nach der Existenz und der Natur eines ererbten Lernvermögens detaillierter stellen und beantworten können als im vorangehenden Kapitel.

Postulat 1: Das syntaktische Vermögen eines Menschen relativ zu einer Sprache umfaßt eine Definition der entsprechenden formalen Sprache. Das syntaktische Vermögen einer Sprachgemeinschaft ist eine Menge relativ nah miteinander verwandter individueller syntaktischer Vermögen.

Um der Allgemeinheit des Gedankenganges willen wird über die Natur der ‚Definitionen' formaler Sprachen erst in Postulat 5 Genaueres festgelegt. Das Verwandtschaftsverhältnis der syntaktischen Vermögen ein und derselben Sprachgemeinschaft wird dagegen auch später unpräzisiert bleiben, da nicht viel davon abhängt. Man darf dabei die auffallenden Differenzen aufgrund ihrer Bedeutung im alltäglichen Leben in ihrem Verhältnis zu den unproblematischen und leicht zu übersehenden Gemeinsamkeiten nicht überschätzen. Eine Sprache lernen bzw. beherrschen heißt ein sprachliches Vermögen sich anzueignen bzw. zu besitzen, das zu den sprachlichen Vermögen seiner Umwelt denselben Verwandtschaftsgrad besitzt, wie diese untereinander. Für die unmittelbar folgenden Überlegungen wäre die Annahme des nach Chomsky benannten ‚idealen Sprecher-Hörers' ausreichend gewesen und hätte die Probleme der Verwandtschaftsverhältnisse vermieden. Evolutionstheoretisch betrachtet entspricht dem idealen Sprecher-Hörer ein vegetativ sich fortpflanzendes primitives Lebewesen ohne die Möglichkeit Mutationen hervorzubringen. Vor dem Hintergrund des vorangehenden Kapitels kommt es uns aber gerade darauf an, die sprachliche Tradition als eine besonders komplexe zu betrachten.

Postulat 2: Kein Mensch beherrscht zur Zeit seiner Geburt ein syntaktisches Vermögen.

Postulat 3: Jeder Mensch kann ein syntaktisches Vermögen jeder Sprachgemeinschaft erlernen, in der er aufwächst.

Die Postulate 2 und 3 geben den Anfangs- und Endzustand des Lernvorgangs an, und stellen somit die Frage nach der Struktur des sie verknüpfenden Lernvorgangs. Diese zunächst intuitiv und danach etwas genauer zu charakterisieren, ist das Ziel der nächsten Abschnitte. Im Laufe seines Lebens nimmt der Lernende eine Folge von Ereignissen

$$a_1, \ldots, a_n$$

wahr, die wir mit Rücksicht auf die Einfachheit unserer Überlegungen vorerst uns beschränkt denken auf solche, von denen gelernt werden soll, d. h. auf Äußerungen von Ausdrücken der zu lernenden Sprache. Das Ziel des Lernens besteht in dem Besitz eines Vermögens, das denjenigen Vermögen nahe verwandt ist, die zur Äußerung der Ausdrücke $a_1, \ldots, a_n$ geführt haben. Die Aufgabe des Lernens besteht also darin, ‚das' genau oder nur relativ genau bestimmte, der Folge $a_1, \ldots, a_n$ zugrunde liegende Syntax-System zu rekonstruieren.

Würde der Lernende die Ausdrücke $a_1, \ldots, a_n$ sämtlich als elementare Ausdrücke auffassen, so könnte er überhaupt nichts lernen. Selbst die bloße Reproduktion verlangt die Kenntnis eines Systems von Gemeinsamkeiten und Unterschieden, d. h. eine Analyse in grundlegendere Einheiten. Bei ausreichender Länge der wahrgenommenen Folge ist damit zu rechnen, daß die Ausdrücke $a_1, \ldots, a_n$ nicht elementar sind, sondern Komplexe über einem Alphabet U. Die Aufgabe des Lernens besteht jetzt darin, aus der endlichen Menge

$$M = \{a_1, \ldots, a_n\} \text{ mit } M \subseteq U^*,$$

genauer aus einer Definition D_M von M eine Definition D_V einer umfassenderen und im normalen Falle unendlichen Teilmenge V mit $M \subseteq V \subseteq U^*$ zu ermitteln, die im intuitiven Verständnis als ‚die Verallgemeinerung' von D_M angesehen werden kann. Der Übergang von M zu D_M ist vorerst unproblematisch, da D_M z. B. als Liste seiner Elemente sich vorstellen läßt. Wir haben bisher die Hinweise auf die Definitheit ‚des' zu lernenden syntaktischen Vermögens stets in Anführungszeichen gebraucht, um uns die Möglichkeit der jetzt folgenden Problematisierung vorzubehalten.

Wir geben zunächst eine intuitive Motivation für die spätere detailliertere Analyse. Unter der Verallgemeinerung der Definition D_M einer Menge $M \subseteq U^*$ könnte man eine Definition D_V einer Menge V mit $M \subseteq V \subseteq U^*$ verstehen, die auf irgendeine Weise, aber bis auf extensionale Äquivalenz eindeutig aus D_M gewonnen werden kann. Die Einschränkung ‚bis auf extensionale Äquivalenz' soll dabei besagen, daß die Eindeutigkeit sich nur auf die Menge V bezieht, nicht auf den Wortlaut ihrer Definition. Dieser Explikationsversuch ist äußerst problematisch. Da es unendlich viele Mengen V mit $M \subseteq V \subseteq U^*$ gibt, setzt die Sinnvollheit der Definition voraus, daß in jeder Liste von M hinreichende Kriterien ausgedrückt sind zur Bestimmung der ‚richtigen' Menge V bzw. ihrer Definition D_V, d. h. der formalen Sprache, die mit denjenigen der Angehörigen der entsprechenden Sprachgemeinschaft auf die oben angedeutete Weise ‚relativ' nahe verwandt ist. Die ‚richtige' Menge kann also nur dann bestimmt werden, wenn zusätzlich zu dem eigentlich intendierten Sinn der Ausdrücke aus M die in M ausgedrückten Kriterien zur Bestimmung der Verallgemeinerung verstanden und benützt werden. Wir müssen also die Natur des Systems bestimmen, in denen diese Kriterien ausgedrückt werden. Mit Sicherheit gibt es viele solcher Systeme und keines von ihnen ist von der Sache her zum Gebrauch beim Lernvorgang prädestiniert. D. h. es gibt keine logisch notwendige Verknüpfung von M bzw. D_M mit der Verallgemeinerung V bzw. D_V. Aber selbst wenn dem so wäre, gäbe es keinen Weg, auf dem der Lernende in den Besitz eines Systems gelangen könnte, wenn nicht auf dem Weg der genetischen Tradition und der autonomen Morphogenese. Die Annahme kommunikativer Lernhilfen befreit uns nicht von dieser Konsequenz, da deren Verständnis ja ebenfalls erlernt werden müßte. Die Annahme der Erlerntheit des Systems führt in einen Zirkel und ist darum nutzlos. Wir werden also dazu gedrängt, im Organismus des Lernenden vor Beginn des Lernvorgangs ein Vermögen angelegt zu postulieren, das diesen instandsetzt, aus den jeweils gehörten Folgen $a_1, \ldots, a_n$ von Ausdrücken die durch sie genau bestimmte Verallgemeinerung zu ermitteln. Wir müssen ein ‚Lernvermögen' annehmen.

Zur genaueren Charakterisierung des Lernvermögens bedienen wir uns einer Lernfunktion D, deren algorithmische Repräsentierbarkeit wir vorerst vernachlässigen:

Definition 1: Eine Lernfunktion ist eine Funktion

$$D \in A^* \to B,$$

für die es ein $s_o \in B$ und eine Funktion $d \in B \times A \xrightarrow{P} B$ gibt mit folgenden Eigenschaften: Für alle $a_1, \ldots, a_n, a_{n+1} \in A$ ist

(*) $D(a_1) = s_o$

(**) $D\langle a_1, \ldots, a_n, a_{n+1}\rangle = d\,\langle D\langle a_1, \ldots, a_n\rangle, a_{n+1}\rangle$

Die Definition von D setzt die Definition ihrer Argument- und Wertemengen voraus. A* ist die Menge der Folgen von Elementen aus A, und A ist die Gesamtheit aller denkbaren sprachlichen Ausdrücke. Die Konstruierbarkeit dieser Menge spielt vorerst keine Rolle. B ist eine Menge von Ausdrücken, die aufgrund einer (später zu charakterisierenden) Semantik als Definitionen formaler Sprachen zu interpretieren sind. Der Einfachheit halber identifizieren wir häufig die Ausdrücke aus B mit Definitionen, d. h. mit syntaktischen Vermögen. D ordnet bei seinem ersten Lernschritt jedem wahrgenommenen Ausdruck $a_1 \in A$ gleichgültig welcher Art die Startdefinition s_0 zu, die dabei im eigentlichen Sinn von Lernen nicht gelernt sein kann, da sie ja unabhängig vom Argument a_1 ist. Jede spätere Lernsituation ist dadurch bestimmt, daß der Lernende eine endliche Folge $a_1, \ldots, a_n$ von Ausdrücken schon wahrgenommen, die ihm auferlegte Arbeit schon geleistet, indem er $D\langle a_1, \ldots, a_n\rangle$ schon ermittelt hat, und danach vor der Aufgabe steht, das der Wahrnehmung von a_{n+1} Entsprechende hinzuzulernen. Diesem Zweck dient die ‚Lernschrittfunktion' d, die unter Benutzung des früheren Ergebnisses $s_n = D\langle a_1, \ldots, a_n\rangle$ und der mit a_{n+1} gestellten Aufgabe

$$\begin{aligned} d\langle s_n, a_{n+1}\rangle &= d\langle D\langle a_1, \ldots, a_n\rangle, a_{n+1}\rangle \\ &= D\langle a_1, \ldots, a_n, a_{n+1}\rangle \end{aligned}$$

übergeht. Daß für den Beginn des Lernvorgangs ein ‚Startvermögen' vorausgesetzt werden muß, besagt an sich nicht viel: s_0 könnte eine minimale Definition sein. Es wäre aber nicht ausgeschlossen, daß s_0 zwar eine spezielle Definition ist, die aber trotzdem die leere Menge definiert, d. h. kein eigentliches syntaktisches Vermögen, gleichwohl ein ‚Startkapital' enthält, das aufgrund weniger und simpler Lernvorgänge zu einem relativ komplexen syntaktischen Vermögen führt.

Wir vereinigen jetzt Definition 1 mit der in den Kapiteln 4 und 5 verabredeten Beschränkung der zur Rekonstruktion biologischer Sachverhalte erlaubten Hilfsmittel auf Erzeugungssysteme, Halbalgorithmen und Algorithmen, gleichgültig welcher Klasse und kommen so zu

Postulat 4: Der Organismus jedes Menschen ist mit einem die Lernfunktion D repräsentierenden Lernalgorithmus DA ausgerüstet.

Aufgrund der These von Church können wir alle relevanten Eigenschaften des Lernalgorithmus DA z. B. in Form eines Turing-Algorithmus uns vorstellen. Denn gleichgültig, was für eine Algorithmenklasse vom menschlichen Organismus verwendet wird, gemäß der These von Church existiert immer ein intensional äquivalenter Turing-Algorithmus. Mit der Wahl von Turing-Systemen ist keinerlei empirische Vorentscheidung verbunden.

Die Tatsache, daß die in verschiedenen menschlichen Organismen verwirklichten Lernalgorithmen *die* Sprache ihrer Umwelt erlernen, d. h. ein mit den syntaktischen Vermögen ihrer Sprachgemeinschaft relativ nahe verwandtes syntaktisches Vermögen, zusammen mit der anderen Tatsache, daß der Lernalgorithmus aufgrund der genetischen Information entstanden sein muß, legt einen Schluß nahe, den wir im folgenden voraussetzen:

> *Folgerung 1:* Die in allen menschlichen Organismen angelegten Lernalgorithmen sind alle miteinander äquivalent, d. h. repräsentieren dieselbe Lernfunktion, die wir im weiteren D_u nennen. (Die entsprechende Lernschrittfunktion werde analog mit d_u bezeichnet). Wir können von der vereinfachten Annahme ausgehen, daß es genau e i n e n gattungsspezifischen Lernalgorithmus DA_u gibt.

Auch diese Folgerung ist insofern noch nichtssagend, als der Lernalgorithmus DA_u trivial sein könnte, d. h. z. B. zu dem vom Lernenden wahrgenommenen Material im Übergang zu der zu erzeugenden Definition nichts hinzu tun könnte.

Wir müssen die Frage erörtern, ob der Vorbereich eines Lernalgorithmus alle möglichen Vorgänge enthält, die vom Lernenden wahrgenommen werden, oder ob dieser auf die für die Erlernung der Sprache relevanten Vorgänge eingeschränkt werden kann. Unter der Annahme der ersten Möglichkeit muß der Lernalgorithmus die nicht-sprachlichen Wahrnehmungen anders behandeln als die sprachlichen, d. h. er muß in beiden Fällen etwas anderes lernen und darum die entsprechende Unterscheidung beherrschen. Denkt man sich den allgemeinen Lernalgorithmus mit Hilfe dieser Kriterien eingeschränkt auf einen Algorithmus, der nur noch sprachliche Wahrnehmungen akzeptiert, so gelangt man zur zweiten Möglichkeit. Chomsky wird wohl aufgrund seiner Annahme zweier relativ voneinander unabhängiger Systeme, des sprachlichen Systems und des des common sense, zur zweiten Möglichkeit tendieren[1]. Da diese für die folgenden Überlegungen zudem die praktischere ist, entscheiden wir uns für sie.

In Kapitel 2 haben wir gezeigt, daß eine Menge rekursiv abzählbar ist genau dann, wenn sie die Argumentemenge eines rekursiven Halbalgorithmus ist[2]. Sei $R \subseteq A^*$ die Argumentemenge von DA_u. R, d. h. die Menge der Folgen von Ausdrücken, von denen gelernt werden kann, ist also rekursiv abzählbar und muß über einem endlichen Alphabet U_a formulierbar sein. Man kann sich zwar formale Sprachen über unendlichen Alphabeten vorstellen, aber nur unter der Bedingung, daß diese Alphabete selbst schon unendliche formale Sprachen über einem endlichen Alphabet sind. (Man kann sich natürliche Sprachen als unendliche Mengen über dem unendlichen Alphabet der Sätze dieser Sprachen denken, aber nur unter der Bedingung

[1] Chomsky (1975b) S. 167ff.
[2] S. 41ff.

der Erzeugtheit der Sätze mit Hilfe eines endlichen Lexikons bzw. Morpheminventars.)

U_a ist selbstverständlich nicht identisch mit dem Phoneminventar einer natürlichen Sprache, ist empirisch bislang nicht nachgewiesen und vielleicht auch nur schwer nachweisbar. Die Annahme seiner Existenz folgt allein aus unserer Voraussetzung der Rekursivität der Lernfunktion und hat denselben erkenntnistheoretischen Status wie die Annahme der atomistischen Struktur der Materie und die Annahme des genetischen Codes der Erbinformation. Wie die Elemente bzw. Atome der Erbinformation, die DNA-Moleküle, Komplexe physikalischer Atome sind, so dürften die Elemente des Alphabets U_a, seine Symbole, nicht durch genau eine Einheit der Erbinformation bestimmt sein, sondern das Alphabet U_a dürfte auf relativ kompliziertem Wege im Laufe der autonomen Morphogenese des Organismus entstehen.

Da jeder Mensch im Besitze derselben Lernfunktion sein muß, benutzt er auch dasselbe Lernalphabet U_a, das wir das ‚universale' nennen (und oben mit ‚U_a' bezeichnet haben):

Folgerung 2: Es gibt ein gattungsspezifisches universales Lernalphabet U_a.

Eine analoge Argumentation muß natürlich auf die Wertemenge von D_u angewandt werden. Sei $S \subseteq B$, die Wertemenge von D_u, d. h. die Menge der mit Hilfe von D_u lernbaren Definitionen formaler Sprachen – die Menge der die Syntax-Systeme.

Folgerung 3: Es gibt eine gattungsspezifische rekursiv abzählbare Menge S lernbarer Definitionen formaler Sprachen, die sämtlich über einem universalen endlichen Alphabet U_b aufgebaut sind.

Zur Demonstration der eingeführten Begriffe besprechen wir drei Beispiele rekursiver Lernfunktionen, d. h. rekursiver Funktionen, die den in Definition 1 angegebenen Bedingungen genügen. Wir halten dabei an einem Startvermögen s_o fest, über das wir aber nichts weiter sagen. Sämtliche Lernfunktionen sind selbstverständlich nicht identisch mit der oben postulierten der Gattung Mensch eigentümlichen, kommen dieser aber verschieden nahe.

Beispiel a:

Wir wählen d so, daß für alle $s \in B$ und $a \in A$

$$g\langle s, a\rangle = s.$$

Infolgedessen gilt für alle $a_1, \ldots, a_n \in A$:

$$D\langle a_1, \ldots, a_n\rangle = s_o$$

D bleibt auf dem Startvermögen s_o stehen, d. h. ermöglicht nur unechte Lernprozesse.

Beispiel b:

Die Lernschrittfunktion sei folgendermaßen definiert: Für alle $s \in B$ und $a \in A$ ist $g \langle s, a \rangle = t$, wobei $t = s$, wenn a schon in der von s definierten formalen Sprache vorkommt. Andernfalls sei t diejenige Definition, die aus s dadurch entsteht, daß man ihre formale Sprache um a erweitert.
D lernt unter Erhaltung des gelernten Vermögens jeden wahrgenommenen Ausdruck hinzu. Das syntaktische Vermögen wird zwar erweitert, aber stets nur um die Beherrschung eines einzigen Ausdrucks. Definiert das Startvermögen s_0 eine endliche formale Sprache, z. B. die leere, so auch jedes aufbauend auf s_0 mit D gelernte.

Beispiel c:

Sei kod_1 eine rekursive Funktion, die die syntaktischen Vermögen aus B bijektiv auf die Strichfolgen abbildet, d. h. auf die Ausdrucksmenge $\{|\}^*$. Die Strichfolgen kann man als primitive Bezeichnungen der natürlichen Zahlen auffassen und kod_1 als Kodierung mit Hilfe eines einsymboligen Alphabets, als Gödelisierung. kod_2 sei eine entsprechende Kodierung für A, und kod_3 sei eine Kodierung, die die Menge der Paare $\langle u, m \rangle$ zweier Strichfolgen u und m bijektiv auf$\{|\}^*$ abbildet, also je zwei natürliche Zahlen in eine einzige kodiert. Schließlich sei $\overline{kod_1}$ die Umkehrfunktion von kod_1, d. h. die zugehörige Dekodierung, die jeder Zahl genau ein syntaktisches Vermögen aus B zuordnet. Mit Hilfe der Kodierungen definieren wir die Lernschrittfunktion d folgendermaßen:

$$d\langle s, a \rangle = \overline{kod_1} \langle kod_3 \langle kod_1 (s), kod_2 (a) \rangle \rangle$$

d übersetzt zunächst s und a in je einen Strichausdruck. Das so entstehende Paar zweier Strichausdrücke übersetzt d in einen einzigen, dekodiert diesen mit Hilfe von kod_1 und erhält so ein neues syntaktisches Vermögen $d\langle s, a \rangle = a'$. Je nach der Arbeitsweise von kod_1, kod_2 und kod_3 dürften die von der zugehörigen Lernfunktion D durchgeführten Lernprozesse im Regelfall in keiner sinnvollen Weise von dem Lernvorwurf abhängen. Immerhin hat die Lernfunktion dieses Beispiels die bei der Rekonstruktion der bei der Spracherlernung verwendeten Lernfunktion wünschenswerte Eigenschaft, daß sie die von den gelernten syntaktischen Vermögen definieren formalen Sprachen um unendlich viele Ausdrücke erweitern kann.
Die Verwendungen von Kodierungen sind nicht so unnatürlich, wie man meinen könnte. ‚Unendliche' Lernschritte setzen eine Lernfunktion voraus, die nicht bloß ‚registriert', sondern das registrierte Material nach einem Plan auf komplexe Weise verarbeitet, d. h. eher ‚liest' als nur ‚registriert'. Gerade diesen Gedanken werden wir im folgenden weiterführen.

Zunächst formulieren wir ein zum vierten analoges Postulat, das ebensowenig wie dieses empirisch begründet und begründbar ist, sondern aus den Hauptannahmen der Kapitel 4 und 5 sich ergibt.

> *Postulat 5:* Das syntaktische Vermögen eines Menschen ist in dessen Organismus in Form eines Erzeugungssystems (nicht notwendig einer der bekannten Klassen) zur Definition der entsprechenden formalen Sprache angelegt. Aufgrund der These von Church kann man ohne Beschränkung der Allgemeinheit auf Turing- oder auch Chomsky-Systeme sich beschränken.

Die folgenden Gedanken verlangen von uns keine Festlegung der syntaktischen Kategorie der von den Syntax-Systemen erzeugten Ausdrücke. Im allgemeinen verwendet man Chomsky-Systeme zur Erzeugung von Sätzen. Wir können dagegen offenlassen, ob Syntax-Systeme ‚kürzere' oder ‚längere' Einheiten erzeugen sollen.

Auf der Grundlage der These von Church kann in einem Problem Klarheit herbeigeführt werden, das gegenwärtig zwar nicht im Zentrum des Interesses steht, das aber doch der Aufklärung bedarf. Das Problem besteht in der Bestimmung der Aspekte, in denen Algorithmen, Halbalgorithmen oder Erzeugungssysteme und insbesondere Chomsky-Systeme fähig sind, psycho-physiologische Tatsachen abzubilden, wo doch bekannt ist, wie wenig man über die Gehirnphysiologie weiß. Selbstverständlich wissen wir nicht, ob das menschliche Gehirn ein Chomsky-System benützt, und in welcher Weise es ein solches benützen könnte. Völlig unabhängig davon und allein aufgrund der These von Church müssen alle Vorgänge im Gehirn intensional äquivalent von einem Erzeugungssystem jeder der Standard-Klassen simuliert werden können. Nach Church verlangt die Wahl der System-Klasse keine empirische Vorentscheidung, und man kann davon ausgehen, daß Turing- und Chomsky-Systeme zur Beschreibung aller im Gehirn stattfindenden Vorgänge ausreichen. Aufgrund von Folgerung 3 ist also die Menge S der mit Hilfe von D lernbaren und über U_b formulierbaren Definitionen formaler Sprachen eine Menge von Chomsky-Systemen (über dem Alphabet U_b).

Alles, was bisher erreicht ist, besteht in einer auf den Postulaten 1–5 beruhenden Perspektive, unter der die Frage nach nicht gelernten und darum genetisch tradierten Voraussetzungen zur Erlernung der Sprache gestellt werden kann. Wir wenden uns einigen empirischen, wenn auch weitgehend trivialen, Eigenschaften zu, aufgrund derer der vorerst sehr umfassende Bereich möglicher Lernfunktionen eingeschränkt werden kann, und aufgrund derer die Annahme einer genetisch tradierten rekursiven Lernfunktion mit empirischer Signifikanz versehen wird. Die folgenden Eigenschaften schränken die Menge der Lernfunktionen auf solche ein, die in etwa das leisten, was man üblicherweise ‚Verallgemeinerung' und

‚Induktion' nennt. In den folgenden Definitionen bezeichnen wir mit ‚L(s)' die von dem Syntax-System s erzeugte formale Sprache.

Definition 2: d, das zugehörige D und ein entsprechender DA sind ‚unspontan', wenn für jedes $s \in S$ und $a \in A$

$$a \in L(s) \Rightarrow d\langle s, a\rangle = s.$$

Unspontane Lernfunktionen lernen ausschließlich aufgrund von Wahrnehmungen von Ausdrücken, die noch nicht zur formalen Sprache des vorhandenen Syntax-Systems gehören.

Definition 3: d, D bzw. DA ist ‚konservativ', wenn für jedes $s \in S$ und $a \in A$

$$L(s) \subseteq L(d\langle s, a\rangle).$$

Konservative Lernfunktionen erhalten stets die Beherrschung schon gelernter Ausdrücke, d. h. vergessen nichts.

Definition 4: d, D bzw. DA ist ‚einfach erweiternd', wenn für jedes $s \in S$ und $a \in A$

$$a \in L\,(d\langle s, a\rangle).$$

Einfach erweiternde Lernfunktionen lernen den jeweils wahrgenommenen Ausdruck. Einfach erweiternde und konservative Lernfunktionen lernen die wahrgenommenen Ausdrücke und vergessen sie nicht mehr, d. h. speichern sämtliche Wahrnehmungen im Gedächtnis.

Es ist üblich, Sprachen als unendliche Mengen zu betrachten. Diese Annahme kann mit unserem Lernalgorithmus nur dadurch in Einklang gebracht werden, daß man entweder das Startsystem s_0 schon unendlich viele Ausdrücke erzeugen, oder den Lernalgorithmus wenigstens einmal einen ‚Sprung' von einer endlichen zu einer unendlichen Sprache machen läßt:

Definition 5: d, D bzw. DA ist ‚infinit erweiternd', wenn es $s \in S$ und $a \in A$ gibt, so daß $L(d\langle s, a\rangle) - L(s)$ unendlich ist.

Die erste infinite Erweiterung kann nur durch die Aufnahme einer ‚Schleife' in das Syntax-System erreicht werden, d. h. durch eine Modifikation des Systems, die zyklische und verlängernde Erzeugungen ermöglicht. Das folgende System ist z. B. zyklisch und verlängernd,

(1) $Z_1^{\mathrm{I}} \rightarrow Z$
(2) $Z \rightarrow \mathrm{I}Z$
(3) $Z \rightarrow \mathrm{I}$

da die Anwendungen von Regel (1) den Ausdruck, auf den sie angewendet wird, um ein Symbol verlängert und zugleich ebendas Symbol wiederkehren läßt, von dem sie ausgegangen ist. Dies ist ein spezieller Fall; allgemein hat die Wiederkehr des Ausgangssymbols nicht notwendig schon nach der ersten Regelanwendung zu erfolgen. Das folgende System ist zwar zyklisch, aber nicht verlängernd und kann darum nicht unendlich viele Ausdrücke erzeugen:

(1) $Z_1^i \rightarrow Z$
(2) $Z \rightarrow Z$
(3) $Z \rightarrow |$

Erzeugt einmal ein System eine unendliche formale Sprache, so kann diese weiterhin durch sehr einfache Modifikationen infinit erweitert werden. Gibt es einen Ausdruck a, der in unendlich vielen Ausdrücken der formalen Sprache als Teil vorkommt, so entstehen durch Substitution von a durch einen anderen sonst noch nicht vorkommenden Ausdruck b unendlich viele neue Ausdrücke. Wird also das ursprüngliche Syntax-System mit einer ‚Weiche' versehen, die entweder zu a oder auch zu b führt, so erweitert sich das System infinit.

Folgerung 4: Infinit erweiternde Lernfunktionen erzeugen zyklische und verlängernde Syntaxsysteme.

Sei $U = \{u_1, \ldots, u_n\}$, d. h. das universale Lernalphabet möge aus den Grundsymbolen $u_1, \ldots, u_n$ bestehen. Das System s_u erzeugt den gesamten Ausdrucksvorrat U^* über U:

(1.0) $Z_1^i \rightarrow Z$
(1.1) $Z \rightarrow u_1Z$
(1.2) $Z \rightarrow u_1$
. .
. .
. .
(n.1) $Z \rightarrow u_nZ$
(n.2) $Z \rightarrow u_n$

Der Übergang zu System s_u wäre für eine Lernfunktion D eine einfache Möglichkeit zur Erreichung einer unendlichen Erweiterung. Von dieser Art sind aber die beim Lernen vorzunehmenden Erweiterungen nicht:

Definition 6: d, D bzw. DA ist ‚coinfinit erweiternd', wenn für alle $s \in S$ und alle $a \in A$ gilt, daß $U^* - L(d\langle s, a\rangle)$ unendlich ist.

Coinfinit erweiternde Lernfunktionen können durchaus infinit erweiternd sein, d. h. die entsprechende formale Sprache in einem einzigen Lernschritt um unendlich viele neue Ausdrücke erweitern. Sie können diese aber stets nur so erweitern, daß das Komplement der formalen Sprache unendlich bleibt, und beim nächsten Lernschritt stets wieder unendlich viele Ausdrücke gelernt werden könnten, falls dies von entsprechenden Vorlagen verlangt würde[3].

Lernfunktionen des Beispiels (a) verändern das Start-System s_0 niemals. Sie sind darum unspontan, konservativ und coinfinit erweiternd. Sie sind aber weder einfach, noch infinit erweiternd. Lernfunktionen des Beispiels (b) haben demgegenüber lediglich den Vorzug, einfach erweiternd zu sein. Lernfunktionen des Beispiels (c) sind zwar infinit erweiternd, entbehren aber alle anderen wünschenswerten Eigenschaften.

Es wurde gezeigt, daß die Gewinnung eines infiniten Syntay-Systems aus einer endlichen Menge wahrgenommener Ausdrücke mit Hilfe einer Lernfunktion den Einbau einer ‚Schleife' erforderlich macht. Die Konstruktion eines coinfiniten Systems verlangt ein anderes aus der Syntax- und Grammatiktheorie bekanntes Mittel, die syntaktische Kategorisierung. Die einfachste Weise der Erzeugung einer infiniten und zugleich coinfiniten Menge setzt die Unterscheidung zweier Kategorien voraus. Das folgende System s läßt z. B. alle erzeugten Ausdrücke mit einem Symbol der Kategorie Z_B beginnen und auf eine beliebig lange Folge von Symbolen der Kategorie Z_C enden:

$$
\begin{aligned}
\langle Z_1^i &\rightarrow Z_H,\\
Z_H &\rightarrow Z_H Z_C,\\
Z_H &\rightarrow Z_B,\\
Z_B &\rightarrow b_1,\\
&\;\vdots\\
Z_B &\rightarrow b_n,\\
Z_C &\rightarrow c_1,\\
&\;\vdots\\
Z_C &\rightarrow c_m
\end{aligned}
$$

[3] Eine Menge ist unendlich genau dann, wenn sie ‚Dedekind-unendlich' ist. Eine Menge M ist ‚Dedekind-unendlich' genau dann, wenn es eine Bijektion zwischen M und einer echten Teilmenge $N \subseteq M$ gibt. Beispiel: Die Funktion $y = 2x$ beschreibt eine Bijektion zwischen der Menge **N** der natürlichen Zahlen (o, 1, 2, . . .) und der Menge **G** der geraden Zahlen (0, 2, 4, . . .). Denn für jede natürliche Zahl n gibt es ihre Verdopplung 2n, und für jede gerade Zahl m gibt es ihre Hälfte m/2. Aufgrund der Bijektion $y = 2x$ muß mit **N** auch **G** unendlich sein, und da es eine Bijektion zwischen **G** und der Menge **U** der ungeraden Zahlen gibt, ist auch **U**, d. h. das Komplement von **G** unendlich. Da **G** und **U** unendlich sind, sind sie auch wieder Dedekind-unendlich, d. h. enthalten selbst wieder echte unendliche Teilmengen usw. **G** und **U** sind unendliche und zugleich coinfinite Teilmengen von **N**. Die Menge $\{n \in \mathbf{N} \mid n \geq 5\} \subseteq$ **N** ist zwar unendlich, aber (relativ zu **N**) nicht coinfinit, da ihre Komplementmenge {o, 1, 2, 3, 4} endlich ist. Unendliche Mengen umfassen also nicht nur unendliche, sondern unendliche und zugleich coinfinite Teilmengen. Da deren Komplement unendlich ist, läßt sich jede coinfinite Teilmenge infinit und zugleich coinfinit erweitern.

Das System erzeugt z. B. den Ausdruck

$b_2c_2c_1c_1c_5$.

Fassen wir die Symbole $b_1, \ldots, b_n, c_1, \ldots, c_m$ zum terminalen Alphabet A zusammen, so erzeugt dieses System einen vom Ausdrucksraum A^* verschiedene formale Sprache genau dann, wenn die Symbolkategorien $\{b_1, \ldots, b_n\}$ und $\{c_1, \ldots, c_m\}$ verschieden sind:

$$L(s) \neq A \text{ gdw. } \{b_1, \ldots, b_n\} \neq \{c_1, \ldots, c_m\}$$

Wir kommen so zur

Folgerung 5: Coinfinit erweiternde Lernfunktionen erzeugen kategorisierende Syntax-Systeme.

Wir fassen die eingeführten Eigenschaften zu einer einzigen zusammen:

Definition 7: d, D bzw. DA sind ‚induktiv' oder ‚verallgemeinernd' genau dann, wenn sie unspontan, konservativ, einfach, infinit und coinfinit erweiternd sind.

Dieser Begriff der Induktion bzw. der Verallgemeinerung unterscheidet sich grundlegend von dem in der Literatur weithin gebräuchlichen. Der hier verwendete Begriff der Induktion hat nichts mit Wahrscheinlichkeit zu tun, ist ein logisch strenger Begriff, der nicht im Gegensatz zur Deduktion steht, vielmehr eine spezielle Form derselben ist. Betrachten wir zum Vergleich ein beliebiges Ableitungssystem f, das als Bestandteil eines formalen axiomatischen Systems $\langle f, a \rangle$ dazu dient, zusammen mit einer rekursiv abzählbaren Menge a von Axiomen eine formale Theorie $T_{\langle f, a \rangle}$ zu erzeugen[4]. $T_{\langle f, a \rangle}$ ist die Menge der mit Hilfe von f aus a erzeugbaren Ausdrücke. Halten wir an f fest, aber variieren a in der Weise, daß wir f der Reihe nach die Axiomenfolgen

$$a_1, \langle a_1, a_2 \rangle, \langle a_1, a_2, a_3 \rangle, \ldots, \langle a_1, \ldots, a_n \rangle, \ldots$$

zur Verfügung stellen, so ist $F = \lambda\, a\, T_{\langle f, a \rangle}$ weitgehend eine induktive Lernfunktion im oben charakterisierten Sinn. F ist unspontan, da ja die Erweiterung der Axiome um ein Theorem die Theorie nicht erweitert. F ist konservativ und selbstverständlich einfach erweiternd, da ja alle Axiome

[4] Unter einer ‚Theorie' versteht man in der Logik und Mathematik eine Menge von Sätzen einer bestimmten Sprache, die abgeschlossen ist bezüglich einer Folgebeziehung oder bezüglich einer formal konstruierten Ableitungs- oder Erzeugungsbeziehung. In ersterem Falle spricht man von einer ‚semantischen' und im letzteren Falle von einer ‚syntaktischen' Theorie. Eine ‚axiomatisierte' (semantische bzw. syntaktische) Theorie über einer Menge M von Axiomen ist die kleinste (semantische bzw. syntaktische) Theorie, die M umfaßt. Die Logik bezeichnet also mit ‚Theorie' Mengen von Sätzen im Gegensatz zu unserer wissenschaftlichen Umgangssprache, in der Theorien meist mit Ausdrücken, Texten wie z. B. mit Büchern zu identifizieren sind.

Theoreme sind, selbst wenn sonst kein neues Theorem aus ihnen folgen sollte. F ist nicht notwendig, aber in allen interessanten Fällen infinit erweiternd, da ja die Hinzunahme eines weiteren Axioms a_n wenigstens aussagenlogische Folgen ‚a_n und a_n', ‚a_n und a_n und a_n' zu Theoremen macht. Schließlich ist F im Falle seiner eigenen Widerspruchsfreiheit und der seiner Axiomenmengen stets coinfinit erweiternd. Denn eine Theorie T ist ‚semantisch' widerspruchsfrei, wenn für jeden Satz a_n entweder a_n oder seine Negation $\neg a_n$ T angehört, aber nicht beides. T kann also frei formuliert höchstens ‚die Hälfte' der entsprechenden formalen Sprache umfassen. Enthält T irgendeinen Satz a_n zusammen mit seiner Negation $\neg a_n$, so folgt aus dem Widerspruch ‚a_n und $\neg a_n$' jeder andere Satz, und T ist identisch mit der formalen Sprache, in der sie definiert ist.

Der Vergleich zeigt, wie nah induktive Lernfunktionen mit deduktiven Systemen, und natürliche formale Sprachen mit Theorien verwandt sind. Die praktische und auch in unserem Zusammenhang gewählte Definition formaler Sprachen als beliebige Teilmenge eines Ausdrucksvorrats A^* über einem Alphabet A ist also auch aus diesem Grunde für alle sinnvollen Anwendungen zu weit (, d. h. nicht nur deshalb, weil unter diesem Begriff auch nicht rekursiv abzählbare formale Sprachen fallen, solche also, für die es nach der in Kapitel 3 gezeigten Äquivalenz von rekursiver Abzählbarkeit und Chomsky-Erzeugbarkeit kein Syntax-System geben kann).

Die aus der Mathematik und Logik bekannten Beispiele formaler Systeme[5] sind zu begrenzt, um ernsthaft als Vorbild für induktive Lernfunktionen in Frage zu kommen. Die von ihnen unter äußerster Variation der Axiomenmengen erreichbare Variation der erzeugten Theorien ist zu schmal, um die Divergenzen zwischen natürlichen Sprachen erfassen zu können. Das Problem ist aber nicht ganz einfach zu stellen, da ja die bekannten formalen Systeme nur zur Bewältigung der Deduktion ausgerüstet sind, nicht aber zur Feststellung des Alphabets und der syntaktischen Strukturen der Theorie, die meist gesondert charakterisiert und vorausgesetzt werden. Induktive Lernfunktionen müssen alle diese Aufgaben zugleich lösen.

Wir behaupten also das

Postulat 6: DA_u, d. h. das Vermögen eines Menschen, eine Sprache zu erlernen, ist mit einer rekursiven induktiven Lernfunktion beschreibbar und ist in dessen Organismus in Form eines Algorithmus angelegt. Aufgrund der These von Church kann man diesen ohne Beschränkung der Allgemeinheit z. B. als Turing-Algorithmus sich vorstellen.

Wir haben schon darauf hingewiesen, daß diese Theorie lediglich auf die Erlernung der Muttersprache bzw. der Muttersprachen sich richtet, d. h. solcher Sprachen, die in der Kindheit ‚natürlich' gelernt werden. Die Arbeit Erwachsener zur Erlernung von Sprachen ist von weitgehend anderer Natur,

---

[5] Wie z. B. die historisch frühesten von G. Frege (vgl. Einleitung!)

ähnelt in manchen Aspekten sehr der Erlernung eines Übersetzungsvermögens, obwohl eine Vermischung des künstlichen und natürlichen Lernens nicht auszuschließen ist. Es scheint so, als ob die natürliche Lernfähigkeit des Kindes beim Erwachsenen erstarrt wäre, aber aufgrund dessen Denkvermögens ‚synthetisch' weitgehend rekonstruiert werden kann.

Wir haben jetzt abschließend und zusammenfassend die Frage danach zu stellen, ob und inwieweit der Sprachlernalgorithmus DA_u erlernt sein kann. Wäre er auf kommunikativem Wege erlernt, so setzte seine Erlernbarkeit ein anderes primitiveres Lernsystem voraus, das ohne jegliche höhere kognitive Fähigkeit DA_u aufzubauen imstande wäre. Dieses primitivere Lernsystem müßte aus so wenig Informationen derart spezifische Ergebnisse erzielen, daß für deren Zustandekommen fast ausschließlich das Lernsystem und gerade nicht die von diesem verarbeiteten Informationen verantwortlich gemacht werden müßten. Die kommunikative Erlerntheit von DA_u führt also in Schwierigkeiten und wir werden so gedrängt, DA_u als ausschließlich aufgrund genetischer Tradition in autonomer Morphogenese zustandegekommen uns vorzustellen. Weil aber jetzt wie oben angekündigt der Spielraum möglicher Lernalgorithmen aufgrund empirischer – wenn auch trivialer – Aussagen stark eingeschränkt worden ist, haben die aus seiner Existenz sich ergebenden Folgerungen ebenfalls empirische Signifikanz erhalten:

Postulat 8: Die genetische Tradition umfaßt also die zur autonomen Morphogenese von DA_u notwendigen Informationen. Diese Informationen bestimmen damit im einzelnen u. a.

(1) ein universales Lernalphabet U_a und den rekursiv abzählbaren Bereich der lernbaren Ausdrücke über U_a,

(2) einen unspontanen, konservativen, einfach, infinit und coinfinit erweiternden rekursiven Lernalgorithmus,

(3) ein universales Alphabet U_b zur Formulierung des rekursiv abzählbaren Bereichs S der lernbaren Syntax-Systeme.

Man kann DA_u durchaus als ein in autonomer Morphogenese entstandenes gattungsspezifisches Übersetzungssystem bzw. eine gattungsspezifische Sprache (im weiteren Sinn) interpretieren, mit deren Hilfe die von Lernenden wahrgenommenen Ausdrücke verarbeitet, d. h. in Syntax-Systeme ‚übersetzt' werden. Der Lernvorgang hat wesentlich mehr Eigenschaften mit Lesen, Verstehen oder Übersetzen gemeinsam, d. h. ist wesentlich stärker determiniert, als dies üblicherweise angenommen wird.

Zur Vermeidung von Mißverständnissen ist es ratsam, an die von N. Bohr behauptete Grenze unserer Wissenschaften zu erinnern[6]: Wir haben oben den Spielraum möglicher Lernalgorithmen mit Hilfe einiger Eigenschaften eingeschränkt. Der Spielraum ist aber immer noch sehr weit. Mit großer

[6] Vgl. Kapitel 4, S. 82ff.

Wahrscheinlichkeit wird es uns niemals möglich sein, ihn so stark zu begrenzen, daß schließlich nur noch ein Algorithmus – *der* menschliche Lernalgorithmus – übrigbleibt.

Wir müssen in Kürze auf eine oben von uns gemachte Bemerkung zurückkommen[7]. Die Annahme eines einzigen allen Menschen zukommenden Lernalgorithmus impliziert die Annahme eines idealen Sprecher-Hörers in einer homogenen Sprachgemeinschaft ebensowenig, wie die Annahme eines einzigen allen Menschen gemeinsamen Algorithmus zur Dekodierung der genetischen Informationen die einer biologisch homogenen Menschheit impliziert. Jeder Mensch nimmt im Laufe seines Lebens eine andere Folge von Ausdrücken wahr und übergibt diese seinem Lernalgorithmus zur Bearbeitung. Da der Zufall dabei eine nicht unwesentliche Rolle spielen dürfte, wird wohl jeder Mensch zu einer ausschließlich ihm eigentümlichen formalen Sprache kommen, wenn die verschiedenen Systeme sich auch in ihren zentralen Aspekten gleichen. Sie unterscheiden sich sicher in ihrem Wortschatz. Es ist damit zu rechnen, daß im Bereich der sprachlichen Kommunikation und Tradition die gleichen Kräfte am Werke sind wie bei der genetischen Tradition. Den Mutationen entsprechen Mißverständnisse, die sicher bei der Fortentwicklung der Syntax der Sprachen eine große Rolle gespielt haben dürften. Wie in der Genetik sind es nicht die Mutationen bzw. Mißverständnisse mit großen Auswirkungen, die den Prozeß der Evolution in Gang halten, sondern die mit kleinen unmerklichen Auswirkungen. Der Selektion entsprechen die mannigfachen Kriterien der Brauchbarkeit und Nützlichkeit, die bei der Beurteilung von Mutanten-Mißverständnissen sicher eine große Rolle spielen. So läßt unsere Theorie der ontogenetischen Spracherlernung und ihrer phylogenetischen Voraussetzungen nicht nur Raum für eine kulturelle Evolution der einzelnen Sprachen, für die Sprachgeschichte, sondern bietet sogar ein einheitliches Erklärungsschema für die biologische und die kulturelle Evolution.

Fähigkeiten zur unspontanen, konservativen und einfachen Erweiterung bestimmen einerseits schon eine relativ eingeschränkte Klasse in Frage kommender Lernalgorithmen bzw. von ihnen berechneter Lernfunktionen. Andererseits sind diese Eigenschaften biologisch betrachtet so trivial und natürlich, daß sie vielleicht nichts mit dem Vermögen zur Spracherlernung unmittelbar zu tun haben, sondern aus einem grundlegenderen und umfassenderen Lernvermögen stammen. Die Fähigkeit des Lernalgorithmus zur infiniten Erweiterung der formalen Sprachen scheint schon eher ein Charakteristikum des sprachlichen Lernvermögens zu sein. Sein biologischer Sinn könnte etwa darin bestehen, aufbauend auf dem wahrgenommenen Material stets eine möglichst umfassende Menge möglicher sinnvoller Ausdrücke, die u. a. mögliche Sachverhalte beschreiben und mögliche Erkenntnisse repräsentieren, zu erzeugen.

---

[7] S. 164.

Noch charakteristischer für das sprachliche Lernvermögen scheint aber die Fähigkeit zur coinfiniten Erweiterung zu sein. Bei nicht arbiträren Verhaltensvermögen wie z. B. dem der Fortbewegung oder allgemeiner: der Körperbewegung scheint es ja erstrebenswert zu sein, möglichst alle denkbaren Bewegungsweisen zu erlernen. Gerade dies ist offenbar bei der Spracherlernung nicht erstrebenswert. Jede Erweiterung läßt unendlich viele nicht erlernte Ausdrücke übrig. Diese Strategie hat offenbar einen Sinn: Wir nehmen an, der Lernvorgang führte irgendwann einmal zu der größten formalen Sprache, zum Ausdrucksvorrat über dem zugrunde liegenden Alphabet, und aufgrund einer semantischen Interpretation wäre jedem dieser Ausdrücke eine Bedeutung zugeordnet. Wir nehmen weiterhin an, eine neue Bedeutung müßte in dieser Sprache mit einem Ausdruck verbunden werden sei es, daß eine alte Bedeutung sich gespalten hat, sei es, daß von einer anderen Sprache eine Lehnbedeutung übernommen würde. Die neue Bedeutung muß mit einem der alten Ausdrücke verknüpft werden, z. B. mit x. Ist x z.B. der n-te Ausdruck der formalen Sprache (in irgendeiner Abzählung), so müßte die alte Bedeutung von x z. B. auf den n+1−ten Ausdruck ‚verschoben' werden, die alte Bedeutung des n+1−ten Ausdrucks auf den n+2−ten usw. Die Einführung einer neuen Bedeutung hätte eine Umstrukturierung der gesamten Semantik zur Folge, von der auch Bedeutungen betroffen wären, die semantisch mit der neu eingeführten nichts zu tun haben. Man kann diese Überlegung verschärfen. Wir nehmen an, der Lernvorgang führte irgendwann zu einer infiniten formalen Sprache, die aber nicht coinfinit ist, d. h. die nur endlich viele Ausdrücke ausschließt. Eine solche Sprache könnte nur noch endlich oft um einen neuen Ausdruck mit einer neuen Bedeutung erweitert werden, und sie könnte kein einziges Mal infinit erweitert werden, ohne eine der oben beschriebenen entsprechende Umstrukturierung der gesamten Semantik notwendig zu machen. Würde also der Lernvorgang einmal die formale Sprache zu stark erweitern, würden die Möglichkeiten zu weiteren Erweiterungen beschränkt, wenn nicht unmöglich gemacht. Die coinfinite Erweiterung sorgt also dafür, daß bei jedem noch so umfassenden Lernvorgang, auch bei jeder unendlichen Erweiterung, der Raum möglicher weiterer Lernvorgänge wenigstens gleich groß, nämlich unendlich, und damit unausschöpfbar bleibt.

Dieses Prinzip läßt sich weiter verschärfen: Je mehr Ausdrücke die formale Sprache enthält, desto stärker wird diese durch die Einführung eines einzigen neuen Wortes erweitert. Das neue Wort kann in allen syntaktisch passenden Kontexten vorkommen. Man kann sogar annehmen, daß die Verwendung möglichst vieler unendlicher syntaktischer Kategorien den Sinn hat, die z. B. in der Einführung eines neuen Wortes bestehenden Lernschritte möglichst stark erweiternd zu machen (ohne natürlich die Coinfinität zu verletzen). Man kann z. B. auch annehmen, daß die Syntax-Systeme natürlicher Sprachen viele unendliche syntaktische Kategorien mit möglichst sparsamen Methoden aufbauen: Die unendliche Kategorie der Nominalphrasen kann mit Hilfe verschiedener Kasus und Präpositionen in verschiedenen Funktionen im Satz gebraucht werden, z. B. als Subjekt, Objekt usw. Diese Beobachtungen legen den Schluß nahe, daß die vom Sprachlernalgorithmus vorgenommenen Lernschritte nicht nur die Menge des Gelernten, sondern darüber hinaus auch den Raum des Lernbaren stets erweitern[8].

Die in diesem Kapitel entwickelten Gedanken zeigen einerseits, daß die Erlernung menschlicher Sprachen einen relativ spezifischen Lernalgorithmus voraussetzt, der nicht erlernt, sondern aufgrund von genetisch tradierter Information autonom aufgebaut wird. Andererseits zeigen unsere Gedanken, daß die ‚angeborenen' Strukturen niemals in der Weise aufzufassen sind, daß sie den Raum unseres Verhaltens beschränken, sondern stets so, daß sie diesen Raum eröffnen. Wir hoffen plausibel gemacht zu haben, daß die Mechanismen zur Eröffnung des Freiheitsraums weit effektiver sind, als die intuitive Vorstellung dies für möglich hält. Anscheinend ist die übliche Richtung der Gedanken die falsche: Die tote Materie ist mit sich selbst verständigt, kennt keinen Irrtum und kein Verstehen und kennt wenig Ordnungsstrukturen. Die Evolution hat immer speziellere, komplexere Strukturen hervorgebracht, die Lebewesen, deren Vermögen, frei zu handeln und zu verstehen in dem Maße zugenommen hat, in dem sie komplexer und spezieller geworden sind. Wir werden diesen Gedankengang angewandt auf semantische Sachverhalte in den Kapiteln 8–10 weiterentwickeln.

Zum Beschluß dieses Kapitels unterwerfen wie die in Postulat 8 zusammengefaßten Ergebnisse einem Vergleich mit den Hauptthesen Chomskys und einigen Thesen anderer Autoren. Zu dem Thema der angeborenen Voraussetzungen des Spracherwerbs und den aus ihnen sich ergebenden universalen Eigenschaften menschlicher Sprachen ist sehr viel und sehr Verschiedenartiges geschrieben worden. Die überwiegende Mehrheit der Veröffentlichungen ist jedoch so unformal und unmathematisch wie die betreffenden Texte Chomskys, die jene angeregt haben. Unsere wesentlich abstraktere und mehr mathematische Argumentation führt zwar zu einer weitgehenden Bestätigung der Hauptthesen Chomskys, verdankt aber ihre Begründungen mehr gewissen mathematischen und biologischen Theorien als Chomsky. Wir glauben darum nicht ausführlich auf die Interpretation der philosophischen Äußerungen von, für und gegen Chomsky eingehen zu müssen. Die Art und Weise, in der Chomsky sich selbst in die philosophische Tradition einordnet, mag in der Tat z. T. nicht korrekt sein. Hierin ist H. Brands (1977) recht zu geben. Die vorangehenden Kapitel und besonders Postulat 8 dieses Kapitels versuchen jedoch plausibel zu machen, daß der Kern der Chomskyschen Thesen richtig ist, unabhängig von der Richtigkeit oder Falschheit von Chomskys philosophischen Begründungsversuchen.

[8] Die Struktur dieses Gedankens ist einem spekulativen und anregenden Aufsatz von J.M. Burgers (1975) entnommen (S. 195).

In den „Aspects of the Theory of Syntax" charakterisiert Chomsky sein „acquisition model" der Sprache[9]. Danach verfügt ein zur Erlernung einer Sprache fähiges Kind über die folgenden Vermögen[10]:

(12) (i) ein Verfahren zur Repräsentation der Eingabesignale,
(ii) ein Verfahren zur Repräsentation der strukturellen Information über diese Signale,
(iii) gewisse von Anfang an vorhandene Beschränkungen einer Menge möglicher Hypothesen über die Struktur der Sprache,
(iv) ein Verfahren zur Bestimmung der Implikationen dieser Hypothesen im Hinblick auf jeden Satz, und
(v) ein Verfahren zur Auswahl einer der (wahrscheinlich unendlich vielen) Hypothesen, die aufgrund von (iii) zugelassen und vereinbar mit den primären sprachlichen Daten sind.

Entsprechend muß eine allgemeine Theorie des menschlichen Sprachvermögens über folgende Komponenten verfügen[11]:

(14) (i) eine Abzählung der Menge s_1, s_2, . . . möglicher Sätze,
(ii) eine Abzählung der Menge SD_1, SD_2, . . . möglicher struktureller Beschreibungen,
(iii) eine Abzählung der Menge G_1, G_2, . . . möglicher generativer Grammatiken,
(iv) die Definition einer Funktion f, die für beliebiges i und j dem Satz s_i die der Grammatik G_j entsprechende strukturelle Beschreibung $SD_{f(i, j)}$ zuordnet,
(v) die Definition einer Funktion m, die für beliebiges j der Grammatik G_j den Wert m(j) zuordnet.

Vor dem Hintergrund des Programms Chomskys wird man annehmen dürfen, daß die in (12) (i) und (ii) genannten ‚Verfahren' (engl. method) in Form eines Algorithmus im lernenden Kind repräsentiert gedacht werden müssen. Dann dürfte man die (14) (i), (ii) und (iii) genannten ‚Abzählungen' als ‚rekursive Abzählungen' verstehen. (Chomsky vermeidet in seinen sprachtheoretischen und philosophischen Schriften durchweg die mathematisch-logische Terminologie.) Unter dieser Interpretation ist (12) (i) und entsprechend auf der Seite der theoretischen Rekonstruktion (14) (i) weitgehend identisch mit Teil (1) des Postulats 8. Dabei war die Menge der lernbaren Ausdrücke deshalb rekursiv abzählbar, da er die vom

---

9 Chomsky (1965), § 6, S. 30ff. Ganz ähnlich auch in Chomsky (1966b), S. 18 und in (1975b), S. 22ff. und bes. S. 25.

10 Chomsky (1965), S. 30. Die Terminologie wurde bei der Übersetzung etwas der in unseren Anfangskapiteln eingeführten angeglichen.

11 Chomsky (1965), S. 31. Wir geben hier eine an die oben eingeführte Terminologie und Ausdrucksweise angeglichene Übersetzung der zweiten, etwas theoretischeren Version Chomskys.

Lernalgorithmus DA_u akzeptiere Menge war. Die oben entwickelte Theorie verzichtet in ihrer Allgemeinheit auf die Einschränkung auf Sätze. Die Einschränkung auf Sätze unter Beibehaltung der Unendlichkeit der erzeugten Sprache verlangt die Aufgabe einer oberen Schranke für die Satzlänge[12]. Dies ist zwar korrekt, aber die Unendlichkeit der erzeugten Sprachen läßt sich in unseren theoretischen Überlegungen ungezwungener erreichen, indem man die Syntax und entsprechend die Lerntheorie von der Beschränkung auf Sätze befreit.

Unter denselben Voraussetzungen dürfte (12) (iii) und (14) (iii) weitgehend identisch sein mit Teil (3) des Postulats 8 in diesem Kapitel. Die rekursive Abzählbarkeit der Menge S der möglichen lernbaren Syntax-Systeme folgt aus der Tatsache, daß S die von dem Lernalgorithmus DA_u erzeugte Menge ist. Aus der Rekursivität der von Chomsky in (12) (i) und (iii) bzw. (14) (i) und (iii) angenommenen Abzählungen folgt unmittelbar die Formulierbarkeit beider Mengen über je einem endlichen Alphabet U_a und U_b[13]. Der Vorteil der oben gewählten Begründung besteht u.a. darin, daß die Existenz der beiden Alphabete und der beiden rekursiven Abzählungen nicht einfach behauptet werden, und zwar unabhängig voneinander, sondern sich als Folge aus der Existenz eines artspezifischen Lernalgorithmus ergibt. Gerade dieser stellt den Angelpunkt der oben entwickelten Theorie dar und erlaubt diese vor dem Hintergrund des evolutionstheoretischen Zusammenhangs zu verstehen. In den ‚Aspekten' erwähnt Chomsky einen Lernalgorithmus nicht, was zu einem gewissen Teil für die Unplausibilität der Aufzählungen (12) und (14) verantwortlich sein dürfte. In den 1975 erschienenen ‚Reflexionen' behandelt er ausführlich Probleme, die mit möglichen Lerntheorien in Zusammenhang stehen – wenn auch nur sehr allgemein und ohne genauere Charakterisierung möglicher Eigenschaften von Lernalgorithmen und der aus diesen sich ergebenden Folgerungen[14].

In Punkt (12)(v) bzw. (14)(v) weicht unsere Lerntheorie von der Chomskys ab. Während Chomsky den Lernvorgang nichtdeterministisch konzipiert und deshalb eine Bewertungs- und Auswahlinstanz in (v) annehmen muß, ist unser Lernalgorithmus ein Algorithmus und darum deterministisch. Es kann vermutet werden, daß Chomsky seine Lerntheorie mit einem gewissen Spielraum versehen hat, um eine Grundlage zur Erklärung der Varianz der individuellen ‚Sprachen' einer Sprachgemeinschaft zu schaffen. Unsere Konstruktion im vorangehenden Kapitel dagegen läßt trotz ihrer Determiniertheit eine Varianz nicht nur zu, sondern erlaubt diese zu verstehen. Die Varianz beruht nicht *allein* auf den Prinzipien des Zustandekommens der genetischen Varianz, nämlich auf Mutation und Mischung der

[12] Vgl. Chomsky (1965), S. 10ff.
[13] Chomsky (1965), S. 28
[14] Chomsky (1975b), S. 23ff. und S. 165ff.

genetischen Informationen, sondern stellt sich vor dem Hintergrund der Evolution als eine konsequente und wesentliche Weiterentwicklung dar. Die Mischung ist zugleich gezielter als auch vielfältiger und hat auf die Evolution des Menschen eine beschleunigende Wirkung ausgeübt.

Das Problem der Varianz führt unmittelbar zu dem Problem des ‚idealen Sprecher-Hörers‘, dem von Chomsky die klassische Formulierung verliehen worden ist: „Die Sprachtheorie ist hauptsächlich befaßt mit einem idealen Sprecher-Hörer, der in einer vollständig homogenen Sprachgemeinschaft lebend seine Sprache vollkommen beherrscht und frei ist von grammatikalisch irrelevanten Bedingungen wie Beschränkungen des Gedächtnisses, Unaufmerksamkeiten, Veränderungen der Aufmerksamkeit und des Interesses und (zufälligen oder charakteristischen) Irrtümern in der Anwendung seines sprachlichen Vermögens in der praktischen Ausübung.“[15] Es wurde oben gezeigt, daß man auf die Homogenität der Sprachgemeinschaft in einem biologisch-evolutionstheoretischen Modell nicht nur verzichten kann, ohne die von Chomsky postulierten artspezifischen Vermögen aufgeben zu müssen, sondern auch verzichten muß, wenn man die Prinzipien und die Grundlagen der Evolutionstheorie so verallgemeinern will, daß sie auch zur Erklärung sprachlicher und sprachgeschichtlicher Tatsachen tauglich werden. Chomsky hat die Unendlichkeit des von dem Syntax-System natürlicher Sprachen erzeugten Satzrepertoire zu den Grundlagen seiner Syntax-Theorie gemacht. Die Unendlichkeit des Satzrepertoires ist korrekt, aber wahrscheinlich nur neben der Unendlichkeit des Textrepertoires. Vielleicht hat sich Chomsky zu eng an den Satzbegriff der Logik angeschlossen, die keinen Unterschied zwischen Satz und Text macht. Die Überdehnung des Satzbegriffs zwingt Chomsky alle die von ihm genannten Beschränkungen des Gedächtnisses, der Aufmerksamkeit und der Verläßlichkeit des Denkvermögens als ausschließlich negative Einflüsse aus der Syntax bzw. Sprachtheorie zu verbannen. Das richtige Moment daran entspricht der in der Evolutionstheorie gemachten Annahme, nach der die Konstruktion der Lebewesen auf ihre Erhaltung und ihre identische Reproduktion hin angelegt seien: In der selben Weise sind die sprachlichen Äußerungen ‚richtig‘ intendiert. Andererseits scheint die Sterblichkeit des Individuums auf keiner physikalischen Zwangsläufigkeit zu beruhen, und man könnte sich auch zuverlässigere Kopiermechanismen zur Tradition der genetischen Information denken. Alle ‚Errungenschaften‘ der Evolution entstehen dadurch, daß sie von den selektiven Kräften ‚geduldet‘ werden, und eben auch die Sterblichkeit und die Möglichkeiten der Mutation. Analog muß man in Erwägung ziehen, ob und in welchem Maße die von Chomsky genannten negativen Eigenschaften unseres kommunikativen Vermögens einen selbstverständlich vom Individuum nicht intendierten aber trotzdem

[15] Chomsky (1965), S. 3. Übersetzung von V. B.

für die kulturelle Evolution der Sprache relevanten Einfluß gehabt haben könnten, und darum nicht nur als Störfaktoren aus der Theorie der Grammatik ausgeschlossen, sondern z. T. in einem positiven Sinne eingeschlossen werden müßten.

Üblicherweise läßt man den Gegenstandsbereich der Biologie mit den Vorformen des Lebens beginnen, läßt ihn bis zum Menschen sich erstrecken und hat sich merkwürdigerweise angewöhnt, die wichtigsten Eigentümlichkeiten des Menschen dabei aus dem Spiel zu lassen: die Vermögen des Sprechens, des Denkens und des Selbstbewußtseins. Dies hat vielleicht mehrere Ursachen. Zunächst war die Abgrenzung ‚nach oben', forschungspraktisch motiviert. Obwohl die Biologie als Wissenschaft vom Leben schlechthin bestimmt ist, beschränkt man sie in allen aufs Praktische ausgerichteten Kontexten auf den Bereich, der durch ihre großen Erfolge ausgezeichnet ist. Diese sind ohne Zweifel nicht auf dem Gebiet des Sprechens und Denkens errungen worden. Wir dürfen heute nicht glauben, das Sprach- und Denkvermögen auch nur in seinen Grundstrukturen verstanden zu haben. Aber die Nichtexistenz von Nachweisen biologischer Strukturen im Denken und Sprechen ergibt noch keinen Nachweis und noch keine Widerlegung von deren Nichtexistenz.

Gerade das Fehlen biologischer Evidenz provoziert Stellungnahmen zum offenen Problem, deren Begründungen anderer Natur sind. Die Vertreter des Empirismus behaupten ursprüngliche Leerheit und Unstrukturiertheit des Sprech- und Denkvermögens: „Die empiristische und die spätere behavioristische Psychologie basieren durchweg auf der Lehre, daß es eine nicht-triviale Theorie der menschlichen Natur gar nicht gibt, genauer gesagt, daß sich eine solche Theorie auf die Organe unseres Körpers beschränkt – ausgenommen allein diejenigen Teile des Gehirns, die bei den höheren geistigen Funktionen involviert sind"[16]. Chomsky hat sich an mehreren Stellen mit dem Gegensatz zwischen Empirismus und Rationalismus beschäftigt[17]. So sehr ihm beizupflichten ist, so nachdrücklich muß aber darauf aufmerksam gemacht werden, daß Chomskys Gedanken Spekulationen über empiristische und rationalistische Spekulationen sind, und nur wenig und schon gar keine hinreichenden Argumente für eine rationalistische Position enthalten, für eine Position also, nach der das menschliche Sprech- und Denkvermögen biologisch interessant strukturiert ist. Es ist ein Verdienst Chomskys, die Sprachwissenschaft darauf aufmerksam gemacht zu haben, daß die empiristische Position empirisch absolut nicht begründet ist. Aber Chomsky hat nur gezeigt, daß die Waage der Argumente für den Empirismus und für den Rationalismus ausgeglichen ist.

Chomsky bedient sich bei seiner Auseinandersetzung mit den Empiristen gelegentlich eines Bildes und übersieht unglücklicherweise, daß eine Analyse

[16] Chomsky (1975b), S. 152
[17] Z. B. in (1975b), S. 148–162.

des hinter dem Bild stehenden Sachverhaltes ein wertvolles Argument für die von ihm propagierte Ansicht geliefert hätte. Chomsky wirft seinen Gegnern vor, sie identifizierten die menschliche Psyche mit einer ‚tabula rasa‘, d. h. einer leeren Fläche, auf die Beliebiges aufgezeichnet werden könne. Es gibt dabei zwei mögliche Auffassungen: Entweder man stellt sich die tabula rasa als einen leeren Raum vor. Dann hat dieses Bild überhaupt keinen erklärenden Wert, da – sozusagen – im leeren Raum keine Schrift haftet. Oder man stellt sich die tabula rasa als einen ausgedehnten homogenen Bildträger vor, z. B. mit einem Raster einer bestimmten Feinheit. Die Homogenität des Bildträgers besteht darin, daß jeder Rasterpunkt die gleiche Empfindlichkeit und die gleiche Wiedergabetreue hat wie jeder andere. Es dürfte klar sein, daß die Herstellung eines solchen Bildträgers eine detaillierte Konstruktionsanleitung verlangt, und je feiner das Raster ist, desto mehr Information wird gebraucht. Unter dieser Interpretation ist eine tabula rasa ein komplexes Lernvermögen, dessen Morphogenese eine große Menge von Information verlangt, die nur auf dem Wege der primären Tradition, d. h. genetisch erworben werden kann. Dies war der von K. Lorenz übernommene Tenor unseres fünften Kapitels: Je komplexer das Gelernte, desto komplexer das Lernvermögen.

Das Bild der tabula rasa ist aber noch in einem anderen und wesentlicheren Sinn irreführend. Wörtlich genommen stammt es aus dem Bereich der Optik. Aber auch metaphorisch verstanden setzt es einen abbildenden bzw. wahrnehmenden Sinn voraus, der ja nur biologischer Natur sein kann und infolgedessen wiederum genetische Information voraussetzt. Wir haben in Kapitel 5 im Anschluß an K. Lorenz gezeigt, daß ein Lernvermögen nicht mit einem Wiedergabemechanismus zu vergleichen ist. Es ‚soll‘ ja nicht Beliebiges gelernt werden, sondern nur Vorteilhaftes. Nur unter der Voraussetzung einer prästabilierten Harmonie könnte man damit rechnen, daß die Umwelt in eigener Initiative dem lernenden Organismus zeigt, was er zu seinem eigenen Vorteil lernen soll. Läßt man diese Voraussetzung (aus welchen Gründen auch immer) fallen, so geht es bei der phylogenetischen und bei der ontogenetischen Entwicklung von Lernvermögen nicht so sehr um Techniken der Repräsentationen von Wahrnehmungen im Gedächtnis des Organismus. Hierzu würden in der im vorangehenden Kapitel definierten Terminologie Lernalgorithmen mit den drei primitiven Eigenschaften ‚unspontan‘, ‚konservativ‘ und ‚einfach erweiternd‘ ausreichen (Definitionen 2, 3 und 4). Es geht vielmehr um die Konstitution eines Bereichs von zu lernenden Vermögen, die die aus der Umwelt empfangenen Sinneseindrücke ‚nicht einfach wiederspiegeln‘, sondern übersetzen und nach einem vorliegenden Plan verwerten. Wir haben gesehen, daß die phylogenetische wie ontogenetische Entwicklung der Verhaltensrepertoires nicht in einer bloßen Erweiterung besteht, die mit relativ einfachen Mitteln erreichbar wäre, sondern in einer Steigerung der Komplexität. Da die Komplexitätsskala jedoch keine obere Schranke hat, gibt es kein alles umfassendes sinnvolles

Vermögen, und es ist nicht nur falsch zu behaupten, Menschen könnten ‚alles' lernen, sondern einfach sinnlos.

In seinen „Reflexionen über die Sprache" scheint Chomsky an seinen früheren Vorstellungen über die ‚Angeborenheit' eines Lernalgorithmus festgehalten, aber den Akzent seiner Interpretation verändert zu haben. Er will seine Annahmen als Antwort oder wenigstens als Versuch einer Antwort auf eine Frage verstehen, die „für jeden ernsthaften Philosophen sowohl etwas Verwirrendes als auch etwas Faszinierendes an sich" hat[18], nämlich auf die von B. Russell formulierte Frage: „Wie kommt es, daß wir trotz unseres so kurzen, subjektiven und beschränkten Kontaktes mit der Welt derart viel wissen können?"[19] Chomsky gibt einen kurzen historischen Abriß der Lehre von den angeborenen Ideen bei Plato, Descartes, Leibniz, Cudworth u.a., der mit der Antwort endet, „daß wir so viel wissen können, kommt daher, daß wir es in einem bestimmten Sinne schon immer wußten – obgleich Wahrnehmungsdaten notwendig waren, um dieses Wissen erst wieder zu evozieren. Oder, weniger paradox ausgedrückt: unsere Systeme des Wissens sind genau die, zu deren Konstruktion unser Geist, als eine biologische Struktur, geschaffen ist."[20] Chomsky interpretiert die ‚biologische Struktur' als ein Ergebnis der Evolution. Der Begriff des ‚Wissens' wurde in seinen früheren Schriften systematisch zweideutig gebraucht: erstens im üblichen Sinn als ‚bewußtes' und im Laufe des Lebens erworbenes Wissen und zweitens als ‚angeborenes' Wissen. In seinen ‚Reflexionen' versucht Chomsky dieses mögliche Mißverständnis auszuschließen, indem er die künstliche Bezeichnung des ‚Kognisierens' für das Wissen im letzteren Sinn einführt[21].

Verständlicher hat K. Lorenz diesen Wissensbegriff charakterisiert: „Für den Naturforscher ist der Mensch ein Lebewesen, das seine Eigenschaften und Leistungen einschließlich seiner hohen Fähigkeiten des Erkennens, der Evolution verdankt ... Dieses stammesgeschichtliche Geschehen ist ein Vorgang der Erkenntnis, denn jede ‚Anpassung an' eine bestimmte Gegebenheit der äußeren Realität bedeutet, daß ein Maß von ‚Information über' sie in das organische System aufgenommen wurde." „Auch in der Entwicklung des Körperbaus, in der Morphogenese, entstehen Bilder der Außenwelt: Die Flossen- und Bewegungsform der Fische bildet die hydrodynamischen Eigenschaften des Wassers ab."[22] Um auf die Frage Chomskys zurückzukommen, warum wir in so kurzer Zeit so viel wissen können: Chomsky scheint in den ‚Reflexionen' klarer als in seinen früheren Schriften gesehen zu haben, daß unsere genetisch tradierten ‚Beschränkungen' den alleinigen Sinn haben, unsere Vermögen und insbesondere unsere Lernvermögen

[18] N. Chomsky (1975b dt.) S. 13
[19] B. Russell (1948), zitiert nach Chomsky (1975b dt.), S. 13, wo eine genauere Angabe fehlt.
[20] N. Chomsky (1975b dt.) S. 16
[21] N. Chomsky (1975b dt.) S. 194
[22] K. Lorenz (1973), S. 17. Ähnlich (1969), S. 14.

möglichst weit zu öffnen und nicht zu beschränken. Die Spezialisierung der organischen Systeme hat die Erweiterung ihres Freiheitsraums zum alleinigen Ziel.

Chomsky behauptet, daß die Arbeitsweise des phylogenetisch erworbenen Erkenntnisvermögens ganz und gar nicht trivial und darum auch nur schwer zu rekonstruieren sei. Er vergleicht das Verhältnis einer ihm eingegebenen Wahrnehmung zu dem Resultat seiner Verarbeitung mit dem Verhältnis des Einschaltens des Anlassers eines Autos mit der damit in Gang gesetzten Verhaltensweise des Autos[23]. Die bloße Handbewegung des Schlüsselumdrehens läßt keine Rückschlüsse auf die Reaktion des Autos zu. Dieselbe Bewegung dient z. B. auch zum Abschließen des Handschuhfaches. Es kommt auf den technischen Aufbau des Autos an, der – obwohl nicht trivial und naheliegend – in gewisser Weise eine Antwort ist auf unsere Ansprüche, auf die übliche Beschaffenheit unserer Straßen, die erlaubten Geschwindigkeiten, usw. Daß die biologische Entsprechung dieses komplizierten Systems nur aufgrund eines genetisch tradierten Bauplans entstanden sein kann, kann man sich anhand eines von K. Lorenz verwendeten Aspekts desselben Bildes intuitiv klarmachen[24]: Die Wahrscheinlichkeit, daß die Funktionsweise des Anlassers durch eine von einem Laien vorgenommene beliebige Manipulation des Autos verbessert werden könnte, ist verschwindend gering: Die Wahrscheinlichkeit dafür, daß eine Mutation die Funktionsweise eines Organismus verbessert, liegt in der Größenordnung von 10^{-8}.

Die hier entwickelte Theorie der Spracherlernung dürfte in ihrem Tenor mit der von E. Lenneberg vorgeschlagenen übereinstimmen. Sowohl in seinem grundlegenden Werk über die „Biologische(n) Grundlagen der Sprache" als auch in seinem knappen und klaren Abriß einiger seiner wichtigsten Thesen in „The capacity for language acquisition"[25] geht es Lenneberg in erster Linie um empirische Beobachtungen. Diese sind von unseren abstrakten Überlegungen relativ unabhängig, weshalb eine Gegenüberstellung nicht sehr erhellend wäre. Lennebergs zentrale Thesen sind bis zu einem gewissen Grade auch von seinem empirischen Material unabhängig. So z. B. führt er als ein wichtiges Argument für die Ererbtheit des Sprachlernvermögens die Existenz eines ‚Reifungsplans' an, der u. a. auch den Takt des Spracherwerbs angibt[26]. Der Plan erlaubt andererseits so große Toleranzen, daß er (ähnlich wie Chomskys ‚Argumente' gegen die Empiristen) eigentlich nur als ein Hinweis darauf aufgefaßt werden kann, daß die ausschließliche Determiniertheit der Spracherlernung von der Umwelt eine grobe Übertreibung darstellt.

---

[23] N. Chomsky (1975b dt.), S. 191.
[24] K. Lorenz (1965), S. 12
[25] E. Lenneberg (1967), (1964)
[26] E. Lenneberg (1967), S. 157ff.

In vollkommener Übereinstimmung mit der Theorie Chomskys ist das Bild der Spracherlernung, das J. Monod in seinem populären Buch über „Zufall und Notwendigkeit" zeichnet[27]. Er vertritt die These, „daß der Spracherwerb beim Kind nur deshalb so unerklärlich spontan erscheint, weil die Sprache sich mit einem epigenetischen Entwicklungsprozeß verwebt, dessen Funktion es ist, Sprache aufzunehmen."[28] Monod schließt sich der Ansicht Chomskys an, nach der es eine allen menschlichen Sprachen gemeinsame Form gebe. Er begründet dies damit, daß „die Sprache, seit sie im Stammbaum der Menschen auftrat, nicht nur die Entwicklung der Kultur ermöglicht, sondern entscheidend zur körperlichen Entwicklung des Menschen beigetragen hat. Wenn das wirklich der Fall war, so ist heute die Sprachfähigkeit . . . ein Bestandteil der ‚menschlichen Natur' geworden, die ihrerseits im Genom in einer völlig anderen Sprache – der des genetischen Code – festgelegt ist."[29]

Es gibt eine Folgerung aus unserer Theorie der phylogenetischen und ontogenetischen Spracherlernung, die immer noch kontrovers ist und die zu einem großen Teil für die Auseinandersetzungen um die Sprachphilosophie Chomskys verantwortlich sein dürfte. Unter der Voraussetzung der Existenz eines angeborenen Lernalgorithmus lernt ein Kind eine Sprache nur deshalb, weil es ihr ausgesetzt ist, nicht deshalb, weil es sie in irgendeinem Sinn braucht. Ebenso wie das Kind mit dem Sinn der Fortbewegung auf zwei Beinen erst Hand in Hand mit dessen Erlernung vertraut wird, und den aufrechten Gang nicht erlernt, weil es ihn braucht, so lernt das Kind die Sprache nicht, weil es sie braucht. Ebensowenig kann die Gesamtheit der Strukturen der menschlichen Sprachen nicht aus deren Nutzen im Leben des Individuums verstanden werden, sondern nur im Leben und in der Evolution der Gattung. Beispiele hierfür bieten die infinite und die coinfinite Erweiterung der formalen Sprachen durch den Lernalgorithmus. Alle Versuche einer pragmatischen Erklärung des Ursprungs der Sprache und ihrer Erlernung scheitern an dem Lernvorsprung, den die Gattung vor dem Individuum hat[30].

Eine mit dieser Kontroverse nur z. T. mit Recht verbundene zweite Kontroverse geht um die kommunikative bzw. erkenntnistheoretische Leistung der Sprache. Offenbar neigen die Vertreter der kommunikativen Leistung dazu, ihre Position mit der oben ‚pragmatisch' genannten Position zu verbinden. Die ordnungs- und erkenntnisstiftende Funktion der Sprache gerät dabei in den Hintergrund. H. J. Jerison vertritt in seiner empirischen und zugleich theoretisch-spekulativen Darstellung der Evolution des Gehirns und der Intelligenz[31] die Ansicht, daß die Hauptaufgabe der menschlichen

[27] J. Monod (1970), S. 120ff.
[28] J. Monod (1970), S. 122
[29] J. Monod (1970), S. 123
[30] Vgl. die Auseinandersetzung Chomskys mit J. R. Searle in (1975b), S. 69ff.
[31] H. J. Jerison (1973), (1976).

Sprache hauptsächlich in der Herstellung von Ordnung und Erkenntnis läge, nicht so sehr in der Kommunikation, zu deren Bewerkstelligung einfachere Vermögen ebenso ausreichten wie die komplexe menschliche Sprache. Zu ähnlichen Annahmen neigt auch Chomsky, der gerade den Pragmatikern die Verabsolutierung des kommunikativen und pragmatischen Aspekts zum Vorwurf macht. Wir können und wollen diese Fragen im Rahmen unserer Untersuchung einer Klärung nicht näherbringen. Wir wollen aber darauf hinweisen, daß die Gegensatzpaare kommunikativ-nicht-kommunikativ und pragmatisch-nicht-pragmatisch nur wenig miteinander zu tun haben.

7. Die Chomsky-Hierarchie

Chomsky hat eine nach ihm benannte Hierarchie von im wesentlichen vier Typen von Syntax-Systemen entwickelt, die eine Skala zur Bemessung der Komplexität rekursiv abzählbarer Mengen darstellt. Diese Hierarchie wird im folgenden in großen Zügen wiedergegeben. Eine Interpretation der Hierarchie zusammen mit Chomskys Einordnung der natürlichen Sprachen führt zu einer weiteren Präzisierung des Lernalgorithmus DA_u.

Chomsky hat in seinen frühen Schriften in Analogie zur Hierarchie der Automaten[1] eine Hierarchie von vier Typen von Syntax-Systemen entwickelt, deren Definitionen wir noch einmal wiedergeben[2]:

Definition 1: Sei A das Alphabet, **Z** das Zustandsalphabet, G = A∪**Z** das Gesamtalphabet. **Z** enthält u.a. initiale Zustände, aber keine terminale. (Man kann sich die terminalen mit den Symbolen in A identifiziert denken.) Ein ,Chomsky-System' ist eine endliche Menge von Produktionen $x \rightarrow y$ mit $x, y \in G^*$. Äquivalent können Chomsky-Systeme als Ausdrücke aufgefaßt werden, die durch die Verkettung von Produktionen entstehen.

(a) Typ 0 enthält alle Chomsky-Systeme.

(b) Typ 1 enthält alle Typ-0-Systeme, für deren sämtliche Regeln $x \rightarrow y$ gilt: $|x| \leq |y|$, wobei $|x|$ die Länge, d. h. die Zahl der Vorkommen von Symbolen in x ist.

(c) Typ 2 enthält alle Typ-1-Systeme, für deren sämtliche Regeln $x \rightarrow y$ gilt $x \in \mathbf{Z}$.

(d) Typ 3 enthält alle Typ-2-Systeme, für deren sämtliche Regeln $x \rightarrow y$ gilt: $x \rightarrow y$ hat entweder die Form $Z_i \rightarrow a_jZ_k$ oder $Z_i \rightarrow a_j$ mit $Z_i, Z_k \in \mathbf{Z}$ und $a_j \in A$.

Eine Menge $M \subseteq A^*$ ist Chomsky-erzeugbar genau dann, wenn sie von einem Chomsky-System aus einem initialen Zustand Z_j^i erzeugt wird.

---

[1] Die Menge der ,endlichen Automaten' ist äquivalent mit Typ 3, die Menge der ,nicht-deterministischen Pushdown Automaten' mit Typ 2, die Menge der ,linear beschränkten Automaten' mit Typ 1, und die Menge der Turing-Algorithmen mit Typ 0. Die Äquivalenzbeweise finden sich z. B. in Hopcroft-Ullman (1969), S. 33ff., 74ff., 116f. und 111ff. Sie gehen zurück (der Reihe nach) auf: Chomsky-Miller (1958), Chomsky (1962) und J. Evey (1963); P. S. Landweber (1963) und S. Y. Kuroda (1964); Chomsky (1959).

[2] Vgl. Kapitel 2, S. 53!

Typ-1-Systeme nennt man auch ‚längenmonoton' oder ‚kontextsensitiv'[3], Typ-2-Systeme ‚kontextfrei' und Typ-3-Systeme ‚regulär'.

Bezeichnet man die Gesamtheit aller Typ-0-Systeme mit T_0, die der Typ-1-Systeme mit T_1, usw., so ergibt sich aufgrund der von Definition (a) bis (d) fortgesetzten Einschränkung das folgende triviale

Theorem 1: $T_0 \supset T_1 \supset T_2 \supset T_3$.

D. h. alle regulären Systeme sind kontextfrei, alle kontextfreien Systeme kontextsensitiv (nicht umgekehrt, wie man dem Wortsinn dieser Adjektive entnehmen könnte), und alle kontextsensitiven von nullten Typ. Selbstverständlich handelt es sich jeweils um echte Teilmengen.

Für den weiteren Gedankengang brauchen wir die

Definition 2: Eine Menge bzw. formale Sprache ist vom Typ i mit $0 \leq i \leq 3$, wenn es ein Typ-i-System gibt, das sie erzeugt. Entsprechend sollen die Bezeichnugnen ‚kontextsensitiv', ‚kontextfrei' und ‚regulär' auch auf formale Sprachen bezogen werden.

Aus Theorem 3 in Kapitel 3 folgt unmittelbar, daß eine Menge bzw. eine formale Sprache vom Typ 0 ist genau dann, wenn sie erzeugbar, d. h. rekursiv abzählbar ist.

Im weiteren betrachten wir Systeme und formale Sprachen über dem dreielementigen Alphabet A = {a, b, c}. Die folgenden Behauptungen lassen sich leicht auf andere Alphabete übertragen. Zunächst ist es eine triviale Tatsache, daß der Ausdrucksraum A* über A mit Hilfe eines regulären Systems S_3 erzeugt werden kann:

$$S_3 = \langle Z_1^i \rightarrow Z_1,\; Z_1 \rightarrow aZ_1,\; Z_1 \rightarrow bZ_1,\; Z_1 \rightarrow cZ_1,\; Z_1 \rightarrow a,\; Z_1 \rightarrow b,\; Z_1 \rightarrow c \rangle \qquad L(S_3) = A^*$$

S_3 erzeugt z. B. den Ausdruck abacc auf folgende Weise:

Z_1^i
Z_1
aZ_1
abZ_1
$abaZ_1$
$abacZ_1$
abacc

[3] Vgl. die Bemerkung S. 54!

Der Ausdrucksvorrat, d. h. die umfassendste formale Sprache über dem Alphabet A, ist also regulär, d. h. vom niedrigsten Typ. Es gibt weiterhin formale Sprachen über A, zu deren Erzeugung reguläre Systeme nicht ausreichen. Das System S_2 erzeugt die Menge aller Ausdrücke über A, die aus einer Folge von a's, einer Folge von b's und einer Folge von c's in dieser Reihenfolge bestehen, wobei die Länge der a-Folge mit der der b-Folge übereinstimmt:

$$
\begin{aligned}
S_2 = \langle Z_1^i &\to Z_1, \\
Z_1 &\to Z_2Z_3, \\
Z_2 &\to aZ_2b, \\
Z_2 &\to ab, \\
Z_3 &\to cZ_3, \\
Z_3 &\to c\rangle
\end{aligned}
$$

Kürzt man wie üblich Ausdrücke, die ausschließlich aus n Vorkommen eines Symbols x bestehen mit x^n ab, so erzeugt dieses System Ausdrücke der Form $a^nb^nc^m$ mit $n, m \in \mathbf{N}$, und es gilt:

$$L(S_3) = \{a^nb^nc^m \mid n, m \in \mathbf{N}\}.$$

Jedes reguläre System und damit auch jede reguläre Sprache ist auch kontextfrei. Weil aber $L(S_3)$ zwar kontextfrei, aber nicht regulär ist, gilt

$$L(T_2) \supset L(T_3).$$

Dabei bezeichnen wir mit $L(T_i)$ die Gesamtheit aller Typ-i-Sprachen. Es gibt also ‚mehr' kontextfreie Systeme bzw. Sprachen als reguläre. Da nun sämtliche formalen Sprachen über A (per definitionem) Teilmengen des Ausdrucksraums A^* sind, ist jede kontextfreie Sprache Teilmenge einer regulären Sprache. Die Tatsache, daß es ‚mehr' kontextfreie Sprachen gibt als reguläre, begründet sich also nicht damit, daß diesen ein reicheres Repertoire an Bausteinen, d. h. ein größeres Alphabet, oder eine im quantitativen Sinne stärkere Erzeugungskapazität zur Verfügung steht, sondern damit, daß sie mit den Bausteinen kunstvoller umgehen können. Kontextfreie Systeme erzeugen nicht größere, sondern eher ‚feinere', ‚differenziertere' formale Sprachen als reguläre Systeme.

Der entsprechende Sachverhalt ergibt sich im Übergang zu kontextsensitiven und zu Typ-0-Sprachen. Die Menge der Ausdrücke, die aus einer a-Folge, einer b-Folge und einer c-Folge bestehen und deren a-, b- und c-Teil in der Länge übereinstimmen, d. h. die Menge der Ausdrücke $a^nb^nc^n$ mit $n \in \mathbf{N}$, ist nicht kontextfrei. Es gibt aber ein kontextsensitives System S_1, das sie erzeugt:

$$
\begin{aligned}
S_1 = \langle Z_1^i &\to Z_a, & aZ_b &\to ab, \\
Z_a &\to aZ_aZ_bZ_c, & bZ_b &\to bb, \\
Z_a &\to aZ_bZ_c, & bZ_c &\to bc, \\
Z_cZ_b &\to Z_bZ_c, & cZ_c &\to cc\rangle
\end{aligned}
$$

Wir geben beispielhalber die Erzeugung von $a^3b^3c^3$ an:

Z_1^i
Z_1
$aZ_aZ_bZ_c$
$aaZ_aZ_bZ_cZ_bZ_c$
$aaaZ_bZ_cZ_bZ_cZ_bZ_c$
$aaaZ_bZ_cZ_bZ_bZ_cZ_c$
$aaaZ_bZ_bZ_cZ_bZ_cZ_c$
$aaaZ_bZ_bZ_bZ_cZ_cZ_c$
$aaabZ_bZ_bZ_cZ_cZ_c$
$aaabbZ_bZ_cZ_cZ_c$
$aaabbbZ_cZ_cZ_c$
$aaabbbcZ_cZ_c$
$aaabbbccZ_c$
$aaabbbccc$

Es gilt

$$L(S_1) = \{a^nb^nc^n \mid n \in \mathbf{N}\}.$$

Da wieder jedes kontextfreie System kontextsensitiv ist, muß auch jede kontextfreie Sprache kontextsensitiv sein. Und weil $L(S_1)$ kontextsensitiv, aber nicht kontextfrei ist, gilt

$$L(T_1) \supset L(T_2).$$

$L(S_1)$ ist als Menge aller Ausdrücke der Form $a^nb^nc^n$ offensichtlich eine Teilmenge von $L(S_2)$, die alle Ausdrücke der Form $a^nb^nc^m$ enthält. Man erhält aus $L(S_2)$ die Einschränkung $L(S_1)$ durch die Forderung, daß $m = n$. Weil der Ausdrucksraum A^* neben seiner Regularität auch kontextfrei ist, ist die Behauptung, jede kontextsensitive Sprache sei eine Einschränkung einer kontextfreien, trivial. Es dürfte sich aber zeigen lassen, daß jede kontextsensitive Sprache die Einschränkung einer kontextfreien und nicht regulären Sprache ist. Somit wäre wiederum gezeigt, daß die Tatsache, daß es ‚mehr' kontextsensitive Sprachen gibt als kontextfreie, nicht so zu erklären ist, daß den ersteren eine im quantitativen Sinne größere Erzeugungskapazität zukommt, sondern damit, daß ihnen feinere, differenziertere Aufbauprinzipien zur Verfügung stehen als den letzteren.

Der Einfachheit halber können wir hier keine formalen Sprachen vorführen, die vom nullten Typ, aber nicht kontextsensitiv sind. Wollte man z. B. die Menge aller Theoreme der Prädikatenlogik der ersten Stufe mit Hilfe eines Chomsky-Systems erzeugen, so würden hierfür kontextsensitive Systeme nicht ausreichen[4].

---

[4] Zweifellos erforderte eine Übersetzung eines axiomatischen Systems der Prädikatenlogik erster Stufe in ein Chomsky-System einigen Aufwand. Daß es eine vollständige

Natürlich gilt auch hier

$L(T_0) \supset L(T_1)$,

so daß wir als zusammenfassendes Ergebnis erhalten:

Theorem 2: $L(T_0) \supset L(T_1) \supset L(T_2) \supset L(T_3)$.

Da auch hier jede Typ-0-Sprache die Einschränkung einer kontextsensitiven, aber nicht kontextfreien Sprache sein dürfte, kann die größere Leistungsfähigkeit der Typ-0-Systeme nicht darin bestehen, aus einem größeren Bereich von Ausdrücken, oder mehr Ausdrücke, oder komplexere Ausdrücke erzeugen zu können, sondern lediglich darin, eine komplexere, feinere Auswahl aus einem an sich nicht komplexen Bereich treffen zu können. Die aufsteigende Hierarchie vom dritten bis zum nullten Typ führt nicht zu einer Steigerung der Reichweite, sondern der Feinheit bzw. Komplexität der Erzeugungskapazitäten.

Der Gedankengang der folgenden Kapitel wird zum Nachweis nicht rekursiv abzählbarer Mengen führen. Diese sind nicht erzeugbar und auch nicht Chomsky-erzeugbar. Es kommt ihnen ein Komplexitätsgrad zu, der oberhalb des höchsten ‚Chomsky-Typs' liegt, nämlich oberhalb vom nullten. Wir werden solche Komplexitätstypen im folgenden Kapitel nachweisen und in Kapitel 10 plausibel machen, daß alle nicht trivialen Semantiken diesen höheren Typen angehören. Gerade dies behaupteten die in der Einleitung beschriebenen negativen Ergebnisse der Logik, die wir mit Hilfe eines genaueren Instrumentariums in Kapitel 9 entwickeln werden.

Im weiteren stellen wir in großen Zügen Chomskys Versuch dar, den Typ natürlicher formaler Sprachen zu bestimmen. Der Einfachheit halber beschränken wir uns in Anlehnung an Chomsky auf prinzipielle Überlegungen, die mit formalen Sprachen über dem zweisymboligen Alphabet $A = \{a, b\}$ auskommen. Chomsky hat gezeigt, daß reguläre Systeme (Typ 3) für natürliche Sprachen nicht in Frage kommen. Es treten hier nämlich Konstruktionen auf, die die Struktur von Klammerungen, Schachtelungen bzw. Einbettungen haben. So hat der Relativsatz

. . . der die Frau, die ihren Mann, der sein Kind liebt, liebt, liebt . . .

die syntaktische Struktur:

Axiomatisierung gibt, hat Gödel (1930) gezeigt. Daß jedes formale axiomatische System in Form eines Chomsky-Systems angegeben werden kann, folgt aus der Tatsache, daß formale axiomatische Systeme die Menge ihrer ableitbaren Ausdrücke rekursiv abzählen, der These von Church und der Chomsky-Erzeugbarkeit aller rekursiv abzählbaren Mengen. Daß das Chomsky-System zur Erzeugung der prädikatenlogischen Theoreme erster Stufe vom nullten, aber von keinem niedrigeren Typ ist, folgt aus der Tatsache, daß alle kontextsensitiven Systeme rekursiv entscheidbar sind, und daß die Prädikatenlogik erster Stufe nicht rekursiv entscheidbar ist. (Vgl. die Einleitung und Kapitel 9!)

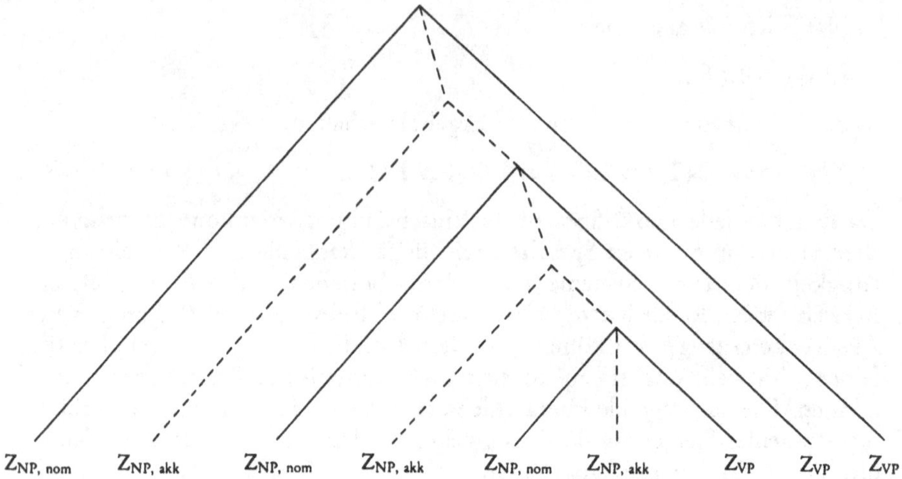

Schematisch hat der Satz die Struktur:

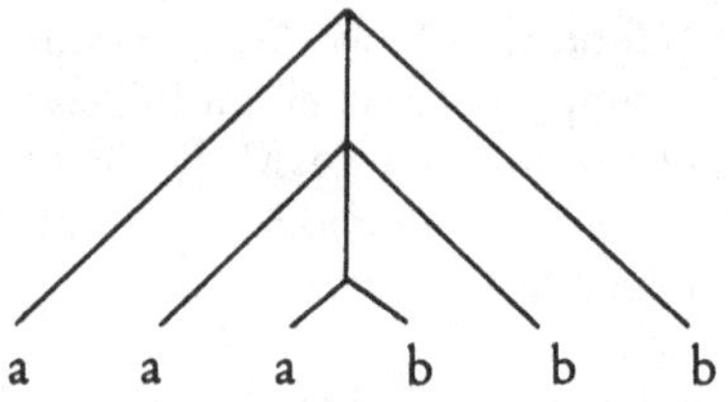

Ist eine syntaktische Kategorie K n-mal in sich eingebettet, so sagen wir, seine Einbettungsstruktur habe eine Tiefe von n. (Das angeführte Beispiel hat eine Tiefe von 2.)

Im folgenden benötigen wir die von Chomsky in die Syntax-Theorie eingeführte Unterscheidung zwischen deskriptiver und explanativer Adäquatheit[5]. Der Einheitlichkeit unserer Terminologie halber ziehen wir dieser Ausdrucksweise unsere in Kapitel 3 eingeführte vor und sprechen von ‚extensionaler' und ‚intensionaler' Adäquatheit. Ein Chomsky-System ist relativ zu einer Menge M von Ausdrücken extensional adäquat, wenn es genau alle Elemente von M erzeugt. Es ist relativ zu M und relativ zu einer strukturellen Interpretation I der Elemente von M intensional adäquat, wenn es extensional adäquat ist, und wenn die in Form von Stammbäumen wiedergegebenen Erzeugungen Abbildungen der von I den Ausdrücken von M zugeordneten Strukturen sind. Gewisse Mengen einbettender bzw. schachtelnder Ausdrücke können zwar extensional adäquat auch von regulären

[5] Vgl. N. Chomsky (1965), S. 24ff.

Systemen erzeugt werden. Aber es gibt für jedes reguläre System eine ihm eigentümliche obere Schranke für die Tiefe der von ihm erzeugten Einbettungen. Das folgende reguläre System kann Einbettungen bis zur Tiefe 4 vornehmen:

$$\langle Z_1^i \to Z_K, \quad Z_{A_2} \to aZ_2, \quad Z_3 \to bZ_3,$$
$$Z_K \to aZ_1, \quad Z_2 \to bZ_1, \quad Z_{A_3} \to aZ_{A_4},$$
$$Z_1 \to b_2, \quad Z_{A_2} \to aZ_{A_3}, \quad Z_{A_4} \to aZ_4,$$
$$Z_K \to aZ_{A_2}, \quad Z_{A_1} \to aZ_3, \quad Z_4 \to bZ_3\rangle$$

Die Strukturbeschreibungen sind jedoch nicht intensional adäquat:

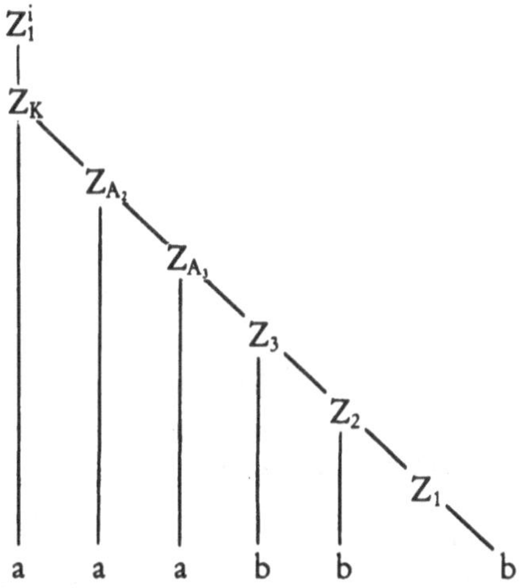

Reguläre Systeme, die ausschließlich einbettende bzw. schachtelnde Ausdrücke der Form $a^n b^n$ erzeugen, erzeugen also niemals alle $a^n b^n$ mit $n \in \mathbf{N}$. Erweitert man aber reguläre Systeme so, daß sie sämtliche $a^n b^n$ erzeugen, so erzeugen sie auch weitere nicht gewünschte Ausdrücke. Wir haben oben gezeigt, daß reguläre Systeme zur Erzeugung des Ausdrucksraums ausreichen, und der Ausdrucksraum A^* mit $A = \{a, b\}$ enthält natürlich u. a. auch die Ausdrücke $a^n b^n$. Ein Lernalgorithmus der im vorangehenden Kapitel beschriebenen Art könnte also unter ausschließlicher Benutzung regulärer Syntax-Systeme, d. h. bei Beschränkung seiner Wertemenge auf reguläre Systeme, eine Menge der Art

$$ab, a^2b^2, a^3b^3, \ldots, a^nb^n$$

stets nur finit oder zu stark erweitern. Er könnte aber den unserer Intuition entsprechenden Lernvorgang nicht nachvollziehen.

Die Erzeugung der ‚richtigen' Menge führt zu kontextfreien Syntax-Systemen (Typ 2), die die Einbettungen zugleich intensional adäquat vornehmen. Das System

$$\langle Z_1^i \rightarrow Z,$$
$$Z \rightarrow ab,$$
$$Z \rightarrow aZb\rangle$$

erzeugt alle Schachtelungen $a^n b^n$ für alle Tiefen $n \in \mathbf{N}$.

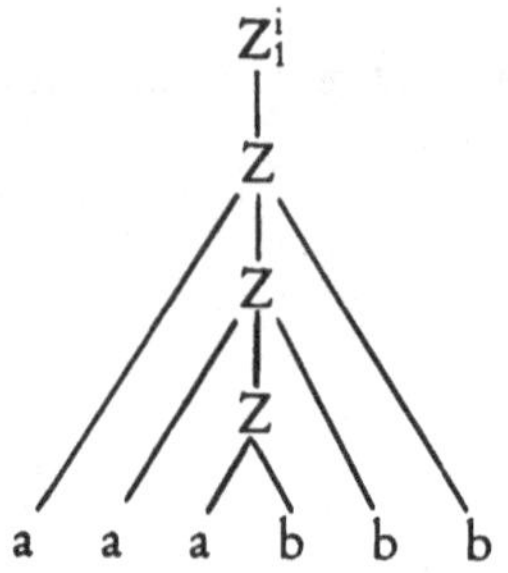

Der Übergang von regulären zu kontextfreien Systemen wird also diktiert von dem Bedürfnis nach der ‚richtigen' Erweiterung.

Die intensionale Adäquatheit besteht aus zwei Momenten. Erstens ist sie die bei der Erzeugung jedes einzelnen Ausdrucks sich zeigende Eigenschaft eines Syntax-Systems, richtig verallgemeinert zu haben, oder anders: die im Endlichen sich zeigende Eigenschaft, die Erzeugungen ‚richtig' ins Unendliche fortzusetzen. Zweitens ist sie die Vorbedingung dafür, daß beim nächsten Lernschritt wiederum richtig verallgemeinert werden kann. Man kann also wenigstens einen großen Teil der allgemeinen Kriterien für die intensionale Adäquatheit für Syntax-Systeme übersetzen in weitere, über die im vorangehenden Kapitel formulierten hinausgehenden Einschränkungen des für den menschlichen Sprachlernalgorithmus in Frage kommenden Spielraums von Algorithmen. Wir können diesen Gedanken im Rahmen dieser Darstellung nicht weiter präzisieren, sondern begnügen uns mit einer allgemeinen Skizze. Die Behauptung Chomskys, natürliche Sprachen könnten nicht regulär, sondern müßten wenigstens kontextfrei sein, geht also in unserer Darstellung über in eine weitere Präzisierung des Lernalgorithmus DA_u.

In einer ähnlichen Argumentation hat Chomsky nachgewiesen, daß natürliche Sprachen wahrscheinlich auch nicht kontextfrei, sondern sogar kontextsensitiv sein dürften. Auch diese Behauptung könnte in eine weitere Präzisierung des Lernalgorithmus DA_u übersetzt werden. Chomsky hat weiterhin gezeigt, daß in der aufsteigenden Hierarchie vom dritten bis zum nullten Typ die Syntax-Systeme schon innerhalb der kontextsensitiven

Systeme (Typ 1) für viele syntaktische Zwecke unbrauchbar werden. Will man z. B. mit Hilfe eines Systems S

$$S = \langle Z_1^i \rightarrow Z_{sub}\, Z_{pr},$$
$$Z_{pr} \rightarrow Z_v Z_{obj},$$
$$\ldots \rangle$$

nicht nur Sätze der Form $Z_{sub}Z_vZ_{obj}$, sondern auch die der Form $Z_vZ_{sub}Z_{obj}$ und $Z_{sub}Z_{obj}Z_v$ erzeugen, die man ja im Deutschen z. B. für Aussage-, Frage- und Nebensätze braucht, und will diese nicht durch Einführung jeweils zweier neuer Anfangsregeln erzeugen, so muß man Permutations- oder Umordnungsregeln einführen. Mit Hilfe des Instrumentariums kontextsensitiver Systeme lassen sich solche Regeln zwar formulieren, aber man gerät mit ihnen in Konflikt bei den üblichen Interpretationen der Hilfs- bzw. Zustandssymbole als Stellvertreter der von ihnen erzeugten syntaktischen Kategorien. Man könnte z. B. die beiden kontextsensitiven bzw. längenmonotonen Regeln

$$Z_{sub}Z_vZ_{obj} \rightarrow Z_vZ_{sub}Z_{obj}$$
$$Z_{sub}Z_vZ_{obj} \rightarrow Z_{sub}Z_{obj}Z_v$$

einführen. Diese hätten drei Typen von Strukturbäumen zur Folge:

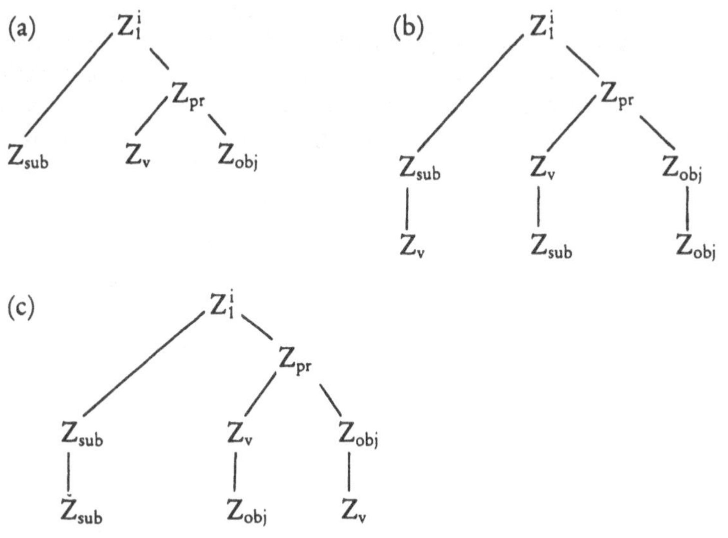

Analog zu der Schreibweise ‚L(S)', mit der wir die Menge der mit Hilfe des Systems S aus dem stets gleichen und einzigen initialen Symbol Z_1^i erzeugbaren Ausdrücke bezeichnen, verstehen wir im folgenden unter ‚$L^{Z_i}(S)$' die Menge der mit Hilfe von S aus dem Zustandssymbol Z_i (als initiales

Symbol interpretiert) erzeugbaren Ausdrücke. Bei dieser Interpretation bekommen wir aus Strukturbaum (b)

$$L^{Z_v}(S) \subseteq L^{Z_{sub}}(S), \qquad L^{Z_{sub}}(S) \subseteq L^{Z_v}(S),$$

damit

$$L^{Z_v}(S) = L^{Z_{sub}}(S),$$

und aus Strukturbaum (b)

$$L^{Z_{obj}}(S) \subseteq L^{Z_v}(S), \qquad L^{Z_v}(S) \subseteq L^{Z_{obj}}(S),$$

daraus

$$L^{Z_{obj}}(S) = L^{Z_v}(S).$$

Und aus beiden Ergebnissen schließlich die Identität aller drei Kategorien:

$$L^{Z_{sub}}(S) = L^{Z_v}(S) = L^{Z_{obj}}(S)$$

Das Dilemma kann nur dadurch beseitigt werden, daß entweder die Interpretation der Zustandssymbole als Stellvertreter syntaktischer Kategorien oder die Form der zulässigen Regeln geändert wird. Chomsky schlug mit der Einführung sog. ‚Transformationsregeln' den letzteren Weg ein.

Unter Transformationsregeln versteht man Regeln, die nicht auf die von S erzeugten Ausdrücke, sondern auf die die Art und Weise der Erzeugung beschreibenden Strukturbäume angewendet werden und aus diesen andere herstellen. Wir wollen innerhalb dieses Gedankenganges nicht ausführlich auf die Transformationsregeln eingehen. In unserem Beispiel könnte man mit Hilfe einer Transformationsregel T_{frage} aus (a) Strukturbaum (b') erzeugen:

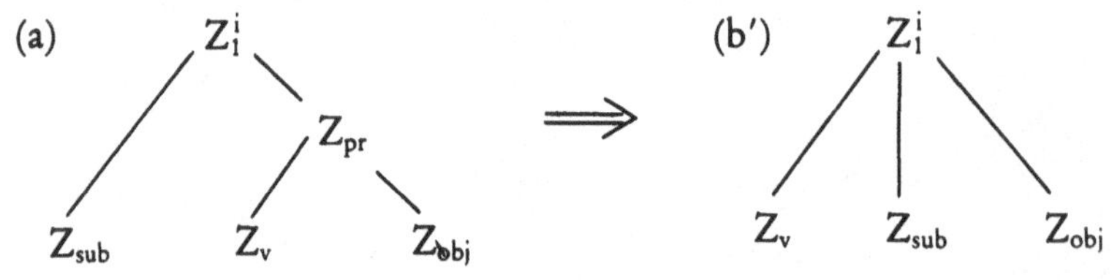

oder mit Hilfe $T_{nebens.}$ aus (a) den Strukturbaum (c'):

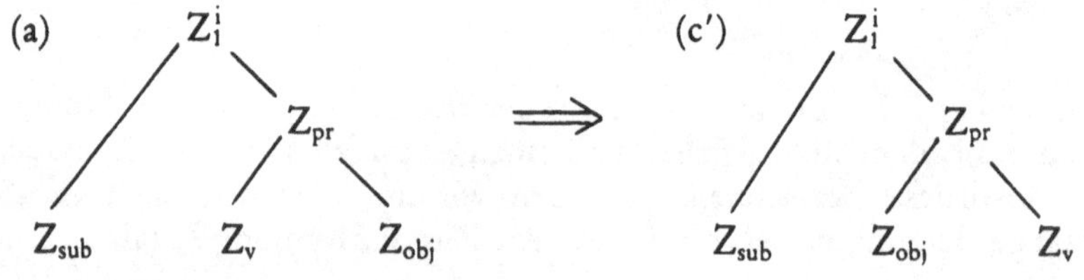

Die Natur der Transformationsregeln blieb weitgehend im Dunkeln. Man kann sie (via Church'sche These) auffassen als eine endliche Menge von Semi-Thue-Regeln, die auf Strukturbäume angewendet werden können und dabei die oben beschriebene Vermischung der betroffenen Kategorien vermeiden sollen. Strukturbäume können ja auch als lineare Gebilde, d. h. in Ausdrücken der üblichen Art, dargestellt werden, wie z. B.

$$Z_1^i\ (Z_{subj}Z_{pr}(Z_vZ_{obj})),$$
$$Z_1^i\ (Z_vZ_{sub}Z_{obj})$$
$$Z_1^i\ (Z_{sub}Z_{pr}(Z_{obj}Z_v)),$$

auf die dann Semi-Thue-Regeln in der in Kapitel 2 definierten Art angewendet werden können.

Chomsky hat aus diesen Sachverhalten den im wesentlichen nicht abzuweisenden Schluß gezogen, daß die Syntax natürlicher Sprachen mit zwei verschiedenen Systemen zu erzeugen sei, erstens mit einem Basis-System, das aus einem kontextfreien oder kontextsensitiven Chomsky-System besteht, und zweitens einem Transformationssystem, das Basisstrukturen in komplexere überführt. Für unsere grundsätzlichen und abstrakten Überlegungen genügt es, die Transformationsregeln als komplexe Semi-Thue-Systeme aufzufassen. Das von Chomsky geforderte Basis-System, bereichert um die aus den Transformationsregeln bei ihrer Rekonstruktion mit Hilfe von Semi-Thue-Regeln entstehenden Regeln, dürfte nach unseren obigen Überlegungen nicht mehr kontextfrei, sondern wenigstens kontextsensitiv sein. Unser Lernalgorithmus DA_u müßte entsprechend angepaßt werden.

Andererseits wird meist unbefragt akzeptiert, daß natürliche formale Sprachen rekursiv entscheidbar sind. Dies bedeutet lediglich, daß die Beherrschung eines Syntax-Systems das Vermögen impliziert, von jedem vorgelegten Ausdruck effektiv angeben zu können, ob er der entsprechenden formalen Sprache angehört oder nicht. Wir werden diese Annahme in Frage stellen. Doch zuvor wollen wir einige wichtige Folgerungen beschreiben.

Die Grenzlinie zwischen rekursiv entscheidbaren und nicht rekursiv entscheidbaren, d. h. ‚nur' rekursiv abzählbaren formalen Sprachen, verläuft zwar nicht quer zu der von Chomsky entwickelten Hierarchie der Typen 0–3, steht aber zu dieser in keinem einfach charakterisierbaren Verhältnis. Die Längenmonotonie der kontextsensitiven Systeme (und sowohl kontextfreie als auch reguläre Systeme sind ebenfalls längenmonoton) bietet die Grundlage für eine einfache Entscheidungsprozedur: Will man von einem Ausdruck der Länge n feststellen, ob er von einem längenmonotonen System erzeugt werden kann oder nicht, so bestimmt man zunächst die Menge aller (über dem entsprechenden Gesamtalphabet formulierbaren) Ausdrücke der Länge $\leq$ n. Da es hiervon nur endlich viele gibt, kann es auch nur endlich viele endlich lange Folgen solcher Ausdrücke geben, die als Erzeugungen des zu prüfenden Ausdrucks in Frage kommen. Diese kann man einzeln prüfen:

Findet man unter den Folgen eine Erzeugung, so ist der fragliche Ausdruck in unserem System erzeugbar, findet man keine Erzeugung, so nicht. Die längenmonotonen Syntax-Systeme schöpfen den Bereich der rekursiv entscheidbaren formalen Sprachen jedoch nicht aus, so daß die Grenze zwischen rekursiv entscheidbaren und nicht entscheidbaren irgendwo oberhalb der längenmonotonen Sprachen durch die Typ-0-Sprachen verläuft[6]. Wir vereinbaren eine praktische Redeweise und formulieren mit ihrer Hilfe ein weiteres Postulat:

> *Definition 3:* Die Menge der Chomsky-Systeme, die rekursiv entscheidbare und nicht reguläre Sprachen erzeugen, nennen wir das ‚Chomsky-Intervall'.
>
> *Postulat:* Die für die Spracherlernung in Frage kommenden Lernfunktionen D_u erzeugen fast nur Syntax-Systeme des Chomsky-Intervalls.

Die Redeweise ‚fast nur' besagt, daß zu Beginn der Spracherlernung beim Kinde eventuell primitive Systeme auftreten, die nur regulär sind. Die endlich vielen Übergangsstadien können jedoch vernachlässigt werden.

Unsere weitere Argumentation verläßt den von Chomsky angegebenen Rahmen. Wir werden in Kapitel 10 den Vorschlag machen, sowohl die rekursive Entscheidbarkeit als auch die rekursive Abzählbarkeit der für die Beschreibung natürlicher Sprachen in Frage kommenden formalen Sprachen nicht mehr in irgendeinem empirischen Sinne zu postulieren, sondern zur definierenden Eigenschaft des Begriffs der Syntax zu machen. Der syntaktische Aspekt bestünde danach in allem, was mit Hilfe eines Syntax-Systems sich beschreiben ließe, z. B. mit Hilfe eines Chomsky-Systems oder einer Transformationsgrammatik. In diesem Sinne verwendet man den Begriff der Syntax weithin in der Logik, wo man die Syntax stets rekursiv entscheidbar konzipiert, um dann mit semantischen Mitteln u. a. rekursiv nicht entscheidbare und sogar nicht abzählbare Teilmengen, wie z. B. Theorien zu bestimmen. Wir wollen in Kapitel 10 zeigen, daß ein wesentlicher Aspekt der Semantik in einer gegenüber der Syntax weiteren Komplexitätssteigerung besteht. So wie die aufgrund unseres im vorangehenden Kapitel beschriebenen Lernalgorithmus DA_u gelernte relativ komplexe Syntax selbstverständlich nicht die primitive Fähigkeit zur Erzeugung des Ausdrucksraums über jedem beliebigen Alphabet vergessen macht, sondern es als primitive Stufe voraussetzt, aus deren Material sie ihre komplexere und feinere Auswahl trifft, so ist die Semantik unter der zu entwickelnden Betrachtungsweise ein weit komplexeres und feineres Instrument zur Ausfilterung gewisser Teilmengen der Syntax. Man kann diese Teilmengen z. B. als die wahren Sätze

[6] Zum Existenzbeweis nicht längenmonotoner, rekursiv entscheidbarer Mengen vgl. Hopcroft-Ullman (1969), S. 117f.

und Texte oder auch die relativ zu bestimmten Umständen wahren Sätze und Texte auffassen. Die Syntax ist gegenüber diesen Systemen ähnlich primitiv, wie das System des gesamten Ausdrucksraums gegenüber der Syntax. Die so aufgefaßte Semantik überschreitet die in der Chomsky-Hierarchie repräsentierte Komplexitätsskala und macht somit eine Fortsetzung der in den Kapiteln 1 und 2 begonnenen Darstellung einiger Ergebnisse der Theorie der Algorithmen und rekursiven Funktionen notwendig.

8. Rekursiv nicht abzählbare und produktive Mengen

Es gibt einen Turing-Halbalgorithmus bzw. eine rekursive Halbfunktion, die jeden anderen Halbalgorithmus bzw. jede andere rekursive Halbfunktion zu ‚simulieren' imstande ist, und die darum der bzw. die ‚universale' heißt. Mit ihrer Hilfe konstruiert man nach dem Cantorschen Diagonalverfahren eine rekursive Halbfunktion, die angesetzt auf eine Zahl x genau dann zu einem Ergebnis kommt, wenn die x-te rekursive Halbfunktion angesetzt auf ihre eigene Nummer x zu einem Ergebnis kommt. Die Diagonalisation benutzt die Anwendung der rekursiven Halbfunktionen auf sich selbst und stellt eine Art von Reflexivität des Systems der rekursiven Halbfunktionen dar. Während nun die Gesamtheit der rekursiven Halbfunktionen, die angesetzt auf ihre eigene Nummer zu einem Ergebnis kommen, rekursiv abzählbar ist, führt die Annahme der rekursiven Abzählbarkeit der Gesamtheit aller rekursiven Halbfunktionen, die angesetzt auf ihre eigene Nummer zu keinem Ergebnis kommen, zu einem Widerspruch. Somit erhalten wir das erste und für unseren Zusammenhang wichtigste ‚negative Resultat', auf das sich viele andere zurückführen lassen: Das sog. ‚Halteproblem' ist unlösbar. Wir geben diesem Ergebnis mit Hilfe des Begriffs ‚Produktivität' eine allgemeinere und detailliertere Form. Dieser Begriff beschreibt die Eigenschaft bestimmter rekursiv nicht abzählbarer Mengen, die darin besteht, daß jede ihrer rekursiv abzählbaren Teilmengen mit Hilfe einer Diagonalisation zu erweitern ist.

Die Entwicklung der negativen bzw. limitativen Resultate wurde wesentlich von K. Gödel (1931), d. h. von der Logik angeregt[1]. Die Theorie der Algorithmen und rekursiven Halbfunktionen bietet jedoch einen angenehmeren Zugang zu ihrem Verständnis, den wir in diesem Kapitel beschreiten. Im folgenden Kapitel werden wir die Ergebnisse in die Logik, d. h. auf einfache Sprachen übertragen. Der Begriff der Produktivität, von dem wir wesentlichen Gebrauch machen, geht auf J. C. E. Dekker (1955) zurück, stammt aber der Sache nach aus E. Post (1944), der von ‚kreativen' Mengen spricht. Wir stützen uns in unserer Darstellung auf H. Rogers[2]. Der Sinn unserer Herleitung einiger negativer Resultate besteht in dem Nachweis, daß die von Chomsky entwickelte Komplexitätshierarchie der formalen Sprachen und die parallele Hierarchie der sog. abstrakten Automaten[3] nicht im Typ 0, d. h. dem Typ der rekursiv abzählbaren Mengen oder formalen Sprachen ihr natürliches Ende findet, sondern sich ohne Begrenzung nach oben fortsetzen

---

[1] Vgl. die Darstellung der mathematisch-logischen Schriften K. Gödels in S. C. Kleene (1976).
[2] H. Rogers (1967), S. 21ff.
[3] Vgl. S. 129!

läßt[4]. Die Übergänge von Typ 3 zu 2, 1 und 0 erfordern endlichen Zuwachs an Information. Die Überschreitung von Typ 0 dagegen erfordert unendlich viel Information und ist darum kategoriell verschieden von den früheren Übergängen. Daß aber auch die Erfassung höherer Komplexitätsstufen keine umfassendere und (nach unserem in Kapitel 4 postulierten Prinzip der ‚Konstanz der erkennenden Energie') schwächere Rationalität verlangt, – dies wollen wir mit Hilfe des Begriffs der Produktivität zeigen. Die Benutzung höherer Komplexitätsstufen widerspricht sich also nicht mit unserer Forderung, Verhalten mit Hilfe von Erzeugungssystemen und Halbalgorithmen, d. h. vor dem Hintergrund unseres in Kapitel 4 charakterisierten methodischen Reduktionismus zu erklären.

In Kapitel 1 haben wir die Menge der Turing-Systeme charakterisiert. Die syntaktische Beschreibung war dabei derart, daß wir von jedem vorliegenden Ausdruck effektiv entscheiden konnten, ob er ein Turing-System ist oder nicht. Darüber hinaus war effektiv entscheidbar, ob ein Turing-System einen Halbalgorithmus darstellt: Dies ist genau dann der Fall, wenn keine zwei Regeln in ihren linken Seiten übereinstimmen. Da wir uns in den folgenden prinzipiellen Überlegungen der Einfachheit halber ohne Beschränkung der Allgemeinheit auf einstellige und arithmetische Turing-Systeme beschränken können[5], haben wir es stets mit ein und demselben und zwar einsymboligen Alphabet $A = \{|\}$ zu tun: Die Ausdrücke über A, die Strichfolgen, fassen wir als primitive Bezeichnungen der natürlichen Zahlen auf und identifizieren der einfacheren Redeweise halber meist Zahlen mit ihren Bezeichnungen.

Wir denken uns den gesamten Ausdrucksraum über einem Alphabet, das neben dem Strich | unendlich viele Zustandssymbole $Z_1, Z_2, \ldots$ und die erforderlichen synkategorematischen Symbole wie den Rechtspfeil, das Komma usw. enthält. Wir stellen uns diesen Ausdrucksraum in einer Liste angeordnet vor, in der zuerst alle Ausdrücke der Länge 1 aufgeführt werden, danach alle der Länge 2 usw. Ausdrücke gleicher Länge seien alphabetisch geordnet, d. h. aufgrund irgendeiner willkürlichen aber beizubehaltenden Ordnung. Wenn wir aus dieser Liste sämtliche Ausdrücke entfernen, die keine Turing-Halbalgorithmen darstellen (was wegen der effektiven Beurteilbarkeit möglich ist), erhalten wir eine Liste aller arithmetischen Turing-Halbalgorithmen. Diese Liste nennen wir im weiteren L_T. Gleichzeitig damit erhalten wir aufgrund der These von Church eine Liste aller rekursiven Halbfunktionen. Da es effektiv möglich ist, zu jeder natürlichen Zahl $n \in \mathbf{N}$ den n-ten Turing-Halbalgorithmus aufzufinden, und umgekehrt, zu jedem vorliegenden Turing-Halbalgorithmus herauszufinden, an welcher Stelle er in der Liste L_T auftritt, d. h. da wir effektiv von jedem $n \in \mathbf{N}$ zum n-ten

[4] Vgl. die Theorien der verschiedenen ‚Reduzierbarkeiten' und der ‚Grade der Unlösbarkeiten' (Rogers (1967), S. 77ff.!).

[5] Vgl. die Bemerkungen zur Arithmetisierung in Kapitel 1, S. 35ff.!

Halbalgorithmus und von jedem Halbalgorithmus zu seiner Nummer in L_T übergehen können, verabreden wir folgende

Definition 1: Für jedes $n \in \mathbf{N}$ sei T_n der n-te Turing-Halbalgorithmus und φ_n die n-te rekursive Halbfunktion in der Liste L_T. n heiße der ‚Index', oder die ‚(Gödel-)Nummer' von T_n bzw. von φ_n.

Es gibt natürlich viele Listen der oben beschriebenen Art und auch solche, die gänzlich andere Anordnungsprinzipien verwenden. Wir stellen uns der Einfachheit halber stets eine bestimmte Liste vor. Keines der folgenden Ergebnisse ist aber abhängig von der dabei getroffenen Wahl. Sämtliche Ergebnisse sind ‚rekursiv invariant'[6].

Zunächst brauchen wir einige allgemeine Aussagen.

Theorem 1: Es gibt abzählbar unendlich viele rekursive Halbfunktionen und ebensoviele rekursive Funktionen.

Beweis: Da alle konstanten Funktionen rekursiv sind und es für jedes $n \in \mathbf{N}$ eine konstante Funktion mit dem Wert n gibt, muß es unendlich viele rekursive Funktionen und darum auch unendlich viele rekursive Halbfunktionen geben. Da die Liste L_T nur abzählbar viele Turing-Halbalgorithmen aufführt, kann es nicht mehr rekursive Halbfunktionen und damit auch Funktionen geben. In beiden Schlüssen wird die These von Church verwendet.

Die Gesamtheit der Funktionen ist natürlich größer:

Theorem 2: Es gibt überabzählbar viele Funktionen (und damit Funktionen, die nicht rekursiv sind).

Wir geben keinen Beweis – u. a. deshalb, weil dieser die gleiche Struktur wie einige später zu führenden Beweise hat, nämlich die der von Cantor zum ersten Mal benutzten ‚Diagonalisation'. Nach dem folgenden Theorem kommt jede rekursive Halbfunktion unendlich oft als Turing-Halbalgorithmus in der Liste L_T repräsentiert vor:

Theorem 3: Jede rekursive Halbfunktion hat unendlich viele Indizes.

Beweis: Sei T_n ein Halbalgorithmus und m eine Zahl, die jeden Index eines in T_n vorkommenden Zustandssymbols übersteigt. Wir variieren T_n durch Erweiterung um je eine der Regeln $BZ_mB \rightarrow BZ_mB$, $BZ_{m+1}B \rightarrow BZ_{m+1}B, \ldots$, $BZ_{m+k}B \rightarrow BZ_{m+k}B, \ldots$ Die Erweiterungen verändern die repräsentierten Halbfunktionen nicht, da T_n den Zustand Z_{m+k} für alle $k \in \mathbf{N}$ nicht erreichen kann. Die neu hinzu genommenen Regeln bleiben unanwendbar. Da es unendlich viele dieser Regeln gibt, gibt es ebensoviele Erweiterungen von T_n,

[6] Vgl. Rogers (1967), Kapitel 4 (S. 50ff.).

die alle die gleiche Halbfunktion repräsentieren und alle an verschiedenen Stellen in der Liste L_T vorkommen.

Bei genauerem Vorgehen müßten wir an dieser Stelle eine Reihe von Theoremen von ‚technischer' Bedeutung zeigen, d. h. Theoreme, die die Existenz bestimmter rekursiver Funktionen behaupten, von denen im folgenden Gebrauch gemacht wird. Hierher gehören das s-m-n-Theorem, das man anschaulicher ‚Einsetzungstheorem' nennen könnte, und das (hier sogenannte) ‚Kompositionstheorem'. Im s-m-n- oder Einsetzungstheorem wird die Existenz einer rekursiven Funktion behauptet, die zu jedem Index i einer n+m-stelligen rekursiven Halbfunktion φ_i den Index j der Halbfunktion berechnet, die durch Einsetzen der Argumente $a_1, \ldots, a_n$ in φ_i hervorgeht. Das Kompositionstheorem behauptet die Existenz einer rekursiven Funktion, die zu jeden zwei rekursiven Halbfunktionen φ_i und φ_j den Index der Komposition $\varphi_i\varphi_j$ berechnet. Weiterhin gehören hierher das μ-Theorem und Kleenes ‚Normalformtheorem'[7]. Der Einfachheit halber lassen wir die Formulierung und Erläuterung dieser Theoreme aus, benützen sie aber gelegentlich implizit und gehen sogleich zu unserem eigentlichen Thema über.

Man kann sich intuitiv einen Halbalgorithmus denken, der jedes Paar $\langle x,y \rangle$ zweier Argumente auf die folgende Weise verarbeitet: Er sucht zu x den in unserer Liste L_T x-ten Halbalgorithmus T_x und gibt diesem sein zweites Argument y zum Argument. Wir haben in Kapitel 1 und 2 gesehen, daß ein Halbalgorithmus angesetzt auf ein Argument nicht notwendig zum Halten, d. h. zu einem Ergebnis kommen muß. Falls T_x für y zu einem Ergebnis kommt, macht unser Halbalgorithmus sich dies zu eigen und gibt es als sein eigenes Ergebnis für die Argumente x und y aus. Der gedachte Halbalgorithmus ‚simuliert' also jeden anderen Halbalgorithmus und bekommt darum das Prädikat ‚universal' beigelegt. – Da wir uns in der Liste L_T auf einstellige Turing-Halbalgorithmen und den korrespondierenden Halbfunktionen beschränkt haben, kann ein derartiger universaler Halbalgorithmus in unserer Liste nicht vorkommen. Wir müssen also einen anderen Weg beschreiten. Hierzu vereinbaren wir eine bijektive Kodierung zwischen $\mathbf{N}^2$ und **N**, d. h. einen beliebigen Kodier-Algorithmus, der uns zu jedem Paar $\langle x, y \rangle$ zweier Zahlen $x, y \in \mathbf{N}$ genau ein $z \in \mathbf{N}$ liefert, und zwei Dekodier-Algorithmen, die uns zu jeder Zahl $z \in \mathbf{N}$ dasjenige x bzw. dasjenige y rekonstruieren, für die z die Kodierung war. Der Einfachheit halber schreiben wir die Kodierung von $\langle x, y \rangle$ als $z = \langle\!\langle x, y \rangle\!\rangle$ und die beiden Dekodierungen von z als z^1 und z^2, so daß gilt: $z = \langle\!\langle z^1, z^2 \rangle\!\rangle$. Mit Hilfe dieser Kodierung konstruieren wir einen entsprechenden einstelligen universalen Halbalgorithmus. Dieser arbeitet – angesetzt auf ein Argument z – folgendermaßen: Er ‚spaltet' z in seine beiden Dekodierungen z^1 und z^2 auf und verfährt danach wie der oben beschriebene Halbalgorithmus.

[7] Vgl. H. Rogers (1967), Theoreme 1. V, VI, IX, X (S. 23, 24, 29, 29ff.)

Theorem 4 (Universal-Theorem): Es gibt ein $n_u \in \mathbf{N}$ mit

$$\varphi_{n_u}\langle\langle x, y\rangle\rangle' = \begin{cases} \varphi_x(y), \text{ wenn dieses existiert, und} \\ \text{nicht existent sonst} \end{cases} \text{ für alle } x, y \in \mathbf{N}.$$

Theorem 4 kann im strengen Sinn nur durch Konstruktion eines Halbalgorithmus und durch Auffindung seines Index bewiesen werden. Gemäß der These von Church läßt sich jedoch unsere intuitive Beschreibung der Arbeitsweise von T_{n_u} bzw. von φ_{n_u} in eine detaillierte Beschreibung überführen. – Wenn man Turing-Halbalgorithmen identifiziert mit ihren Indizes in der Liste L_T, ergibt sich eine anschauliche Interpretation der universalen rekursiven Halbfunktion φ_{n_u}: Sie verkörpert die Operation der Anwendung der Halbfunktion φ_x bzw. x auf das Argument y.

Aus Theorem 4 folgt unmittelbar

Theorem 5 (der Verifikation der Existenz): Sei $E = \{\langle\langle x, y\rangle\rangle \mid \varphi_{n_u}\langle\langle x, y\rangle\rangle$ existiert$\}$ und χ_E die Halbcharakteristik von E mit

$$\chi_E\langle\langle x, y\rangle\rangle = \begin{cases} 1, \text{ wenn } \langle\langle x, y\rangle\rangle \in E, \text{ und} \\ \text{nicht existent sonst} \end{cases} \text{ für alle } x, y \in \mathbf{N}.$$

Es gibt ein $n_e \in \mathbf{N}$ mit $\varphi_{n_e} = \chi_E$.

Man beweist Theorem 5 durch Konstruktion eines T_{n_e}. Hierzu hat man lediglich einen universalen T_{n_u} so zu erweitern, daß der neue Halbalgorithmus T_{n_e} für jedes $z \in \mathbf{N}$ zunächst $\varphi_{n_u}(z)$ berechnet und im Falle des Zustandekommens eines Ergebnisses $y = \varphi_{n_u}(z)$ dieses stets durch 1 ersetzt. Gemäß der These von Church führt diese Konstruktionsanleitung zu einem Turing-Halbalgorithmus, dessen Index sich auffinden läßt.

Wir sprechen vom ‚Theorem der Verifikation der Existenz', weil es die Möglichkeit einer rekursiven Halbfunktion φ_{n_e} behauptet, die die Existenz eines eventuell vorhandenen Funktionswertes der Funktion φ_{n_u} angesetzt auf z ‚verifizieren', aber nicht notwendig auch falsifizieren kann. $\varphi_{n_u}(z)$ existiert, wenn die rekursive Halbfunktion φ_{z^1} angesetzt auf z^2 zu einem Ergebnis kommt. Wegen der Bijektivität der Kodierung $z = \langle\langle x, y\rangle\rangle$ gibt φ_{n_e} bei Einsetzung beliebiger $z \in \mathbf{N}$ eine Antwort, ob ein beliebiges φ_x auf ein beliebiges y angesetzt zu einem Ergebnis kommt, d. h. ob $\varphi_x(y)$ ‚existiert'. Das Theorem mag den Anschein der Trivialität erwecken. Das Ziel des Kapitels besteht u. a. darin, zu zeigen, was an dieser Behauptung trivial ist. Zur Vorbereitung betrachten wir eine Modifikation einer φ_{n_e}: Wir interessieren uns nur für Anwendungen auf diejenigen Argumente z, deren erste Dekodierung z^1 mit ihrer zweiten z^2 zusammenfällt, d. h. nur für solche z, für die $z^1 \doteq z^2$. Wir definieren also die Halbfunktion $\lambda x[\varphi_{n_u}\langle\langle x, x\rangle\rangle]$. Diese Halbfunktion gibt eine positive Antwort nur dann, wenn die in der Liste L_T x-te Halbfunktion bezüglich ihres eigenen Index x einen Funktionswert liefert. Da in einer zweidimensionalen Darstellung die x-te Halbfunktion φ_x mit ihrem eigenen Index sich auf der Diagonalen trifft, nennen wir die zu konstruierende universale Halbfunktion ‚diagonal'.

Theorem 6 (diagonales Universaltheorem): Es gibt ein n_d mit

$$\varphi_{n_d}(x) = \begin{cases} \varphi_{n_u}\langle\langle x, x\rangle\rangle, \text{ wenn } \varphi_{n_u}\langle\langle x, x\rangle\rangle \text{ existiert, und} \\ \text{nicht existent sonst} \end{cases} \text{ für alle } x \in \mathbf{N}.$$

Man erhält den entsprechenden Halbalgorithmus T_{n_d} dadurch, daß man T_{n_u} folgendermaßen erweitert: Angesetzt auf ein Argument x kopiert T_{n_d} dieses und erhält so $\langle x, x\rangle$. Danach kodiert T_{n_d} $\langle x, x\rangle$ zu $y = \langle\langle x, x\rangle\rangle$, setzt T_{n_u} auf y an und macht sich das Ergebnis zu eigen, falls eines auftritt. Gemäß der These von Church gibt es einen derartigen Turing-Halbalgorithmus, dessen Index n_d darum auch aufzufinden ist.

Im Hinblick auf die späteren Ergebnisse ist es günstig, auf eine Eigentümlichkeit von diagonalen universalen rekursiven Halbfunktionen aufmerksam zu machen: Angesetzt auf ihren eigenen Index kommt φ_{n_d} sicher zu keinem Ergebnis. Denn es gilt folgendes

$$\varphi_{n_d}(n_d) = \varphi_{n_u}\langle\langle n_d, n_d\rangle\rangle = \varphi_{n_d}(n_d).$$

D. h. angesetzt auf den eigenen Index n_d setzt φ_{n_d} die universale rekursive Funktion φ_{n_u} auf die Kodierung $\langle\langle n_d, n_d\rangle\rangle$ des verdoppelten Arguments $\langle n_d, n_d\rangle$ an. φ_{n_u} ihrerseits wendet die Halbfunktion mit dem Index n_d auf n_d an und kommt so zur ursprünglichen Aufgabenstellung zurück. Die Berechnung von φ_{n_d} angesetzt auf den eigenen Index n_d führt in einen Zirkel und darum zu keinem Ergebnis. $\varphi_{n_d}(n_d)$ existiert nicht. Wenn man wieder Turing-Halbalgorithmen identifiziert mit ihren Indizes, ergibt sich φ_{n_d} als die Anwendung einer Halbfunktion x auf x, nämlich auf sich selbst, d. h. φ_{n_d} entspricht der ‚Selbstanwendung' von Halbfunktionen. Der aufgewiesene Zirkel entsteht unter dieser Auffassung durch die Bestimmung der Selbstanwendung der Selbstanwendung. Diese ist identisch mit der

Anwendung der Selbstanwendung auf sich selbst,

also mit der

Selbstanwendung der Selbstanwendung.

Das folgende Theorem 7 verhält sich zu Theorem 6 wie Theorem 5 zu 4:

Theorem 7 (der Verifikation der Existenz auf der Diagonalen): Sei $D = \{x \mid \varphi_{n_d}(x) \text{ existiert}\}$ und χ_D die Halbcharakteristik mit

$$\chi_D(x) = \begin{cases} 1, \text{ wenn } x \in D, \text{ und} \\ \text{nicht existent sonst} \end{cases} \text{ für alle } x \in \mathbf{N}.$$

Es gibt ein $n_{d,e} \in \mathbf{N}$ mit $\varphi_{n_{d,e}} = \chi_D$.

Man konstruiert ein $\varphi_{n_{d,e}}$, indem man die von Theorem 6 bekannte rekursive Halbfunktion φ_{n_d} in eine rekursive Halbfunktion φ_m einsetzt, die jedes Ergebnis von φ_{n_d} durch 1 ersetzt.

$$\varphi_{n_{d,e}} = \varphi_m \varphi_{n_d}$$

Diese Komposition läßt sich anschaulich verstehen als

die Existenz der Selbstanwendung von ...

Dieser Ausdruck führt auf sich selbst angewendet wiederum in einen Zirkel. Wir kürzen die Substantive ab. Die linke Klammer ist wie bei der Argumentschreibweise üblich als ‚von' zu lesen

die E. der S.A. (die E. der S.A.).

Die Bestimmung der Bedeutung dieses Ausdrucks verlangt die Bestimmung der Bedeutung des Teilausdrucks

die S.A. (die E. der S.A.).

Diese ergibt sich aber gerade als die Anwendung von

die E. der S.A.

auf sich selbst, d. h. als

die E. der S.A. (die E. der S.A.),

womit der Zirkel schon durchlaufen wäre. Formaler dargestellt ergibt sich folgendes

$$\begin{aligned} \varphi_{n_{d,e}}(n_{d,e}) &= \varphi_m \varphi_{n_d}(n_{d,e}) \\ &= \varphi_m \varphi_{n_u} \langle\langle n_{d,e}, n_{d,e} \rangle\rangle \\ &= \varphi_m \varphi_{n_{d,e}}(n_{d,e}) \\ &= \varphi_{n_{d,e}}(n_{d,e}). \end{aligned}$$

Die Theoreme 4–7 machen positive Aussagen. Sie wurden hier aber angeführt zur Vorbereitung der für die Logik und Erkenntnistheorie des 20. Jahrhunderts fundamental gewordenen negativen Aussagen. Diese zu entwickeln soll im folgenden unternommen werden. Das folgende Theorem ist das erste der ‚negativen' und zugleich das wichtigste, denn alle weiteren lassen sich auf dieses zurückführen:

Theorem 8 (der Verifikation der Nicht-Existenz auf der Diagonalen): Sei $\overline{D} = \{x \mid \varphi_{n_d}(x) \text{ existiert nicht}\}$, d. h. $\overline{D}$ sei das Komplement von $\overline{D}$ (vgl. Theorem 7) und sei

$$\chi_{\overline{D}}(x) = \begin{Bmatrix} 1, \text{ wenn } x \in \overline{D} \text{ und} \\ \text{nicht existent sonst} \end{Bmatrix} \qquad \text{für alle } x \in \mathbf{N}.$$

Es gibt kein $z_d \in \mathbf{N}$ mit $\varphi_{z_d} = \chi_{\overline{D}}$.

Beweis: Angenommen, die Behauptung, es gebe kein $z_d \in \mathbf{N}$ mit $\varphi_{z_d} = \chi_{\bar{D}}$ sei falsch. Dann gäbe es also ein solches z_d. Man könnte dann die Frage nach dem Wert von $\varphi_{z_d}(z_d)$ aufwerfen. Aus der Definition von φ_{z_d} folgte

$$\varphi_{z_d}(z_d) = \begin{cases} 1, \text{ wenn } z_d \in \bar{D}, \text{ und} \\ \text{nicht existent sonst.} \end{cases}$$

Da aber $\bar{D} = \{x \mid \varphi_{n_d}(x) \text{ existiert nicht}\}$, ist dies gleichwertig mit

$$\varphi_{z_d}(z_d) = \begin{cases} 1, \text{ wenn } \varphi_{n_d}(z_d) \text{ existiert nicht, und} \\ \text{nicht existent, wenn } \varphi_{n_d}(z_d) \text{ existiert.} \end{cases}$$

Dies ist aufgrund von Theorem 6 gleichwertig mit

$$\varphi_{z_d}(z_d) = \begin{cases} 1, \text{ wenn } \varphi_{n_u}\langle\langle z_d, z_d\rangle\rangle \text{ nicht existiert, und} \\ \text{nicht existent, wenn } \varphi_{n_u}\langle\langle z_d, z_d\rangle\rangle \text{ existiert} \end{cases}$$

und aufgrund von Theorem 4 mit

$$\varphi_{z_d}(z_d) = \begin{cases} 1, \text{ wenn } \varphi_{z_d}(z_d) \text{ nicht existiert, und} \\ \text{nicht existent, wenn } \varphi_{z_d}(z_d) \text{ existiert.} \end{cases}$$

Gäbe es also ein φ_{z_d} mit den geforderten Eigenschaften, so führte die Anwendung von φ_{z_d} auf z_d zu dem Widerspruch, daß $\varphi_{z_d}(z_d) = 1$, d.h. existent ist, wenn $\varphi_{z_d}(z_d)$ nicht existiert, und daß $\varphi_{z_d}(z_d)$ nicht existiert, wenn $\varphi_{z_d}(z_d)$ existiert. Der Widerspruch macht die Annahme unmöglich, es gebe in der Liste L_T der Turing-Algorithmen ein T_z bzw. ein rekursives φ_{z_d} mit den geforderten Eigenschaften.

Falls φ_{z_d} existierte, verifizierte es eine Eigenschaft von Zahlen x, die x genau dann zukommt, wenn die x-te rekursive Halbfunktion φ_x angewandt auf ihren eigenen Index zu keinem Ergebnis führt. Eine anschauliche – wenn auch nicht unproblematische – Umschreibung dieser Eigenschaft lautet

die Nicht-Existenz der Selbstanwendung von . . . (1)

Der Beweis der Nicht-Rekursivität von (1) läßt sich auf folgende Weise verstehen: Wir können (und müssen darum) die Frage nach der Selbstanwendung von (1) aufwerfen:

die N.E. der S.A. (die N.E. der S.A.) (2)

Dabei ist zu beachten, daß ein echter Teil von (2), nämlich

die S.A. (die N.E. der S.A.) (3)

als Bedeutung (2) hat; denn die Selbstanwendung von

die N.E. der S.A.

ist gerade (2). (2) drückt ihre eigene Nicht-Existenz aus. Existiert (2) bzw. trifft (2) zu auf sich selbst bzw. ist $\varphi_{z_d}(z_d)$ existent, so ist dies gerade aufgrund von (2) nicht der Fall. Ist dies dagegen nicht der Fall, so muß es der Fall sein.

Die S.A. (S.A.) und die E. der S.A. (die E. der S.A.) führen in einen Zirkel. Bestimmungen der Bedeutungen führen in eine unendlich lange Berechnung und darum zu keinem Ergebnis:

$\cdot \rightarrow \cdot \rightarrow \cdot \rightarrow \cdot \rightarrow \cdot \rightarrow \cdots$

Jede Station hat denselben Wert, aber die Feststellung dieses Wertes setzt die Feststellung des nächsten Wertes voraus. Theorem 8 zeigt, daß die Berechnung von die N.E. der S.A. (die N.E. der S.A.) ebenfalls in einen Zirkel führt. Im Unterschied zum obigen Zirkel bleibt der Wert der Stationen nicht gleich, sondern oszilliert zwischen Existenz und Nicht-Existenz:

Wie Theorem 8 das Negativ zu Theorem 7 war, so ist Theorem 9 das Negativ zu 5:

Theorem 9 (der Verifikation der Nicht-Existenz): Sei

$\bar{E} = \{\langle\!\langle x, y \rangle\!\rangle \mid \varphi_{n_u}\langle\!\langle x, y \rangle\!\rangle \text{ existiert nicht}\}$,

d. h. das Komplement zu E (Theorem 5), und $\chi_{\bar{E}}$ die Halbcharakteristik von $\bar{E}$ mit

$$\chi_{\bar{E}}\langle\!\langle x, y \rangle\!\rangle = \begin{Bmatrix} 1, \text{ wenn } \varphi_{n_u}\langle\!\langle x, y \rangle\!\rangle \text{ nicht existiert, und} \\ \text{nicht existent sonst} \end{Bmatrix} \text{ für alle } x, y \in \mathbf{N}$$

Es gibt kein $z_e \in \mathbf{N}$ mit $\chi_{\bar{E}} = \varphi_{z_e}$.

Beweis (durch Reduktion auf Theorem 8): Gäbe es ein solches z_e, so könnte man mit Hilfe des zugehörigen φ_{z_e} das im Beweis des vorangehenden Theorems gesuchte φ_{z_d} erhalten:

$$\varphi_{z_d}(x) = \begin{cases} 1, \text{ wenn } \varphi_{n_u}\langle\!\langle x^1, x^2 \rangle\!\rangle \text{ nicht existiert,} \\ \text{d.h. wenn } \varphi_{z_e}\langle\!\langle x^1, x^2 \rangle\!\rangle \text{ existiert, und} \\ \text{nicht existent, wenn } \varphi_{n_u}\langle\!\langle x^1, x^2 \rangle\!\rangle \text{ existiert,} \\ \text{d. h. wenn } \varphi_{z_e}\langle\!\langle x^1, x^2 \rangle\!\rangle \text{ nicht existiert.} \end{cases}$$

Da wir aber gerade die Unmöglichkeit eines φ_{z_d} nachgewiesen haben, kann es auch kein φ_{z_e} geben, d. h. keine rekursive Verifikation der Existenz.

Die vier Theoreme 5, 7, 8 und 9 müssen im Zusammenhang betrachtet werden. Sie machen sämtlich Aussagen über Halbcharakteristiken von Teilen der im folgenden dargestellten Ebene, wenn man die Schnittpunkte $\langle\!\langle x, y \rangle\!\rangle$ der Koordinaten als die Anwendung je einer rekursiven Halbfunktion x der Liste L_T auf das Argument y interpretiert.

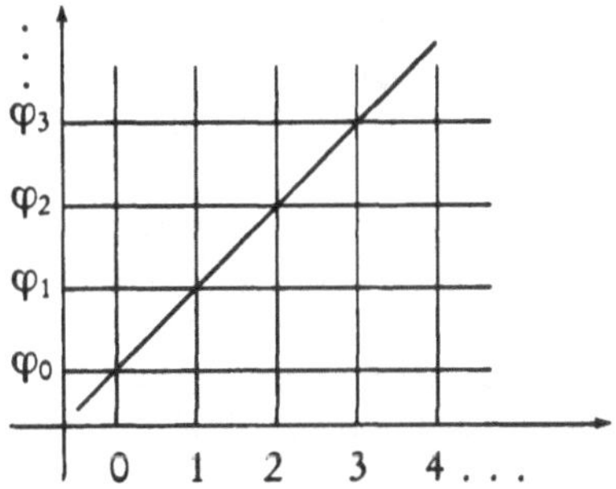

φ_{n_e} und φ_{z_e} beziehen sich aufgrund ihrer Definitionen auf die ganze Ebene, φ_{n_d} und φ_{z_d} lediglich auf die Diagonale. Theorem 5 und 7 behaupten die Existenz von φ_{n_e} und $\varphi_{n_{d,e}}$, Theorem 8 und 9 behaupten die Nicht-Existenz von φ_{z_d} und φ_{z_e}: Ist φ_{n_e} eine rekursive Halbfunktion, so auch ihre Einschränkung φ_{n_d} auf die Diagonale. Ist umgekehrt die auf die Diagonale beschränkte φ_{z_d} schon nicht rekursiv, so erst recht nicht ihre Erweiterung φ_{z_e} auf die gesamte Ebene. φ_{n_e} und $\varphi_{n_{d,e}}$ haben es leicht: Die Existenz verifiziert man dadurch, daß man eine rekursive Halbfunktion auf ein Argument anwendet und bei Auftreten eines Resultats dieses in 1 umwandelt. Beide Halbfunktionen modifizieren nur unwesentlich das ihnen vorgegebene Resultat, schreiten von Vorhandenem zu Vorhandenem fort. φ_{z_d} und φ_{z_e} dagegen sollten die Nicht-Existenz verifizieren. Sie hätten dann zu einem Ergebnis zu kommen, wenn eine rekursive Halbfunktion bzw. der entsprechende Turing-Halbalgorithmus angesetzt auf ein Argument zu keinem Ergebnis kommt. Sie könnten nicht einfach ein vorliegendes Ergebnis (durch Umwandlung in 1) modifizieren. Um zu einem positiven Ergebnis zu kommen, d. h. um Gewißheit darüber zu haben, daß eine rekursive Halbfunktion angesetzt auf ein Argument zu keinem Ergebnis kommt, müßten sie den Verlauf der unendlichen Berechnung voraussehen können. Denn nur im Falle einer unendlich langen Berechnung kommt ein Halbalgorithmus zu keinem Ergebnis.

Mit den Theoremen 8 und 9 haben wir die für das folgende fundamentalen negativen Ergebnisse nachgewiesen, die wir verallgemeinernd in folgendem Theorem zusammenfassen. Die oben gewählte Formulierung macht von der Turing-m-1-Akzeptabilität Gebrauch (vgl. Kapitel 2, Definition 5). Aufgrund von Theorem 2, Kapitel 2 ist diese äquivalent mit der üblicherweise verwendeten rekursiven Abzählbarkeit:

Theorem 10: Es gibt rekursiv nicht abzählbare Mengen (wie z. B. $\overline{D}$ in Theorem 8 und $\overline{E}$ in Theorem 9).

Aufgrund der Äquivalenztheoreme von Kapitel 2 besagt Theorem 10, daß rekursiv nicht abzählbare Mengen auch von keiner anderen Präzisierung dieses Begriffs erfaßbar sind. So sind $\overline{D}$ und $\overline{E}$ von keinem allgemeinen

Turing-System akzeptierbar oder erzeugbar, noch sind sie z. B. 1-m-erzeugbar oder auch Chomsky-erzeugbar. Weiter sind $\overline{D}$ und $\overline{E}$ gemäß der These von Church auch in keiner anderen denkbaren Präzisierung der Begriffe des Systems, des Halbalgorithmus, des Algorithmus, der Erzeugbarkeit, Berechenbarkeit usw. erfaßbar. Nach der von Gödel gewählten Ausdrucksweise sind $\overline{D}$ und $\overline{E}$ in einem ‚absoluten' Sinn nicht erfaßbar. Dabei bedeutet unsere mit Rücksicht auf die leichtere Darstellbarkeit gewählte Beschränkung auf den Bereich **N** der natürlichen Zahlen keine echte Beschränkung der Ergebnisse: Alle in jedem Sinne rekursiv abzählbaren Mengen lassen sich in die Menge **N** kodieren.

Für die nächste Überlegung benutzen wir einen Aspekt der rekursiven Abzählbarkeit, von dem wir oben schon Gebrauch gemacht haben. Gibt es nämlich für eine Menge $M \subseteq \mathbf{N}$ eine Halbcharakteristik mit

$$\chi_M(x) = \left\{ \begin{matrix} 1, \text{ wenn } x \in M, \text{ und} \\ 0 \text{ oder nicht existent sonst} \end{matrix} \right\} \quad \text{für alle } x \in \mathbf{N},$$

so kann man die Arbeitsweise von χ_M als ‚Verifikation' der Zugehörigkeit von $x \in \mathbf{N}$ zur Menge M verstehen: Das Auftreten des Funktionswertes 1 läßt sich als Zeichen der Zugehörigkeit des Arguments x zur Menge M ansehen. Sei nun die Menge $\overline{M}$ das Komplement von M relativ zu **N**: $\overline{M} = \mathbf{N} - M$. Sei weiterhin $\chi_{\overline{M}}$ eine Halbcharakteristik für $\overline{M}$, d. h. eine Funktion mit

$$\chi_{\overline{M}}(x) = \left\{ \begin{matrix} 1, \text{ wenn } x \in \overline{M}, \text{ und} \\ 0 \text{ oder nicht existent sonst} \end{matrix} \right\} \quad \text{für alle } x \in \mathbf{N}.$$

Da nun aber $\overline{M} = \{x \in \mathbf{N} \mid x \notin M\}$, ist die Verifikation $\chi_{\overline{M}}$ für $\overline{M}$ zugleich eine ‚Falsifikation' für M. $\chi_{\overline{M}}$ ergibt für jedes $x \in \mathbf{N}$ den Wert 1, wenn $x \notin M$ und 0 oder keinen Wert, wenn $x \in M$:

$$\chi_{\overline{M}}(x) = \left\{ \begin{matrix} 1, \text{ wenn } x \notin M, \text{ und} \\ 0 \text{ oder nicht existent sonst} \end{matrix} \right\} \quad \text{für alle } x \in \mathbf{N}.$$

Sowohl die Verifikation χ_M als auch die Falsifikation $\chi_{\overline{M}}$ stellen ‚asymmetrische' Verfahrensweisen dar, d. h. Verfahrensweisen, für die es nur im Falle der Zugehörigkeit von x zu M bzw. zu $\overline{M}$ eine Garantie für eine (in Form des Funktionswertes 1 gegebene) Antwort gibt. Gehört x nicht M bzw. $\overline{M}$ an, kann man nicht von vornherein angeben, ob χ_M bzw. $\chi_{\overline{M}}$ eine (in diesem Falle in Form des Funktionswertes 0 gegebene) negative Antwort oder ob sie keine Antwort geben wird. Hat man jedoch für eine Menge M sowohl eine Verifikation χ_M als auch eine Falsifikation $\chi_{\overline{M}}$ zur Verfügung, so kann man durch eine Kombination beider ein symmetrisches Verfahren herstellen, das in jedem Falle, d. h. sowohl wenn $x \in M$, als auch wenn $x \notin M$, eine Antwort gibt. Wir können aufgrund von χ_M und $\chi_{\overline{M}}$ die (totale) Charakteristik c_M definieren, für die gilt:

$$c_M(x) = \left\{ \begin{matrix} 1, \text{ wenn } \chi_M(x) = 1, \text{ und} \\ 0, \text{ wenn } \chi_{\overline{M}}(x) = 1 \end{matrix} \right\} \quad \text{für alle } x \in \mathbf{N}.$$

Die Arbeitsweise von c_M besteht darin, daß sie für jedes Argument $x \in \mathbf{N}$, sowohl den Wert von $\chi_M(x)$ als auch denjenigen von $\chi_{\overline{M}}(x)$ zu berechnen versucht. Da $\overline{M}$ das Komplement von M ist, muß wenigstens eine der beiden Halbcharakteristiken zu einer positiven Antwort, d. h. zu 1, gelangen. Ist dies χ_M, so übernimmt c_M die 1 zu seinem eigenen Ergebnis. Ist dies $\chi_{\overline{M}}$, so gibt c_M den Wert 0 aus.

Die Konstruierbarkeit einer (totalen) Charakteristik c_M aus den Halbcharakteristiken für M und $\overline{M}$ gilt natürlich auch für rekursive Halbcharakteristiken und führt hier zum Theorem von Kleene, dessen übliche Formulierung eine weitere Definition voraussetzt:

Definition 2: Eine Menge $M \subseteq \mathbf{N}$ heißt ‚rekursiv entscheidbar' genau dann, wenn es eine rekursive Charaktersitik für M gibt, d. h. eine rekursive Funktion c_M mit

$$c_M(x) = \begin{Bmatrix} 1, \text{ wenn } x \in M, \text{ und} \\ 0 \text{ sonst} \end{Bmatrix} \quad \text{für alle } x \in \mathbf{N}.$$

(In der englischen Terminologie wird das Adjektiv ‚rekursiv' auch im Sinne von ‚rekursiv entscheidbar' auf Mengen angewandt, d. h. nicht nur auf Halbfunktionen im Sinne von ‚rekursiv berechenbar' bzw. ‚berechenbar'.)

Theorem 11 (von Kleene): Eine Menge ist rekursiv entscheidbar genau dann, wenn sowohl sie als auch ihr Komplement rekursiv abzählbar ist.

Ein Beweis erübrigt sich, da wir oben informal angegeben haben, wie sich eine Charakteristik aus zwei geeigneten Halbcharakteristiken herstellen läßt. Gemäß der These von Church führt diese Konstruktion zu einem Turing-Algorithmus.

Vor dem Hintergrund des allgemeinen Begriffs der Funktion bzw. Halbfunktion könnte das Theorem von Kleene nutzlos erscheinen, da es ja für jede Menge eine Charaktersitik gibt. Das Theorem von Kleene spricht dagegen von rekursiven Charakteristiken, bei denen es sich grundlegend anders verhält. In den Theoremen 8 und 9 haben wir gesehen, daß die Mengen $\overline{D}$ und $\overline{E}$ nicht rekursiv abzählbar waren. Da aber gemäß der Theoreme 5 und 7 die Komplemente D und E rekursiv abzählbar waren, folgt das

Theorem 12: Es gibt keine rekursiven Funktionen c_D und c_E mit

$$c_D(x) = \begin{Bmatrix} 1, \text{ wenn } x \in D, \text{ und} \\ 0 \text{ sonst} \end{Bmatrix} \quad \text{für alle } x \in \mathbf{N} \text{ und}$$

$$c_E(x) = \begin{Bmatrix} 1, \text{ wenn } x \in E, \text{ und} \\ 0 \text{ sonst} \end{Bmatrix} \quad \text{für alle } x \in \mathbf{N}.$$

Allgemeiner: Es gibt rekursiv abzählbare, aber rekursiv nicht entscheidbare Mengen (z. B. D und E).

Die rekursive Unentscheidbarkeit von E ist in der Theorie der Erzeugungssysteme und Algorithmen unter der Bezeichnung der ‚Unlösbarkeit des Halteproblems' bekannt. Das Halteproblem besteht darin, feststellen zu wollen, ob ein beliebiger Turing-Halbalgorithmus (oder gemäß der These von Church ein Halbalgorithmus eines anderen Typs) angesetzt auf ein beliebiges Argument zum Halten, d. h. zu einem Ergebnis kommt, oder nicht, d. h. zu keinem Ergebnis kommt. Die Äquivalenz ergibt sich daraus, daß die Menge E gerade die Menge der Kodierungen der Paare $\langle x, y\rangle$ ist, für die T_x angesetzt auf y zum Halten kommt. In dieser Terminologie läßt sich die rekursive Unentscheidbarkeit von E auch in der bekannteren Weise formulieren:

Das allgemeine Halteproblem ist unlösbar.

Man kann den die Menge D betreffenden Teil von Theorem 12 mit Hilfe des Theorems von Kleene auf eine etwas andere Weise herleiten. Sei χ_D die Halbcharakteristik mit

$$\chi_D(x) = \begin{Bmatrix} 1, \text{ wenn } x \in D, \text{ und} \\ \text{nicht existent sonst} \end{Bmatrix} \quad \text{für alle } x \in \mathbf{N}.$$

Aufgrund der oben vereinbarten Definition ist dies gleichwertig mit

$$\chi_D(x) = \begin{Bmatrix} 1, \text{ wenn } \varphi_x(x) \text{ existiert, und} \\ \text{nicht existent sonst} \end{Bmatrix} \quad \text{für alle } x \in \mathbf{N}.$$

Wenn $\varphi_x(x)$ existiert, heißt das, daß x in der Argumentmenge von φ_x liegt, d. h. daß $x \in \text{Arg}(\varphi_x)$:

$$\chi_D(x) = \begin{Bmatrix} 1, \text{ wenn } x \in \text{Arg}(\varphi_x), \text{ und} \\ \text{nicht existent sonst} \end{Bmatrix} \quad \text{für alle } x \in \mathbf{N}.$$

D ist nach Theorem 7 rekursiv abzählbar. Angenommen D sei darüberhinaus rekursiv entscheidbar. Dann müßte das Komplement $\overline{D}$ von D (relativ zu **N**) aufgrund des Theorems von Kleene ebenfalls rekursiv abzählbar sein. Aufgrund der Äquivalenztheoreme von Kapitel 2 müßte dann eine rekursive Halbfunktion $\chi_{\overline{D}}$ existieren mit

$$\chi_{\overline{D}}(x) = \begin{Bmatrix} 1, \text{ wenn } \varphi_x(x) \text{ nicht existiert, und} \\ \text{nicht existent sonst} \end{Bmatrix} \quad \text{für alle } x \in \mathbf{N}.$$

Sei $\chi_{\overline{D}}$ die n-te Halbfunktion φ_n in der Liste L_T. $\overline{D}$ ist dann die Argumentmenge $\text{Arg}(\varphi_n)$ von φ_n. Wir fragen nach der Zugehörigkeit von n zu $\overline{D}$.

$$n \in \overline{D} \Leftrightarrow n \in \text{Arg}(\varphi_n) \Leftrightarrow n \in D$$

Der Widerspruch macht die Annahme eines φ_n mit $\varphi_n = \chi_{\overline{D}}$, d. h. die Annahme der rekursiven Abzählbarkeit von $\overline{D}$ und damit der rekursiven Entscheidbarkeit von D und $\overline{D}$ unhaltbar.

Dieser Beweis macht auf eine Eigenschaft der Menge $\overline{D}$ aufmerksam, die wir deshalb genauer bestimmen müssen, weil sie in der Logik eine große Rolle gespielt hat. Wir betrachten eine beliebige Teilmenge $M \subseteq \overline{D}$. Ist M rekursiv abzählbar, so gibt es eine rekursive Halbfunktion φ_i mit

$$\varphi_i(x) = \begin{cases} 1, \text{ wenn } x \in M, \text{ und} \\ \text{nicht existent sonst} \end{cases} \quad \text{für alle } x \in \mathbf{N}.$$

Würde nun $i \in M$ gelten, so auch $i \in \text{Arg}(\varphi_i)$. Da aber D die Menge der Zahlen n mit $n \in \text{Arg}(\varphi_n)$ ist, ergäbe dies $i \in D$, was der Annahme widerspräche, daß $M \subseteq \overline{M}$. Also kann nur gelten, daß $i \notin \text{Arg}(\varphi_i)$ und $i \in \overline{D}$, d. h. $i \in \overline{D}\text{-Arg}(\varphi_i)$. Die Menge $\overline{D}$ hat also die Eigenschaft, daß man von der rekursiven Halbcharakteristik φ_i einer Teilmenge $M \subseteq \overline{D}$ zu einer Zahl i gelangen kann, die zwar $\overline{D}$, aber nicht M angehört. Der Übergang von φ_i zu dem $\overline{D}$ aber nicht $M = \text{Arg}(\varphi_i)$ angehörigen Element braucht nicht so einfach vonstatten zu gehen wie im Falle unseres Beispiels, in dem man nur zum Index von φ_i überzugehen hat. Es gibt Fälle, in denen es einer rekursiven Halbfunktion φ_j bedarf, die zu jedem φ_i mit $M = \text{Arg}(\varphi_i)$ eine Zahl $\varphi_j(i)$ ermittelt mit $\varphi_j(i) \in \overline{D}\text{-Arg}(\varphi_i)$. Nach J. C. E. Dekker (1955) (der auf E. Post (1944) aufbaut) verabredet man die folgende Definition.

Definition 3: Eine Menge M ist ‚produktiv‘, wenn es eine rekursive Halbfunktion π gibt, so daß für alle $i \in \mathbf{N}$ gilt:

$\text{Arg}(\varphi_i) \subseteq M \Rightarrow \pi(i)$ existiert und $\pi(i) \in M\text{-Arg}(\varphi_i)$. π heißt die ‚produktive Halbfunktion‘ für M.

Theorem 13: $\overline{D}$ ist produktiv.

Es folgt das

Theorem 14: Produktive Mengen sind nicht rekursiv abzählbar.

Beweis: Angenommen M sei zugleich produktiv und rekursiv abzählbar. Aus der letzteren Eigenschaft folgt die Existenz einer rekursiven Halbfunktion φ_i, die M charakterisiert, d. h. für die gilt $\text{Arg}(\varphi_i) = M$. Aus der Produktivität von M folgt die Existenz einer rekursiven Halbfunktion π, der produktiven Halbfunktion für M, für die gilt: $\pi(i) \in M\text{-Arg}(\varphi_i)$. Dies ist aber unmöglich, da $M = \text{Arg}(\varphi_i)$ und $M\text{-Arg}(\varphi_i) = \emptyset$.

Ein Beispiel für eine produktive Menge, deren produktive Halbfunktion nicht die identische ist wie bei $\overline{D}$, sondern eine Diagonalisation benutzt, ist die Menge F:

Definition 4: F sei die Menge der Indizes rekursiver Funktionen, d. h.
$F = \{x \mid \varphi_x \text{ total}\}$.

Der Nachweis der Produktivität von F erfordert den Nachweis einer produktiven Halbfunktion π für F, den wir im folgenden führen[8]: Aufgrund

[8] H. Rogers (1967), S. 84

der in Kapitel 2 informal geführten Äquivalenzbeweise gibt es einen Turing-Algorithmus und darum auch eine rekursive Funktion f, die jedem x $\in \mathbf{N}$ ein f(x) zuordnet mit der Eigenschaft, daß $\varphi_{f(x)}$ total definiert (also eine rekursive Funktion) ist, und Wert $(\varphi_{f(x)}) = \text{Arg}(\varphi_x)$, falls $\text{Arg}(\varphi_x)$ nicht leer ist. f macht also aus jedem Index einer eine Menge M akzeptierenden rekursiven Halbfunktion φ_x einen Index einer dieselbe Menge rekursiv abzählenden Funktion $\varphi_{f(x)}$. Sei also M eine beliebige Teilmenge von F und M $= \text{Arg}(\varphi_x)$. $\varphi_{f(x)}$ ist dann eine rekursive Abzählung von $M \subseteq F$. Sei z_o die Zahl der Rechenschritte, die $T_{f(x)}$ angesetzt auf das Argument 0 zur Berechnung des Funktionswertes benötigt. Wir definieren zu x, d. h. dem Index von φ_x, eine Halbfunktion $\varphi_{g(x)}$ (z) folgendermaßen:

$$\varphi_{g(x)}(z) = \begin{Bmatrix} 0, \text{ wenn } z \leq z_o, \text{ und} \\ [\varphi_{\varphi_{f(x)}(z-z_o)}(z)] + 1 \text{ sonst} \end{Bmatrix} \quad \text{für alle } n \in \mathbf{N}.$$

Allen $z \leq z_o$ ordnet $\varphi_{g(x)}$ die Zahl 0 zu. Zur Berechnung des Wertes für Argumente $z > z_o$ ermittelt $\varphi_{g(x)}$ den in der rekursiven Abzählung $\varphi_{f(x)}$ der Menge $M \subseteq F$ $(z-z_o)$-ten Index $\varphi_{f(x)}(z-z_o)$, konstruiert die zugehörige rekursive Funktion $\varphi_{\varphi_{f(x)}(z-z_o)}$, setzt diese auf das Argument z an und addiert die Zahl 1 zu dem Ergebnis $\varphi_{\varphi_{f(x)}(z-z_o)}(z)$. Ist z. B. $z = z_o+1$, so ist

$$\varphi_{g(x)}(z_o+1) = [\varphi_{\varphi_{f(x)}(1)}(z_o+1)]+1,$$

d. h. $\varphi_{g(x)}$ unterscheidet sich von der in der rekursiven Abzählung $\varphi_{f(x)}$ ersten rekursiven Funktion $\varphi_{f(x)}(1)$ dadurch, daß die erstere ihren Funktionswert für z_o+1 aus dem Funktionswert der letzteren für z_o+1 durch Addition von 1 erhält. Entsprechend verhält es sich für das Argument z_o+2 usw., d. h. $\varphi_{g(x)}$ unterscheidet sich in ihrem Funktionswert für das Argument z_o+n jeweils von dem Funktionswert der n-ten Funktion der Abzählung $\varphi_{f(x)}$ für dieses Argument. $\varphi_{g(x)}$ unterscheidet sich von jeder rekursiven Funktion φ_m mit m Wert$(\varphi_{f(x)}) = \text{Arg}(\varphi_x) = M$. Gemäß der These von Church kann die obige Definition von $\varphi_{g(x)}$ für jedes x in die Beschreibung eines Turing-Halbalgorithmus überführt werden. $\varphi_{g(x)}$ ist also rekursiv, und total definiert. Darum ist g selbst eine rekursive Halbfunktion, die jeder Menge $M \subseteq F$ einen in M nicht enthaltenen Index einer rekursiven Funktion zuordnet, die sich von jeder rekursiven Funktion unterscheidet, deren Index in M vorkommt.

Theorem 15: g ist eine produktive Halbfunktion für F, d. h. die Menge F der Indizes der rekursiven Funktionen ist produktiv.

Aus Theorem 14 folgt gemäß Theorem 13 die Unmöglichkeit einer rekursiven Abzählung für F. Die Anwendung der produktiven Halbfunktion g auf ganz F ergibt den üblichen Beweis der rekursiven Nicht-Abzählbarkeit von F durch Diagonalisation: Wäre F rekursiv abzählbar, so gäbe es eine rekursive Halbfunktion φ_x mit $\text{Arg}(\varphi_x) = F$. Dann würde g eine rekursive Funktion $\varphi_{g(x)}$ liefern, die sich von allen Funktionen in F unterscheidet und darum nicht in F enthalten gewesen sein kann. Also war F nicht die gesamte Menge der rekursiven Funktionen.

Die spätere Anwendung der Theorie der produktiven Mengen in der Logik und ihre Interpretation verlangen zwei Theoreme über produktive Mengen. Sei π die produktive Funktion für die Menge M. Man kann mit Hilfe von π eine rekursive Funktion g konstruieren, deren Wertebereich in M liegt: Sei z_0 ein Index, so daß $\mathrm{Arg}(\varphi_{z_0}) = \emptyset$. Der Wert der zu konstruierenden Funktion g für das Argument 0 sei

$$g(0) = \pi(z_0).$$

Da $\mathrm{Arg}(\varphi_{z_0}) = \emptyset \subseteq M$, ist $\pi(z_0)$ definiert. Die Berechnung von $g(n+1)$ möge auf folgende Weise vorgenommen werden: Sei z_{n+1} der Index, für den $\mathrm{Arg}(\varphi_{z+1}) = \{g(0), \ldots, g(n)\}$. Es gelte

$$g(n+1) = \pi(z_{n+1}).$$

Da Arg $(\varphi_{z_n}) \subseteq M$, ist $\pi(z_{n+1})$ definiert. Da g rekursiv und bijektiv ist, ist Wert (g) unendlich und liegt in M. Aus dieser informalen Beweisführung ergeben sich die Resultate

Theorem 16: Jede produktive Menge umfaßt eine rekursiv abzählbare und eine rekursiv entscheidbare Teilmenge.

Diese Tatsache legt die Vermutung nahe, es könne Verfahren zur Erfassung größerer Teilmengen produktiver Mengen geben. Wir betrachten die folgende Anleitung zur Definition immer größerer Teilmengen einer produktiven Menge M mit π als produktiver Halbfunktion: (1) Die im (informalen) Beweis von Theorem 15 konstruierte Funktion g zählt eine unendliche Teilmenge M_1 von M rekursiv auf. Sei z_ω ein Index mit Wert $(\varphi_{z_\omega}) = M_1$. (2) Da $M_1 \subseteq M$, ist $\pi(z_\omega)$ ein weiteres in M_1 nicht vorkommendes Element von M. Sei $x'_\omega = \pi(z_\omega)$. Dann ist $M_1 \cup \{x_\omega\}$ selbst eine rekursiv abzählbare Teilmenge von M. Sei $z_{\omega+1}$ ein Index mit $\mathrm{Arg}(\varphi_{z_{\omega+1}}) = M_1 \cup \{x_\omega\}$. Dann ist $x_{\omega+1} = \pi(z_{\omega+1})$ ein weiteres Element von M. Auf diese Weise kann man die Menge

$$M_1 \cup \{x_\omega, x_{\omega+1}, \ldots\} = M_2$$

rekursiv abzählen. Sei $z_{\omega+\omega}$ ein Index mit

$$\mathrm{Arg}(\varphi_{z_{\omega+\omega}}) = M_2.$$

(3) jetzt ist $x_{\omega+\omega} = \pi(z_{\omega+\omega})$ ein weiteres Element von M. Auf diesem Wege gelangt man zu $z_{\omega+\omega+\omega}$ bzw. M_3 usw. Mit Hilfe einer mäandrierenden Abzählung bekommt man eine Abzählung aller Elemente aller Mengen M_1, M_2 usw.

Dieses Verfahren scheint eine Teilmenge N von M abzuzählen, die abgeschlossen unter der Operation ist, die im Übergang vom Index einer rekursiv abzählbaren Teilmenge von M zu einem dieser Teilmenge nicht zugehörigen aber M angehörigen Element besteht. Man könnte sich zur Ansicht verführen lassen, N müsse ganz M ausmachen. Dies wäre aber unmöglich, da ja produktive Mengen nicht rekursiv abzählbar sind. Diese Schwierigkeit kann nur durch die Annahme behoben werden, daß das angegebene Verfahren zur Abzählung von ganz M sich nicht vollständig präzisieren, d. h. nicht in ein algorithmisches Verfahren sich überführen läßt. Jedes algorithmische Verfahren muß notwendig beschränkter sein als das oben skizzierte. Andererseits folgt aus der Existenz der produktiven Halbfunktion, daß zu jedem eingeschränkteren und algorithmischen Verfahren ein umfassenderes algorithmisches existieren muß. Es gibt aber keines zur rekursiven Abzählung von ganz M.

Da jede endliche Menge trivialerweise rekursiv entscheidbar und damit auch rekursiv abzählbar ist (man muß nur eine Liste herstellen), müssen produktive Mengen unendlich sein. Darüberhinaus müssen auch die Komplemente produktiver Mengen unendlich sein. Denn im anderen Falle wären diese endlich, damit rekursiv entscheidbar und damit die produktiven Mengen rekursiv abzählbar, was gegen Theorem 13 verstößt. Wir erhalten das

Theorem 16: Produktive Mengen sind infinit und coinfinit.

Abschließend soll der mit der Produktivität eng verwandte und ältere Begriff der Kreativität eingeführt werden, den wir im folgenden Kapitel benötigen, der aber sachlich nichts Neues verlangt:

Definition 5: Eine Menge ist ‚kreativ', (1) wenn sie rekursiv abzählbar, und (2) wenn ihr Komplement produktiv ist.

Der ‚Typ' der produktiven Mengen paßt nicht ohne weiteres in die Hierarchie Chomskys in dem Sinne, daß man sie vielleicht als Typ (−1) oberhalb des Typs 0 lokalisieren könnte. Während z. B. alle höheren Chomsky-Typen (d. h. die mit niedrigeren Typen-Nummern) alle niedrigeren umfassen, enthält die Gesamtheit der produktiven Mengen nur rekursiv nicht abzählbare und keine Chomsky-erzeugbaren. In einem anderen Sinne passen sie aber doch in diese Hierarchie. Wollte man mit einem Lernalgorithmus DA_u, dessen Wertebereich ausschließlich Chomsky-Systeme enthält, eine produktive Menge erlernen, so würde man stets entweder zu umfassende oder zu beschränkte rekursiv abzählbare Mengen erhalten, niemals aber die intendierte. Dabei verhält es sich wie bei der Erlernung einer kontextfreien Sprache unter ausschließlicher Verwendung regulärer Systeme, der Erlernung kontextsensitiver Sprache mit kontextfreien Systemen, usw. Sämtliche Chomsky-Systeme sind zur ‚Erzeugung' (im eigentlichen Sinne) von produktiven Mengen zu grob. Die einzige algorithmische Möglichkeit zur ‚Erzeugung' produktiver Mengen ist ihre produktive rekursive Funktion π.

9. Negative bzw. limitative Theoreme der Logik

Die Logik befaßt sich mit der mathematischen Beschreibung einfacher künstlicher Sprachen. Die Aussagenlogik bzw. Satzlogik ist so einfach, daß sie keine interessanten Rückschlüsse auf natürliche Sprachen zuläßt. In unserem Zusammenhang dient sie lediglich als Vorstufe zur Prädikatenlogik erster Ordnung, in der sich die sog. Arithmetik erster Ordnung, manchmal auch ‚Peano-Arithmetik' genannt, ausdrücken läßt. Diese Theorie ist für uns deshalb von Bedeutung, da in ihr die Theorie der Halbalgorithmen und der rekursiven Halbfunktionen repräsentiert werden kann. Somit übertragen sich die im vorangehenden Kapitel entwickelten Ergebnisse auf die Arithmetik: Sowohl die Menge der wahren als auch die der falschen Sätze der Peano-Arithmetik ist produktiv. Diese Eigenschaft tritt bei Systemen oberhalb einer gewissen Stufe der Komplexität auf und überträgt sich deshalb auf die extrem komplexen natürlichen Sprachen.

Das einfachste logische System ist die sog. ‚Aussagen' oder ‚Satzlogik', die komplexe Ausdrücke ausschließlich aus Sätzen aufbaut und diese als ihre atomaren Bausteine behandelt. Man kann die Satzlogik in verschiedener Weise definieren, z. B. in der folgenden:

Definition 1: $SS = \{S_1, S_2, \ldots\}$ sei die Menge der Satzsymbole und $OS = \{\neg, \wedge, \vee, \rightarrow, \leftrightarrow\}$ die Menge der Operationssymbole. Dabei ist $\neg$ einstellig und alle anderen zweistellig. $\neg$ wird ‚nicht', $\vee$ ‚oder', $\wedge$ ‚und', $\rightarrow$ ‚wenn . . ., dann . . .' und $\leftrightarrow$ ‚. . . genau dann, wenn . . .' gelesen. Zusammen machen diese Symbole das Alphabet der Satzlogik aus.

Die Menge S der Sätze der Satzlogik ist die kleinste Menge, für die (*) und (**) gelten:

(*) $SS \subseteq S$,

(**) Mit $X, Y \in S$ gilt auch

$$\neg(X), (X \wedge Y), (X \vee Y), (X \rightarrow Y), (X \leftrightarrow Y) \in S.$$

Dabei ist es gleichgültig, ob man die zweistelligen Operationssymbole vor oder zwischen die durch sie verbundenen Sätze stellt, d. h. ob man z. B. $\rightarrow(X, Y)$ oder $(X \rightarrow Y)$ schreibt. Die formale Sprache SL der Satzlogik ist die Vereinigung der Kategorien S und OS.

Komplexe satzlogische Ausdrücke sind z. B.

$$\neg(S_1), \neg((S_1 \vee \neg(S_5))), (S_3 \rightarrow \neg((S_1 \vee \neg(S_5)))).$$

In der Praxis erspart man sich die Klammern immer dann, wenn keine Unklarheiten entstehen können. Selbstverständlich kann man die formale

Sprache SL auch mit Hilfe eines Chomsky-Systems erzeugen. SL ist rekursiv entscheidbar.

Wir gehen zur Semantik der Satzlogik über:

Definition 2: Seien 0 und 1 die beiden ‚Wahrheitswerte' die man üblicherweise mit ‚falsch' und ‚wahr' interpretiert. Sei $W = \{0,1\}$ und non diejenige einstellige Wahrheitsfunktion mit W als Argument- und Wertemenge, für die $\text{non}(0) = 1$ und $\text{non}(1) = 0$. et, vel, con, bicon seien zweistellige Wahrheitsfunktionen mit $W \times W$ als Argument- und W als Wertemenge. Dabei gelten für alle $x, y \in W$:

$\text{et}(x, y) = 1$ gdw. $x = y = 1$,
$\text{vel}(x, y) = 0$ gdw. $x = y = 0$,
$\text{con}(x, y) = 0$ gdw. $x = 1$ und $y = 0$,
$\text{bicon}(x, y) = 1$ gdw. $x = y$.

Eine ‚elementare Interpretation' (der Aussagen- bzw. Satzlogik) ist eine Funktion I_e, für die (a) und (b) gelten:

(a) $I_e(\neg) = \text{non}$, $I_e(\wedge) = \text{et}$, $I_e(\wedge) = \text{vel}$, $I_e(\rightarrow) = \text{con}$, $I_e(\leftrightarrow) = \text{bicon}$,
(b) $X \in S \Rightarrow I_e[X] \in W$.

Ist I_e eine elementare Interpretation, so ist die ‚(verallgemeinerte) Interpretation' über I_e diejenige Funktion I, für die (*) und (**) gelten:

(*) Ist X ein Symbol, so ist $I[X] = I_e[X]$.
(**) Ist X kein Symbol, so ist X mit Hilfe eines n-stelligen Operationssymbols o ($n=1$ oder 2) aus n kürzeren Sätzen $Y_1, \ldots, Y_n$ aufgebaut. $I[o(Y_1, \ldots, Y_n)] = I[o](I[Y_1], \ldots, I[Y_n])$.

Elementare Interpretationen weisen den Symbolen der Satzlogik Bedeutungen zu, und zwar den Operationssymbolen stets dieselben, die den intuitiven Bedeutungen ihrer Übersetzungen ‚nicht', ‚und', ‚oder', ‚genau dann, wenn' und ‚wenn, . . . dann' in abnehmender Genauigkeit entsprechen, und den Satzsymbolen irgendeinen Wahrheitswert. Aus einer elementaren Interpretation entsteht die entsprechende ‚verallgemeinerte', indem man jeweils die Bedeutungen der Operationssymbole, nämlich Wahrheitsfunktionen, auf die Bedeutungen ihrer Argumente anwendet und so zu genau einem Wahrheitswert für jeden komplexen Satz kommt.

Man kann leicht sehen, daß für jeden aussagenlogischen Satz X und jede gegebene elementare Interpretation I_e in endlich vielen Rechenoperationen effektiv festzustellen ist, ob für die Interpretation I über I_e gilt:

$I[X] = 0$ oder 1.

Wir werden einen Satz X ‚valid' oder ‚allgemeingültig' nennen, wenn er von jeder möglichen Interpretation wahr, und ‚kontradiktorisch', wenn er von jeder Interpretation falsch gemacht wird. Da in jedem aussagenlogischen Satz nur endlich viele Satzsymbole vorkommen, kann es auch nur endlich viele elementare Interpretationen dieser Symbole geben. Um die Validität eines aussagenlogischen Satzes zu prüfen, genügt es, endlich viele Fälle zu berücksichtigen (Wahrheitstafeln). Es gibt also ein effektives Verfahren zur Prüfung der Validität jedes aussagenlogischen Satzes:

Theorem 1: Die Menge der aussagenlogisch validen Sätze ist rekursiv entscheidbar.[1]

Diese Tatsache beschreibt man auch mit der Wendung, die Aussagenlogik sei rekursiv entscheidbar. Ein Beweis müßte in der Konstruktion eines Turing-Algorithmus bestehen, der das beschriebene Prüfungsverfahren durchzuführen imstande ist. Die rekursive Entscheidbarkeit der Menge der aussagenlogisch validen Sätze impliziert sowohl die rekursive Abzählbarkeit der Menge der validen Sätze als auch der Menge der nicht-validen Sätze. Die erstere Tatsache ist gemäß den Äquivalenztheoremen von Kapitel 2 gleichbedeutend damit, daß die Menge der validen Sätze ‚axiomatisierbar' ist, oder – wie man diesen Sachverhalt meist einfacher ausdrückt – daß die Aussagenlogik axiomatisierbar ist.

Im weiteren betrachten wir unter den gleichen Gesichtspunkten die sog. ‚Prädikatenlogik erster Ordnung'. Diese stellt eine ‚feinere' bzw. komplexere Sprache dar als die Satzlogik. Die atomaren Bausteine sind hier nicht mehr unanalysierte Sätze, sondern grundlegendere Einheiten, aus denen Sätze sich erst gewinnen lassen. Erstens können Sätze aus einem Subjekt und einem Prädikatssymbol, oder aus einem Subjekt, einem Objekt und einem zweistelligen Prädikatsymbol, d.h. einem Relationssymbol bestehen. Allgemeiner ergibt die Verkettung eines n-stelligen Relationssymbols mit n Argumentausdrücken einen elementaren Satz. Weiterhin brauchen auch die Argumentausdrücke nicht atomar zu sein. Sie können z.B. aus einem n-stelligen Funktionssymbol und entsprechend n Argumentausdrücken bestehen. Drittens können Sätze ‚quantifiziert' sein, d.h. sie können aus einem sog. ‚Quantor' und einer Formel bestehen. Eine Formel unterscheidet sich von einem Satz dadurch, daß sie wenigstens eine ‚freie Variable' enthält. Die beiden Quantorentypen $\exists x$ und $\forall x$ werden in ihrer Interpretation den Sinn bekommen ‚Es gibt wenigstens ein x, für das . . .' und ‚Es gilt für alle x, daß . . .'. Quantoren des Typs $\exists x$ nennt man ‚existentiell', Quantoren des Typs $\forall x$ nennt man ‚generell'. Diese Präfixe ergeben natürlich nur zusammen mit einem Ausdruck einen Sinn, in dem x als Variable, genauer: als ‚freie' Variable vorkommt.

Definition 3: Sei $K = \{a_1, a_2, \ldots\}$ die Menge der ‚(Individuen-)Konstanten', $V = \{x_1, x_2, \ldots\}$ die Menge der ‚(Individuen-)Variablen', $FS = \{f_1, f_2, \ldots\}$ die Menge der ‚Funktionssymbole' und $R = \{R_1, R_2, \ldots\}$ die Menge der ‚Relationssymbole'. Jedem der Funktions- und Relationssymbole kommt eine Zahl $n \in \mathbf{N}$ als ‚Stelligkeit' zu. Die Vereinigung aller

[1] E. Post (1921)

dieser Symbolkategorien zusammen mit den in Definition 1 genannten Kategorien SS und OS ergibt das Alphabet der Prädikatenlogik erster Ordnung.

Die komplexen Ausdrücke der Logik erster Ordnung bauen sich mit Hilfe von (a), (b) und (c) auf:

(a) Die Menge T der ‚Terme' ist die kleinste Menge, für die (*) und (**) gelten:
(*) $K, V \subseteq T$.
(**) $X \in FS$, X n-stellig, $Y_1, \ldots, Y_n \in T \Rightarrow X\langle Y_1, \ldots, Y_n\rangle \in T$.

(b) Die Menge F der ‚Formeln' ist die kleinste Menge, für die (*) und (**) gelten:
(*) $SS \subseteq F$.
$X \in R$, X n-stellig, $Y_1, \ldots, Y_n \in T \Rightarrow X\langle Y_1, \ldots, Y_n\rangle \in F$.
(**) $X, Y \in F \Rightarrow \neg(X), (X \wedge Y), (X \vee Y), (X \rightarrow Y), (X \leftrightarrow Y) \in F$,
$X \in F, Y \in V \Rightarrow \exists Y(X), \forall Y(X) \in F$.

(c) Für jedes $Z \in F$ ist die Menge Fr[Z] der in Z ‚frei vorkommenden Variablen' die kleinste Menge, für die (*) und (**) gelten:
(*) $Z \in SS$ oder Z ist von der Form $X(Y_1, \ldots, Y_n)$ mit $X \in R$ und $Y_2, \ldots, Y_n \in T \Rightarrow Fr(Z)$ ist die Menge der in Z vorkommenden Variablen.
(**) $Z = \neg X$ mit $X \in F \Rightarrow Fr[Z] = Fr[X]$,
$Z = (X \wedge Y), (X \vee Y), (X \rightarrow Y), (X \leftrightarrow Y)$ mit $X, Y \in F$
$\Rightarrow Fr[Z] = Fr[X] \cup Fr[Y]$,
$Z = \exists Y(X)$ oder $\forall Y(X)$ mit $Y \in V$ und $X \in F \Rightarrow Fr[Z] = Fr[X] - \{Y\}$.

Die Menge S der ‚Sätze' ist die Menge der Formeln $Z \in F$ mit $Fr[Z] = \emptyset$.

Die formale Sprache PL1 der Logik erster Ordnung ist die Vereinigung der Kategorien: K, V, FS, T, R, SS, O, F, S.

Wie im Falle der Aussagenlogik kann auch die Syntax der Logik erster Ordnung z.B. als Chomsky-System dargestellt werden oder in irgendeiner anderen Form. Allgemein gilt dasselbe wie in der Aussagenlogik: Die Menge der Sätze der Logik erster Ordnung ist rekursiv entscheidbar. In der praktischen Anwendung erlaubt man sich gewisse Freiheiten, so z.B. identifiziert man irgendein zweistelliges Relationssymbol mit dem Identitätszeichen =. Wenn man nur wenige Variabeln benötigt, so schreibt man sie einfacher als x, y und z. Außerdem benutzt man die Klammerung nur dann – und immer dann – wenn man sie braucht.

Definition 4: Sei U eine nicht-leere Menge, das ‚Universum'. Eine ‚elementare Interpretation' der Logik erster Ordnung ist eine Funktion I_e, für die 1.–5. gelten:

1. $X \in K$ oder $V \Rightarrow I_e[X] \in U$.

2. $X \in FS$, X n-stellig $\Rightarrow I_e[X]$ ist eine Funktion mit U^n als Argument und U als Wertebereich.
3. $X \in R$, X n-stellig $\Rightarrow I_e[X]$ ist eine Funktion mit U^n als Argument- und W als Wertebereich.
4. $X \in SS \Rightarrow I_e[X] \in W$.
5. $I_e[\neg] =$ non, $I_e[\wedge] =$ et, $I_e[\vee] =$ vel, $I_e[\rightarrow] =$ con, $I_e[\leftrightarrow] =$ bicon.

Ist I_e eine elementare Interpretation, so ist die ‚(verallgemeinerte) Interpretation' über I_e diejenige Funktion I, für die (*) und (**) gelten.

(*) Ist X ein Symbol, so ist $I[X] = I_e[X]$.

(**) Ist X kein Symbol, so kann X die Form $Z(Y_1, \ldots, Y_n)$ haben oder die Form $\exists Y(Z)$ bzw. $\forall Y(Z)$. Im ersteren Fall ist entweder $Z \in FS$ oder R, Z n-stellig und $Y_1, \ldots, Y_n \in T$, oder $Z \in O$, Z n-stellig und $Y_1, \ldots, Y_n \in F$.
Für die Interpretation gilt dann:
$I[Z(Y_1, \ldots, Y_n)] = I[Z](I[Y_1], \ldots, I[Y_n])$.
Im zweiten Fall ist $Y \in V$ und $Z \in F$. Für die Interpretation gilt:
$I[\exists Y(Z)] = 1$ gdw. es mindestens ein $u \in U$ gibt mit $I_u^Y[Z] = 1$,
$I[\forall Y(Z)] = 1$ gdw. für alle $u \in U$ $I_u^Y[Z] = 1$.
Dabei ist I_u^Y diejenige Interpretation, die der Variablen Y den Wert $u \in U$ zuordnet, und sich sonst von I nicht unterscheidet.

Die Interpretation der Quantoren ist etwas unanschaulich und macht eine Erklärung erforderlich: Wir nehmen zwei Sätze als Beispiel:

$\exists x\, P(x)$ und $\forall x\, P(x)$.

Die elementaren Interpretationen I_e machen zwischen Individuenkonstanten und Individuenvariablen keinen Unterschied. Beiden wird ein Gegenstand aus dem Universum U als ‚Bedeutung' zugeordnet. Wir nehmen an, der Variablen x würde der Gegenstand $u \in U$ zugeordnet. Danach besagt die Formel P(x) mit der freien Variablen x ‚u hat die Eigenschaft P' und bekommt einen Wahrheitswert zur Bedeutung ganz wie Sätze der Form P(a). Der Unterschied zwischen Konstanten und Variablen entsteht erst durch die Quantifizierungsmöglichkeit der letzteren. Die existentielle Quantifizierung

$\exists x\, P(x)$

besagt aufgrund der oben formulierten semantischen Behandlung: Es gibt mindestens ein $u \in U$ mit $I_u^x[P(x)] = 1$, so daß also $I_u^x[x]$ die Eigenschaft P hat. Nach Definition ist $I_u^x[x] = u$ und die Formel besagt: mindestens ein $u \in U$ hat die Eigenschaft P. Entsprechend sagt die generelle Quantifizierung

$\forall x\, P(x)$

aufgrund der angegebenen semantischen Interpretation:

Alle $u \in U$ haben die Eigenschaft P.

Diese Umschreibungen laufen auf den Sinn der üblichen Übersetzungen hinaus:

Es gibt wenigstens ein x mit der Eigenschaft P

und

Alle x haben die Eigenschaft P.

Wie in jeder formalen Sprache enthalten auch die Sätze der elementaren Logik nur endlich viele Symbole. Da aber jeder Interpretation der Prädikatenlogik erster Ordnung ein Universum zugrunde liegt, das natürlich auch unendlich groß sein kann, muß man bei quantifizierten Formeln eventuell viele Fälle überprüfen. Die Prüfung der Validität kann also nicht mehr in der einfachen Weise vorgenommen werden wie in der Aussagenlogik, die darin bestand, daß wir in endlich vielen Rechenschritten alle relevanten Interpretationen konstruierten, auf den Satz anwendeten und feststellten, welche von ihnen zu 1, welche zu 0 führten. Trotzdem konnte K. Gödel 1930 die ‚Vollständigkeit' der Prädikatenlogik erster Ordnung nachweisen. Das ‚Vollständigkeitstheorem' besagt, daß es ein formales axiomatisches System gibt, in dem jeder valide Satz erster Ordnung ableitbar bzw. beweisbar ist. Dieses Ergebnis kann in der im Zusammenhang der Theorie der Erzeugungssysteme und rekursiven Halbfunktionen üblichen Terminologie folgendermaßen wiedergegeben werden:

Theorem 2: Die Menge der in der (Prädikaten-)Logik erster Ordnung validen Sätze ist rekursiv abzählbar.

Bei der Untersuchung logischer Systeme interessiert man sich besonders für die in diesen Systemen ‚wahren' oder ‚beweisbaren' Sätze. Der erste Begriff ist semantischer Natur, der letztere syntaktischer. Eine Interpretation, die einen Satz X bzw. eine Menge M von Sätzen wahr macht, nennt man ein ‚Modell' von X bzw. von M. Man sagt, ein Satz Y ‚folge aus' einem anderen Satz X bzw. aus einer Menge M von Sätzen, wenn jedes Modell von X bzw. von M auch ein Modell von Y ist. Dabei ist ein Satz Y ‚valid', oder ‚allgemeingültig' genau dann, wenn er aus der leeren Menge $\emptyset$ folgt, d. h. wenn jede Interpretation ein Modell von Y ist. Eine ‚Theorie' im semantischen Sinne ist eine bezüglich der Folgebeziehung abgeschlossene Menge von Sätzen, d. h. eine Menge von Sätzen zusammen mit allen aus ihnen folgenden Sätzen. Eine Theorie ‚über einer Menge M' von Sätzen ist die kleinste Theorie, die alle Sätze aus M enthält. In diesen Fällen nennt man die Sätze aus M meist ‚Axiome' und spricht von einem ‚semantischen axiomatischen System'. Von dem Folgebegriff zu unterscheiden ist der Begriff der ‚Ableitung' oder des ‚Beweises'. Diese sind nur im Rahmen eines formalen bzw. syntaktischen Systems sinnvoll. Ein formales axiomatisches System ist eine rekursiv abzählbare Menge ‚(formaler) Axiome' zusammen mit einer rekursiv abzählbaren Menge von ‚Erzeugungs-', ‚Ableitungs-' oder ‚Beweisregeln'. Die Gesamtheit aller auf diese Weise aus den Axiomen ableitbaren Ausdrücke faßt man zu der ‚formalen Theorie' zusammen. Aufgrund der Ergebnisse von Kapitel 2 erübrigt sich eine genauere Erläuterung der trivialen Behauptung, daß eine Menge von Ausdrücken (syntaktisch) axiomatisierbar ist genau dann, wenn sie rekursiv abzählbar ist.

Wir versuchen jetzt mit Hilfe der Begriffe und Ergebnisse des vorangehenden Kapitels einige wichtige negative bzw. limitative Theoreme der Logik und Arithmetik zu entwickeln. Hierzu benötigen wir zunächst die Sprache der Arithmetik erster Ordnung[2]:

> *Definition 5:* Die Sprache AR1 der Arithmetik erster Ordnung ist die kleinste Menge, die die Symbole 0, s, +, ·, =, alle Variablen und alle (Wahrheits-)Operationssymbole enthält und abgeschlossen ist bezüglich der in Definition 3 genannten syntaktischen Bildungsregeln. 0 ist eine Individuenkonstante, die ‚Null' genannt wird. s ist ein einstelliges, + und · sind zweistellige Funktionssymbole. s heißt ‚Nachfolgeoperator', + bzw. · sind das ‚Additions-' bzw. ‚Multiplikationssymbol'. = ist zweistellig und heißt ‚Identitätssymbol'.
>
> Die in der Sprache der Arithmetik formulierbaren Zahlbezeichnungen sind die Ausdrücke
>
> 0, s(0), s(s(0)), usw.,
>
> d.h. die Null, der Nachfolger der Null, der ‚zweite' Nachfolger der Null usw. Im allgemeinen kürzt man $\underbrace{s\ldots s}_{n\text{-mal}}(0)$ einfach mit ‚n' ab.

Für das weitere setzen wir die Existenz einer vernünftigen Definition der arithmetischen Wahrheit voraus. D.h. wir betrachten die Theorie der Arithmetik erster Ordnung bzw. der Peano-Arithmetik. Die Sprache der Arithmetik ist so reich, daß in ihr alle relevanten Aussagen über Turing-Halbalgorithmen und darum auch über rekursive Halbfunktionen formuliert werden können. Insbesondere gibt es eine komplexe Formel

Mwxyz

mit genau vier freien Variablen, so daß für alle w, x, y, z ∈ **N** gilt:

> Turing-Halbalgorithmus T_w angesetzt auf das Argument x liefert das Ergebnis y in weniger als z Rechenschritten ⇒ Mwxyz ist wahr,

und

> Es ist nicht der Fall, daß Turing-Halbalgorithmus T_w angesetzt auf das Argument x das Ergebnis y in weniger als z Rechenschritten liefert ⇒ ¬Mwxyz ist wahr.

[2] Bei der Überführung der negativen Resultate des vorangehenden Kapitels in die Arithmetik und Logik stützen wir uns auf H. Rogers (1967), S. 94ff.

Um festzustellen, ob Mwxyz wahr ist oder seine Negation, hat man nur den w-ten Turing-Halbalgorithmus aufzusuchen, ihn auf Argument x anzusetzen und höchstens z Rechenschritte abzuwarten.

Mit Hilfe der Formel Mwxyz läßt sich die Formel

$\exists z$ Mwxyz

formulieren, die besagt, daß T_w angesetzt auf x irgendwann zum Ergebnis y kommt. $\exists z$ Mwxyz repräsentiert also eine universale rekursive Halbfunktion φ_{n_u}. Durch Quantifikation über y erhält man die Formel

$\exists y\ \exists z$ Mwxyz,

die besagt, daß T_w mit dem Argument x (irgendwann) zu irgendeinem Resultat kommt. Diese Formel repräsentiert also die rekursive Halbcharakteristik der Existenz φ_{n_e}. Schließlich erhält man durch Identifikation der beiden Variablen w und x die Formel

$\exists y\ \exists z$ Mxxyz,

die nur noch eine freie Variable enthält, und die besagt, daß der x-te Turing-Halbalgorithmus angesetzt auf seinen eigenen Index zu einem Ergebnis kommt. Diese Formel repräsentiert die rekursive Halbcharakteristik $\varphi_{n_{d,e}}$ der Existenz auf der Diagonalen. Im weiteren kürzen wir die Formel $\exists y\ \exists z$ Mxxyz mit ‚F(x)' ab. Die Formel F(x) repräsentiert die Menge D (vgl. Kapitel 8, Theorem 7!), und es kann gezeigt werden, daß

$x \in D \Leftrightarrow F(x)$ ist wahr,

und

$x \notin D \Leftrightarrow F(x)$ ist falsch $\Leftrightarrow \neg F(x)$ ist wahr.

Nach Theorem 13 (Kapitel 8) ist $\overline{D}$ produktiv, also auch die Menge der Formeln F(x) mit $x \in \overline{D}$, d.h. die Menge

$\{F(x) \mid x \in \overline{D}\} = \{F(x) \mid x \notin D\} = \{F(x) \mid F(x)$ ist falsch$\}$.

Wir benutzen ohne Beweis das

Theorem 3: Ist M rekursiv entscheidbar und der Durchschnitt $M \cap N$ von M und N produktiv, so ist auch N produktiv.

Da $\{F(x) \mid x \in \mathbf{N}\}$ rekursiv entscheidbar und die produktive Menge $\{F(x) \mid x \in \overline{D}\}$ der Durchschnitt von $\{F(x) \mid x \in \mathbf{N}\}$ und der Gesamtheit der falschen Sätze ist, folgt das

Theorem 4: Sowohl die Menge der falschen als auch die der wahren Sätze der Arithmetik ist produktiv. Damit ist die Menge der wahren Sätze der Arithmetik weder rekursiv entscheidbar, noch rekursiv abzählbar, noch syntaktisch axiomatisierbar.

Für das weitere nehmen wir die Existenz einer syntaktischen axiomatischen Theorie PA der Arithmetik an. Man kann zeigen, daß

$x \in D \Rightarrow F(x)$ ist beweisbar.

Unter der Voraussetzung, daß PA keine falsche Formel beweist, gilt sogar, daß

$x \in D \Leftrightarrow F(x)$ ist beweisbar,

und

$x \notin D \Leftrightarrow F(x)$ ist nicht beweisbar.

So kommen wir zu

Theorem 5: Die Menge der unbeweisbaren Sätze ist produktiv. Die Menge der beweisbaren Sätze ist kreativ.

Die Menge der beweisbaren Sätze kann deshalb nicht ebenfalls produktiv sein, da das Beweisverfahren ein formales System darstellt, das wegen der in Kapitel 2 vorgeführten Äquivalenzen auf eine rekursive Abzählung der beweisbaren Sätze hinausläuft.

Wir betrachten jetzt die Menge $\{F(x) \mid \neg F(x)$ beweisbar$\}$. Sätze, deren Negation beweisbar ist, kann man ‚widerlegbar' nennen. $\{F(x) \mid \neg F(x)$ beweisbar$\}$ ist demnach die Gesamtheit der widerlegbaren Sätze der Form F(x). Wie die Menge der beweisbaren, so ist auch die Menge der widerlegbaren Sätze rekursiv abzählbar (wegen des Widerlegungsverfahrens). Die widerlegbaren Sätze der Form F(x) machen einen Teil der Menge der unbeweisbaren aus. Da diese aber produktiv ist, gibt es eine produktive rekursive Halbfunktion π, die aus einer rekursiven Halbcharakteristik der Menge $\{F(x) \mid \neg F(x)$ beweisbar$\}$ eine Zahl x_1 und damit eine Formel $F(x_1)$ errechnet mit den Eigenschaften (a) und (b):

(a) $F(x_1) \notin \{F(x) \mid \neg F(x)$ beweisbar$\}$,
(b) $F(x_1) \in \{F(x) \mid F(x)$ nicht beweisbar$\}$.

$F(x_1)$ ist also weder widerlegbar noch beweisbar. Solche Sätze nennt man nach K. Gödel (1931) ‚unentscheidbar':

Theorem 6: In der Arithmetik gibt es unentscheidbare Sätze.

Es könnte aus unserer Herleitung der Theoreme 4 und 5 der falsche Eindruck entstehen, als ob die Sprache der Arithmetik über rekursive Halbfunktionen spräche. Sie spricht streng genommen nur über natürliche Zahlen, macht aber über diese dieselben Aussagen, die sich mit Hilfe rekursiver Halbfunktionen formulieren lassen. Es ist deshalb nicht uninteressant, die sprachlichen Konstruktionen zu betrachten, mit deren Hilfe die zu dem entscheidenden Widerspruch führenden Selbstanwendungen erreicht werden. Hierzu brauchen wir zunächst den Begriff der ‚Gödelisierung'. Die formalen Sprachen der Logik lassen sich über endlichen Alphabeten aufbauen. Auch wenn Sprachen z.B. unendlich viele Individuenvariablen x_1, x_2, . . . verwenden, so bauen diese sich doch aus endlich vielen Symbolen x, 0, 1, . . ., 9 auf. Unter einer ‚Gödelisierung' versteht man eine rekursive bijektive Kodierung, für die es eine rekursive Dekodierung gibt. Die einem Satz aufgrund der Kodierung zugeordnete Zahl nennt man üblicherweise seine ‚Gödelnummer'. Eine einfache, wenn auch nicht bijektive Gödelisierung könnte man auf folgende Weise konstruieren: Das übliche dekadische System zur Darstellung der natürlichen Zahlen benutzt ein Alphabet A_{10} von 10 Symbolen ($A_{10} = \{0, 1, \ldots, 9\}$) zusammen mit einer Regel, die angibt, welche Bedeutung diesen Symbolen und den mit ihrer Hilfe formulierbaren komplexen Zahlzeichen zuzuordnen sei. Man kann die natürlichen Zahlen auch in anderer Weise darstellen, z.B. binär, d.h. über einem zweielementigen Alphabet $A_2 = \{0, 1\}$, und allgemein n-adisch über einem Alphabet $A_n = \{a_1, \ldots, a_n\}$. Sei L eine formale Sprache, die über einem Alphabet A_n mit n beliebigen Symbolen formuliert ist. Interpretieren wir die Symbole dieser Sprachen als Symbole eines n-adischen Zahlsystems, so können wir ohne weiteres sämtliche Sätze dieser Sprache auch als Darstellungen natürlicher Zahlen ‚lesen'. Dies ist nichts anderes als eine ‚Gödelisierung'. (Da nicht alle Zahlen als Sätze dargestellt sind, ist diese Gödelisierung nicht bijektiv. Im weitern setzen wir der Einfachheit halber stets bijektive Gödelisierungen voraus.)

Wie üblich vereinbaren wir, daß für jeden Ausdruck X der Ausdruck $\ulcorner X \urcorner$ eine Abkürzung für die in der oben charakterisierten Sprache der Arithmetik formulierte Zahlbezeichnung für die Gödelnummer von X sei. In der Sprache der Arithmetik läßt sich zu jeder Formel X ihre sog. ‚Diagonale' definieren. Die Diagonale zu X ist der Satz

$$\exists x (x = \ulcorner X \urcorner \wedge X).$$

Enthält die Formel X als einzige freie Variable x, so sagt die Diagonale von X, daß die Gödelnummer von X bzw. X selbst die in X zum Ausdruck gebrachte Eigenschaft hat. In anderen Worten: X trifft auf sich selbst (auf ihre Gödelnummer) zu. Da man aus jeder Formel X durch Einsetzung von X in das Schema $\exists x (x = \ulcorner \ldots \urcorner \wedge \ldots)$ ihre Diagonale effektiv hergestellt werden kann, muß es gemäß der These von Church eine rekursive Funktion diag geben, die jeder Gödelnummer einer Formel die Gödelnummer ihrer Diagonalen zuordnet. Da jede rekursive Funktion in der Arithmetik repräsentierbar ist, ist auch diag in der Arithmetik repräsentierbar, d.h. es gibt eine Formel Diag(x, y) mit zwei freien Variablen, so daß für alle $x, y \in \mathbf{N}$ gilt:[3]

$$\mathrm{diag}(x) = y \quad \text{gdw.} \quad \mathrm{Diag}(x, y) \text{ ein Theorem der Arithmetik ist.}$$

[3] Die Variablen x und y werden hier in verschiedenem Sinn gebraucht: einmal als Variablen für Zahlen und einmal als Variablen für Ziffern bzw. Zahlenbezeichnungen.

Mit Hilfe von Diag(x, y) kann die oben ‚F(x)' genannte Formel konstruiert werden und zwar als

$$\exists y(\text{Diag}(x, y) \wedge B(y)).$$

Diese Formel behauptet wörtlich die Existenz eines y, das die Diagonale von x ist und die Eigenschaft B hat. Einfach formuliert besagt F(x):

Die Diagonale von x hat die Eigenschaft B.

Setzt man in diese Übersetzung die oben erklärte Paraphrasierung ein, so bekommt F(x) den Sinn:

Die Formel ‚die Formel x trifft auf sich selbst zu' hat die Eigenschaft B.

Wir betrachten jetzt den Satz G:

$$\exists x\, (x = \ulcorner \exists y(\text{Diag}(x, y) \wedge B(y))\urcorner \wedge \exists y(\text{Diag}(x, y) \wedge B(y))).$$

Die zweite Formel in der Klammer besagt, daß die Diagonale von x die Eigenschaft B hat. Die erste besagt, daß x die Gödelnummer der zweiten Formel ist. Also sagt der ganze Satz, daß die Diagonale der zweiten Formel die Eigenschaft B hat. Da aber der gesamte Satz gerade die Diagonale der zweiten Formel ist, besagt er, daß er selbst die Eigenschaft B hat. Setzen wir für die Eigenschaft B die Widerlegbarkeit von Sätzen in der Arithmetik ein, so erhält man einen Satz G, der seine eigene Widerlegbarkeit behauptet.

Der Satz G entspricht dem oben genannten ‚unentscheidbaren' Satz F(x). G bzw. F(x) nennt sich selbst widerlegbar, ist aber wegen Theorem 6 weder widerlegbar noch beweisbar. Also ist $\neg$ F(x) bzw. $\neg$ G wahr.

Mit Hilfe von Theorem 3 läßt sich die Produktivität der Menge $\overline{D}$ auf weitere in der Logik interessante Mengen übertragen. So ergibt sich das in der Einleitung erwähnte Theorem von Church:

Theorem 7: Die Menge der nicht allgemeingültigen Sätze der Prädikatenlogik erster Ordnung ist produktiv. Zusammen mit Theorem 2 besagt dieses Ergebnis, daß die Menge der allgemeingültigen Sätze kreativ bzw. rekursiv nicht entscheidbar ist.

Allgemeiner läßt sich mit K. Gödel dieser Sachverhalt so formulieren, daß die negativen Ergebnisse in allen Theorien ab einer gewissen Komplexität auftreten. Dabei besteht die kritische Komplexität in der Fähigkeit der Systeme, alle relevanten Aussagen über Halbalgorithmen bzw. rekursive Halbfunktionen machen zu können.

10. Semantische Aspekte

Das letzte Kapitel enthält eine knappe Zusammenfassung unseres Gedankengangs. Die formalen Sprachen bzw. Ausdrucksrepertoires natürlicher Sprachen müssen aufgrund der Ergebnisse des vorangehenden Kapitels als produktiv angesehen werden und können damit weder rekursiv entscheidbar, noch rekursiv abzählbar, noch (Chomsky-)erzeugbar sein. Diese Tatsache beruht jedoch auf keinem Unvermögen, keiner ‚negativen' Eigenschaft natürlicher Sprachen, sondern ergibt sich aus deren hohem Entwicklungsstand.

In Kapitel 1 und 2 haben wir die Begriffe der Turing-Berechenbarkeit und der Turing-Definierbarkeit eingeführt, denen wir in Kapitel 3 aufgrund der These von Church absolute Geltung zusprechen konnten. Wir haben in Kapitel 5 eine pauschale Skizze der Evolution des Lebens und des Lernens entworfen und in Kapitel 6 einen Ausschnitt daraus, die Spracherlernung, genauer durchgeführt. Nach unserer Hauptthese führte die Evolution nicht nur zu einer Steigerung der organischen Komplexität, sondern parallel dazu zu einer vielleicht noch erheblicheren Komplexitätssteigerung des Verhaltensvermögens. Im Zuge einer Übernahme von ursprünglich der Gattung vorbehaltenen Fähigkeiten durch das Individuum ‚lernten' gewisse Gattungen, ihre Individuen lernen zu lassen. Eine weitere Entwicklungsstufe bestand darin, daß die Individuen nicht nur aus ihrer Umwelt lernten, sondern Erfahrungen von ihren Artgenossen kommunikativ übernehmen konnten. Das individuelle Lernen und die kommunikative Tradition des Gelernten beschleunigte den ‚Lernvorgang' der Gattung, d.h. die organische und kognitive Evolution zusammengenommen erheblich.

Der im genetischen Informationsträger, dem Genom, niedergelegte Bauplan eines Individuums stellt das Negativ der Geschichte der Selektion dar, sofern man die Erfolglosigkeit und den Untergang von genetischem Material aufgrund der Einwirkung der Selektion als das ‚Positiv' zu betrachten bereit ist. Das Genom enthält das Fazit, das die Gattung aus dem Untergang vieler ihrer Variationen gezogen hat, und dient der Vermeidung einer Wiederholung derselben Fehler. Verhalten, das genetisch nicht vollständig vorstrukturiert ist und das aufgrund eines offenen Lernprogramms eine gewisse Flexibilität und ein gewisses Anpassungsvermögen zeigt, beruht nicht nur auf einer Lockerung von Bindungen, sondern zugleich auf einer Weiterentwicklung des genetisch tradierten Plans. Das individuelle Lernen erfolgt nach einem Plan, der in einer didaktisch geschickten Einführung in die von der Gattung gesammelte Erfahrung besteht. Die Annahme, daß die Offenheit des Lernprogramms bzw. die Anpassungsfähigkeit des Lernvermögens einen Gegensatz zu ihrer genetischen Vorprogrammiertheit darstellt, beruht einfach auf einem Denkfehler. Man kann sich dem Problem auf verschiedenen Wegen nähern. Entschließt man sich aber zu einer evolutionstheoretischen und methodisch-reduktionistischen Betrachtungsweise und nimmt man das sich dabei anbietende Beschreibungssystem der Erzeugungssysteme, Halbalgorithmen bzw. rekursiven Halbfunktionen ernst, so verhält es sich umgekehrt: je freier das Verhalten, desto mehr Information erfordert seine Konstruktion.

In unserem evolutionstheoretischen Überblick blieb dieser Gedanke ziemlich vage. In der Darstellung der Erlernung der Syntax konnte er dagegen präzisiert werden. Die Erlernung der Syntax erfolgt stets nach dem Prinzip der infiniten und zugleich coinfiniten Erweiterung. Dieses Prinzip illustriert klar die Existenz der von der Gattung erworbenen und auf dem Wege der genetischen Tradition dem Individuum zur Verfügung gestellten Erfahrung, nach der die Erweiterung eines Verhaltensrepertoires stets so vorzunehmen sei, daß der Spielraum für folgende Erweiterungen niemals geringer, sondern größer wird. Die beiden komplementären Prinzipien stellen den einzigen Weg dar, auf dem in einem mit finiten Mitteln konstituierten Raum von Möglichkeiten, dem Ausdrucksraum U^* über dem universalen Lernalphabet U, das Verhaltensrepertoire unendlich oft unendlich stark erweitert werden kann. Die Kenntnis dieses Prinzips kann nicht zufällig und nicht individuell zustande gekommen, sondern muß das Fazit der von der Gattung gemachten Erfahrung sein und kann dem Individuum nur durch die genetische Tradition zur Verfügung gestellt werden. Die Ablehnung der behavioristisch-empiristischen Position durch Chomsky kann mit der von v. Neumann eingeführten Ausdrucksweise so formuliert werden: Nicht die Sprache ist ein selbstreproduktives System, sondern der sprechende Mensch.[1]

In Kapitel 7 haben wir versucht, die von Chomsky in Analogie zur Hierarchie der abstrakten Automaten entwickelte und nach ihm benannte Hierarchie der formalen Syntax-Systeme als eine Komplexitätsskala zu interpretieren. Es ist nicht bekannt, ob und wo nichtsprachliche Verhaltensvermögen in diese Skala einzuordnen sind. Auch von natürlichen Sprachen scheint dies nicht ganz klar zu sein. Will man an einer Verknüpfung von Ableitungs- bzw. Erzeugungsgeschichte und der syntaktischen oder auch semantischen Kategorisierung festhalten, so muß der Komplexitätsgrad per definitionem irgendwo im Intervall der kontextsensitiven Systeme (Typ 1) bzw. im Chomsky-Intervall liegen, da oberhalb dieser Stufe die Kategorisierung verloren geht. Solche Systeme erzeugen rekursiv entscheidbare Mengen von Ausdrücken. Zweifelsohne wird man mit diesen Mitteln nur einen begrenzten Ausschnitt der in einer natürlichen Sprache möglichen und sinn-

[1] J. v. Neumann (1966)

vollen Ausdrücke erfassen können. Die Einführung der sogenannten Transformationsregeln durch Chomsky war ein Kunstgriff, mit dem man einen größeren Bereich von Ausdrücken erzeugen konnte unter Beibehaltung der Kategorisierung. Es ist nicht klar, ob transformationelle Systeme immer noch rekursiv entscheidbare Mengen erzeugen oder nicht. Mit Sicherheit bleiben sie jedoch im Bereich der rekursiv abzählbaren Mengen bzw. Sprachen.

Aus den in Kapitel 6 festgestellten Prinzipien der infiniten und coinfiniten Erweiterung der Ausdrucksrepertoires bzw. formalen Sprachen folgen zwei primitive Eigenschaften der zu lernenden Syntax-Systeme: Sie müssen ‚Schleifenregeln' und syntaktische Kategorien verwenden. Der Verdacht, dabei könnte es sich um Mittel handeln, die für die Chomsky-Systeme typisch und auf diese beschränkt sind, ist gemäß der These von Church unbegründet. In anderen Syntax-Systemen zeigen sich diese Mittel nur in einem anderen Gewand. Die von Chomsky in seinen frühen Schriften versuchte Einordnung der Syntax natürlicher Sprachen in die nach ihm benannte Hierarchie ergibt eine über die grobe Charakterisierung mit Hilfe der in Kapitel 6 definierten Eigenschaften, unter denen die den Prinzipien der infiniten und coinfiniten Erweiterung entsprechenden sind, hinausgehende Bestimmung des Lernalgorithmus. Dieser erweitert nicht nur ‚induktiv' oder ‚verallgemeinernd', sondern darüber hinaus auf eine in der Chomsky-Hierarchie relativ hochstehende Komplexitätsstufe hin. Ist das dabei in Frage kommende Intervall schon aufgrund der mit semantischen Fragen belasteten Problematik der Transformationen nach oben schwer abzugrenzen, so macht sicherlich die Berücksichtigung weiterer semantischer Sachverhalte eine Öffnung der oberen Grenze unvermeidlich. Für höhere Komplexitätsstufen sind sämtliche Chomsky-Systeme – ob transformationell oder nicht – und damit auch alle rekursiv abzählenden Systeme nicht ‚fein' genug.

In Kapitel 8 haben wir die rekursive Abzählbarkeit der Mengen E und D gezeigt, d.h. die Menge der geordneten Paare $\langle x, y \rangle$, so daß die x-te rekursive Halbfunktion angewendet auf das Argument y zu einem Ergebnis kommt, und die Menge derjenigen rekursiven Halbfunktionen, die angesetzt auf ihren eigenen Index zu einem Ergebnis kommen. Wir haben weiterhin die Produktivität der Menge $\overline{D}$, dem Komplement von D, und damit die Unmöglichkeit der rekursiven Abzählung von $\overline{D}$ und $\overline{E}$ nachgewiesen. Aus beiden Ergebnissen zusammen ergibt sich die rekursive Unentscheidbarkeit, genauer die Kreativität von D und E. In Kapitel 9 haben wir gesehen, daß diese Ergebnisse durchaus sprachtheoretische Bedeutung haben. In Sprachen ab einer gewissen Stufe der Komplexität ist wenigstens die Gesamtheit der falschen Sätze, in vielen Fällen auch die Menge der wahren Sätze produktiv. Diese Ergebnisse übertragen sich deshalb auch auf natürliche Sprachen, da diese ja selbstverständlich oberhalb jener Komplexitätsschranke einzuordnen sind. Für das Auftreten dieser sogenannten negativen Ergebnisse ist die Tatsache verantwortlich, daß Systeme oberhalb der kritischen Komplexitätsstufe ‚reflexiv' bzw. ‚selbstbezüglich' sind und darum die Formulierung der bekannten Paradoxe erlauben. Die semantische und sprachphilosophische Interpretation dieser Tatsache übersteigt den Rahmen unserer Untersuchung.

Offenbar unterscheiden sich natürliche Sprachen wesentlich von den meisten künstlichen Konstruktionen darin, daß sie nicht wie diese eine klare Dreiteilung in wahre, falsche und sinnlose Sätze machen, sondern einen kontinuierlichen Übergang zwischen Falschheit und Unsinnigkeit zulassen. Eine wohl allen natürlichen Sprachen eigene Vorgehensweise ermöglicht diesen Übergang: Es gibt wenigstens eine, wahrscheinlich aber mehrere Regeln, mit deren Hilfe Behauptungssätze in Nominalphrasen und damit in Subjekte anderer Behauptungssätze umgewandelt werden können. So z. B. erzeugt die Relativierungsoperation aus jedem Behauptungssatz einen entsprechenden Relativsatz, der dann zur Bildung einer neuen Nominalphrase beiträgt. Derartige Operationen haben aufgrund der immer noch unverstandenen Semantik der Artikel und artikelartigen Ausdrücke zur Folge, daß die Wahrheit des Ausgangssatzes in die Sinnvollheit der Nominalphrase übergeht und die Wahrheitsbedingung des Ausgangssatzes in die sog. ‚Präsupposition' der Nominalphrase. Wird die Nominalphrase als Subjekt eines neuen Satzes gebraucht, so geht die Präsupposition in der Regel in die des ganzen Satzes über. Die bekannten logischen Sprachen sind zur Bildung von Relativsätzen nicht zu arm, sondern man begnügt sich mit einer Normalform, die ohne Einbußen auf Relativsätze verzichten kann.[2] Über die Umwandlung von Wahrheitsbedingungen in Sinnvollheitsbedingungen, d.h. Präsuppositionen, tritt die Kreativität und die Produktivität gewisser Mengen von Ausdrücken abstrakter Systeme und logischer Sprachen an wenigstens zwei Stellen in natürlichen Sprachen auf: Sowohl die Menge der wahren Sätze als auch die Menge der sinnvollen Nominalphrasen und damit wiederum die der sinnvollen Sätze sind produktiv.

Wie in unseren Beispielen von Kapitel 7, in denen z. B. auf reguläre Chomsky-Systeme beschränkte Lernalgorithmen das Anfangsstück

$$ab, a^2b^2, a^3b^3, \ldots, a^nb^n$$

der unendlichen Folge aller a^kb^k mit $k \in \mathbf{N}$ nicht zum richtigen System ‚verallgemeinern', sondern stets nur zu begrenzte oder zu umfassende Systeme erzeugen konnten, so können allgemeine Chomsky-Systeme bzw. rekursiv abzählende oder transformationelle Systeme stets nur zu begrenzte oder zu umfassende Mengen erzeugen, aber gerade nicht die richtige, d.h. die produktive Menge. Sie können sich von oben wie von unten beliebig annähern, sie erreichen dabei niemals ihr Ziel. Der einzige gangbare Weg zur Erfassung der produktiven Menge ist die Konstruktion ihrer produktiven rekursiven Halbfunktion, die zu jedem vorgegebenen System zur Erzeugung eines Teils der produktiven Menge einen und damit zugleich weitere Ange-

---

[2] Vgl. Hilbert-Bernays (1968), S. 392–466: „Der Begriff ‚derjenige, welcher' und seine Eliminierbarkeit"

hörige erzeugt. Produktive Mengen genügen per definitionem der geforderten Infinität und Coinfinität. Die produktive Halbfunktion ‚transzendiert' jede Annäherung von unten durch Erzeugung eines weiteren Angehörigen. Die gesamte produktive Menge jedoch ist mit keinem formalen System zu bestimmen und gemäß der These von Church absolut unbestimmbar.

Offenbar muß man eine terminologische Entscheidung treffen. Entweder versteht man unter ‚Syntax' die Theorie von formalen Sprachen bzw. von Ausdrucksrepertoires. Dann könnte man die Gesamtheit der Mittel, die uns zur partiellen Erfassung produktiver Mengen zur Verfügung stehen, nämlich rekursive Abzählungen gewisser Teilmengen zusammen mit der produktiven rekursiven Halbfunktion, als eine Art partieller Syntax ansehen. Es ist jedoch klar, daß solche Syntax-Systeme einen großen Teil dessen enthalten müßten, was man üblicherweise dem Bereich der Semantik zurechnet. Oder man macht die rekursive Abzählbarkeit von formalen Sprachen zu ihrem definierenden Merkmal. Dann erzeugt die Syntax lediglich eine Annäherung an das Ausdrucksrepertoire einer Sprache, aus der die Semantik die korrekten Ausdrücke auswählt. Wir werden zum Beschluß unserer Überlegungen von der ersteren Möglichkeit Gebrauch machen, ohne jedoch damit einen programmatischen Anspruch zu erheben:

> Die formale Sprache bzw. das Ausdrucksrepertoire natürlicher Sprachen ist produktiv und damit rekursiv weder abzählbar, noch entscheidbar, noch erzeugbar. Der dem Menschen eigentümliche Lernalgorithmus DA_u erzeugt formale Syntax-Systeme zur Erzeugung von Teilmengen von Sprachen zusammen mit einer produktiven rekursiven Halbfunktion.

Der freiwillige Entschluß, unsere Beschreibungssprache auf Erzeugungssysteme, Halbalgorithmen und Algorithmen zu beschränken, hat dazu geführt, daß die den im menschlichen Organismus realisierten Systemen eigentümliche Bestimmung der formalen Sprachen bzw. der Ausdrucksrepertoires natürlicher Sprachen nicht in einer Erzeugung, rekursiven Abzählung oder einem ihrer Äquivalente bestehend angenommen werden kann, sondern in deren ‚Produktion' im Sinne der ‚produktiven Mengen'. Damit hat sich unsere in Kapitel 4 ausgesprochene Hoffnung bestätigt, daß gemäß der These von Church auch absolute Begrenzungen unseres Denk- und Sprechvermögens in unserem Beschreibungssystem sich ausdrücken lassen. Die Frage nach der Beschreibbarkeit oder Nicht-Beschreibbarkeit von Sachverhalten mit Hilfe von Erzeugungssystemen ist sinnlos. Es kommt darauf an, welchen Gebrauch man von diesen Systemen macht, und Sachverhalte, die mit Erzeugungssystemen auf keinerlei Weise sich beschreiben lassen, können überhaupt nicht beschrieben werden.

Wir müssen auf zwei Folgerungen unserer Ergebnisse eingehen. Ein Problem der Art „Gehört x der Menge M an?" oder „Hat x die Eigenschaft E?" heißt ‚unlösbar', wenn die Menge M bzw. die der Eigenschaft E entsprechende Menge nicht rekursiv entscheidbar ist. Man kann die Produktivität der Wahrheit, genauer: der Menge der wahren Sätze genügend komplexer Systeme auch in der bekannteren Formulierung wiedergeben, nach der das Wahrheitsproblem unlösbar ist. Dieses ‚negative' Ergebnis bedarf einer gründlichen sprachtheoretischen Interpretation – eine Aufgabe, die noch kaum in Angriff genommen worden ist[3] und die auch in unserem abschließenden Kapitel nicht zur Zufriedenheit behandelt werden kann. E. Post hat in seiner berühmt gewordenen Untersuchung von 1944 den negativen Ergebnissen unter anderem mit dem Begriff der ‚Kreativität' einen allgemeineren Status gegeben. Dieser Begriff wurde von J. C. E. Dekker 1955 durch den der ‚Produktivität' ersetzt. Eine Menge ist kreativ, wenn sie rekursiv abzählbar ist und ein produktives Komplement hat. Post gibt für seine Wortwahl folgende Begründung: „The conclusion is unescapable that even for such a fixed, well defined body of mathematical propositions, *mathematical thinking is, and must remain, essentially creative*. To the writer's mind, this conclusion must inevitably result in at least a partial reversal of the entire axiomatic trend of the late nineteenth and early twentieth centuries, with a return to meaning and truth as being of the essence of mathematics."[4]

Man muß diese Erklärung als einen Reflex auf die Antwort K. Gödels auf das formalistische Programm D. Hilberts verstehen, der vor dem Mathematikerkongreß zur Jahrhundertwende die wichtigsten im 20. Jahrhundert zu lösenden mathematischen Probleme zu formulieren versuchte und dabei die Ansicht vertrat, die durch Gödel (1931) unvertretbar geworden ist: „Diese Überzeugung von der Lösbarkeit eines jeden mathematischen Problems ist uns ein kräftiger Ansporn während der Arbeit; wir hören in uns den steten Zuruf: Da ist das Problem, suche die Lösung. Du kannst sie durch reines Denken finden; denn in der Mathematik gibt es kein Ignorabimus."[5] Das in der Form der Produktivität bzw. der Kreativität wiedergegebene Ergebnis K. Gödels zerstörte diese Hoffnung und zeigte, daß auch im Bereich der Mathematik und Logik in einem stärkeren Sinne kreatives Denken notwendig ist, als Hilbert dies annahm.

Man kann denselben Sachverhalt auf eine andere Weise darstellen. 1891/92 hat G. Frege das in der Sprachtheorie und -philosophie berühmt gewordene Problem von ‚Sinn und Bedeutung' formuliert. Es besteht in der Erklärung des erkenntniserweiternden Wertes von Identitätsaussagen.[6] Die drei Winkelhalbierenden a, b und c eines Dreiecks schneiden sich in einem Punkt P. Es gilt also der Satz:

> Der Schnittpunkt von a und b ist identisch mit dem Schnittpunkt von b und c.

[3] Vgl. Übersicht in H. DeLong (1970), S. 191–229 und das kommentierte Literaturverzeichnis S. 259–283!
[4] E. Post (1944) S. 316. Hervorhebung von E. Post.
[5] D. Hilbert (1901) S. 298
[6] G. Frege (1892a), S. 26 und 50 (= Angelelli (1973), S. 143 und 162)

Nähme man den ‚Sinn' der Aussage und seiner Teile als identisch mit deren ‚Bedeutung', deren Kenntnis als notwendige Voraussetzung zu ihrem Verständnis und die Identität als eine Beziehung zwischen Gegenständen, so wäre die Aussage trivial. Denn sowohl „der Schnittpunkt von a und b" als auch „der Schnittpunkt von b und c" sind Bezeichnungen ein und desselben Punktes P. Es wäre gleichgültig, ob wir für P die eine oder die andere Bezeichnung verwenden, und unser Satz hätte denselben Sinn wie:

> Der Schnittpunkt von a und b ist identisch mit dem Schnittpunkt von a und b.

Die Identität kann also keine Beziehung zwischen Gegenständen, und der ‚Sinn' muß von der ‚Bedeutung' verschieden sein. Die beiden Bezeichnungen „der Schnittpunkt von a und b" und „der Schnittpunkt von b und c" stimmen zwar in ihrer ‚Bedeutung', dem Punkt P, überein, unterscheiden sich aber in ihrem ‚Sinn'. Da das Verständnis von Sätzen auf den in ihnen zum Ausdruck gebrachten ‚Sinnen' beruht, ist unser Beispielsatz nicht trivial.

Nach unserem Verständnis hat Frege seine berühmt gewordene Unterscheidung in ‚Sinn' und ‚Bedeutung' vorgenommen, um das Dilemma begreifen zu können, daß Identitätsaussagen einerseits autonom auf ihren Wahrheitswert und ihre Teile autonom auf die von ihnen bezeichneten Gegenstände hinweisen, und daß dieses Hinweisen andererseits nicht trivial ist. Der Fregesche ‚Sinn' soll und muß beides sein: sowohl die Verknüpfung des Ausdrucks mit dem bezeichneten Gegenstand als auch der Widerstand bei dessen Auffindung. Nur beides zusammen könnte eine Erklärung für den nicht-trivialen Sinn von Identitätsaussagen ergeben. Freges Versuche der Explikation seines ‚Sinns' sind beide unzureichend. Die „Art und Weise des Gegebenseins"[7] der Bedeutung kommt nur dann als eine Umschreibung des ‚Sinns' in Frage, wenn erklärt ist, wie wir zwar im Besitz der Art und Weise des Gegebenseins, aber nicht in Kenntnis des Gegenstandes, der ‚Bedeutung', sein können. Die andere Erklärung benutzt den Funktionsbegriff. Aber auch sie scheitert an demselben Problem. Die Funktion stellt die Verbindung zwischen Argument und Wert her, aber erklärt nicht die Distanz: Es müßte geklärt werden, wie es möglich ist, sowohl eine Funktion f als auch ein Argument x und damit nicht zugleich den Wert $y = f(x)$ zu kennen. Frege hat sein Problem nicht geklärt, sondern ihm nur eine in der Geschichte der Philosophie neue Formulierung verliehen.

Die rekursive Unentscheidbarkeit, die Unlösbarkeit des Halteproblems, d.h. die Unmöglichkeit einer rekursiven Entscheidung der Frage, ob eine beliebige rekursive Halbfunktion angesetzt auf ein beliebiges Argument einen Funktionswert liefert und welchen, dürfte neues Licht auf Freges Problem werfen.. Unabhängig davon, welche praktischen Hindernisse bei der Bestimmung des Funktionswertes f(x) auftreten können, und unabhängig

[7] G. Frege (1892a), S. 26 (= Angelelli (1973), S. 143)

davon, wie diese überwunden werden können, gibt es Hindernisse, die in einem absoluten Sinne nicht zu beseitigen sind. Identitätsaussagen der obigen Art sind in einem absoluten Sinne nicht trivial, die Fregesche Unterscheidung in ‚Sinn' und ‚Bedeutung' hat absolute Geltung. Man kann diesen Sachverhalt auf mannigfache Weise ausdrücken: Das Problem der Referenz ist unlösbar; das Problem der Präsuppositionen ist unlösbar; das Ausdrucksrepertoire natürlicher Sprachen ist produktiv usw.

Die Konsequenzen aus den negativen oder limitativen Theoremen der Logik und der Theorie der Halbalgorithmen und rekursiven Halbfunktionen entstehen nicht, wie man leicht versucht sein könnte anzunehmen, aus der Begrenztheit unserer Kenntnisse oder der Begrenztheit unseres Denkvermögens, sondern sind die notwendige Folge des Ergebnisses der Evolution des Lebens: der Komplexität unseres Denkvermögens. Die negativen Ergebnisse treten oberhalb und nicht unterhalb der kritischen Komplexitätsschranke auf. Ihre Bezeichnung als ‚negative' oder ‚limitative' Eigenschaften unseres Denkvermögens ist irreführend. Sie sind ein Zeichen des Fortschritts, nicht des Rückschritts.

Appendix: Mathematisch-logische Terminologie und Notation

Im folgenden werden die Verwendung und die Notation häufiger Begriffe der üblichen mathematisch-logischen Umgangssprache charakterisiert, die zum Aufbau und bei der Verwendung der Theorie der Algorithmen und der rekursiven (Halb-) Funktionen gebraucht werden. Nicht allgemein bekannt, bzw. von der üblichen Ausdrucksweise abweichend, sind lediglich der Begriff der Halbfunktion, d. h. der partiellen Funktion, der mit diesem notwendige Unterschied zwischen Argumentbereich und Argumentmenge (der erstere enthält die möglichen, der letztere die tatsächlichen Argumente einer Halbfunktion), der Begriff der charakteristischen (Halb-)Funktion und die Festlegungen im Zusammenhang mit den Begriffen des Ausdrucks und der Sprache.

Eine ‚Menge' ist eine begriffliche Zusammenfassung beliebiger (konkreter und abstrakter) Gegenstände, wobei man diese Gegenstände die ‚Elemente' der Menge nennt. Eine Menge ‚enthält' ihre Elemente und diese ‚gehören ihr an'. Daß x der Menge M angehört, schreibt man symbolisch: $x \in M$ (sprich: x Element M, x aus M usw.). $\{x_1, \ldots, x_n\}$ ist diejenige Menge, die genau die Gegenstände $x_1, \ldots, x_n$ enthält, d. h. die Gegenstände $x_1, \ldots, x_n$ und keine anderen. $\{x \mid x$ hat die Eigenschaft $E\}$ ist die Menge, die genau die Gegenstände enthält, die die Eigenschaft E haben. $\{x\}$ heißt ‚Einheitsmenge' (von x) und ist diejenige Menge, die x als einziges Element enthält. $\emptyset$ ist die leere Menge und enthält überhaupt kein Element. **N** ist die Menge der natürlichen Zahlen, d. h. der Zahlen 0, 1, 2, . . .

Gehören sämtliche Elemente einer Menge M auch einer Menge N an, so nennt man M ‚Teil(menge)' von N und schreibt dies $M \subseteq N$ oder $N \supseteq M$. Man sagt, M ‚liege in' N oder N ‚umfasse' M. Gilt sowohl $M \subseteq N$ als auch $N \subseteq M$, so ist M identisch mit N, wofür man üblicherweise $M = N$ schreibt. Ist $M \subseteq N$ und $M \neq N$, so nennt man M ‚echte Teilmenge' oder ‚echten Teil' von N und schreibt $M \subset N$. Die ‚Potenzmenge' P(M) einer Menge M ist die Menge aller Teilmengen von M.

Die ‚Vereinigung' $M \cup N$ zweier Mengen M und N ist die Menge $\{x \mid x \in M$ oder $x \in N$ oder beides$\}$, der ‚Durchschnitt' $M \cap N$ die Menge $\{x \mid x \in M$ und $x \in N\}$. Gilt $M \cap N = \emptyset$, nennt man M und N ‚disjunkt' oder ‚elementfremd'. Das ‚Komplement von N relativ zu M', symbolisch $M-N$, ist die Menge $\{x \mid x \in M$, aber $x \notin N\}$. Versteht sich die Bezugsmenge M aus dem Zusammenhang von selbst, schreibt man einfacher $-N$ oder $\overline{N}$.

Für alle $m, n \in \mathbf{N}$, alle Mengen M und alle $x_1, \ldots, x_n, y_1, \ldots, y_m \in M$ sind die ‚Tupel' $\langle x_1, \ldots, x_n \rangle$ und $\langle y_1, \ldots, y_m \rangle$ wieder Gegenstände, und zwar gilt für ihre Identität:

$$\langle x_1, \ldots, x_n \rangle = \langle y_1, \ldots, y_m \rangle \Leftrightarrow n = m \text{ und } x_1 = y_1, \ldots, x_n = y_m.$$

Die $x_1, \ldots, x_n$ bzw. $y_1, \ldots, y_m$ heißen ‚Glieder', n bzw. m die ‚Länge' der entsprechenden Tupel. Die Identitätsbedingung besagt in dieser Ausdrucksweise, daß zwei Tupel genau dann identisch sind, wenn sie gleich lang sind und ‚gliedweise' übereinstimmen. Die Tupel der Form $\langle x \rangle$, d.h. Tupel der Länge 1, sind identisch mit den Gegenständen x selbst. Tupel der Länge 2, 3, 4, ... und allgemein der Länge n nennt man ‚geordnete Paare', ‚Tripel', ‚Quadrupel' ... und allgemein ‚n-Tupel'. Gleichwertig mit ‚Tupel' ist ‚Folge' – mit dem Unterschied, daß man auch unendliche Folgen zuläßt, für die dann ein entsprechendes Identitätskriterium gilt.

Für alle $n \in \mathbf{N}$ und Mengen $M_1, \ldots, M_n$ ist die ‚Produktmenge' oder das ‚Produkt' $M_1 \times \ldots \times M_n$ die Menge $\{\langle x_1, \ldots, x_n \rangle \mid x_1 \in M_1, \ldots, x_n \in M_n\}$. Die Mengen $M_1, \ldots, M_n$ heißen ‚Faktormengen' und n wiederum die ‚Länge' des Produkts. Ist $M_1 = \ldots = M_n = M$, so schreibt man anstelle von $M_1 \times \ldots \times M_n$ kürzer M^n.

Eine ‚n-stellige Relation' R ist eine Teilmenge einer Produktmenge $M_1 \times \ldots \times M_n$ der Länge n. Anstelle von $\langle x_1, \ldots, x_n \rangle \in R$ schreibt man auch $R\langle x_1, \ldots, x_n \rangle$, insbesondere schreibt man bei zweistelligen Relationen anstelle von $\langle x_1, x_2 \rangle \in R$ und $R\langle x_1, x_2 \rangle$ anschaulicher $x_1 R x_2$ (wie z.B. bei $x_1 = x_2$, $x_1 < x_2$, ...). 1-stellige Relationen sind mit Mengen zu identifizieren. In bezug auf Relationen $R \subseteq M_1 \times \ldots \times M_n$ nennt man für alle i mit $1 \leq i \leq n$ die Menge M_i den ‚i-ten Argumentbereich'. Die x_i, für die es ein Tupel $\langle x_1, \ldots, x_{i-1}, x_i, x_{i+1}, \ldots, x_n \rangle \in R$ gibt, heißen ‚i-te Argumente'. Die Menge aller i-ten Argumente faßt man zur ‚i-ten Argumentmenge' zusammen. Da (neben 1-stelligen Relationen, d.h. Mengen) großenteils nur 2-stellige Relationen vorkommen, wird der Zusatz ‚2-stellig' in der Regel weggelassen, wo keine Mißverständnisse auftreten. Bei 2-stelligen Relationen spricht man anstelle von ‚erstem' bzw. ‚zweitem Argumentbereich' meist von ‚Vor-' bzw. ‚Nachbereich'. Eine 2-stellige Relation $R \subseteq M^2$ ist ‚reflexiv', wenn für alle $x \in M$ gilt xRx, ‚symmetrisch', wenn für alle $x, y \in M$ gilt: $xRy \Leftrightarrow yRx$, und ‚transitiv', wenn für alle $x, y, z \in M$ gilt: aus xRy und yRz folgt xRz. Eine ‚Äquivalenzrelation' ist eine Relation, die reflexiv, symmetrisch und transitiv ist. Ist R eine Äquivalenzrelation, so ist für jedes $x \in M$ $[x]$ die Äquivalenzklasse zu X, d.h. die Menge $\{y \mid yRx\}$.

Sei R eine n+1-stellige Relation. R ist ‚rechtseindeutig', eine ‚partielle Funktion' oder ‚Halbfunktion', wenn es für jedes $x_1, \ldots, x_n$ *höchstens ein* x_{n+1} gibt mit $\langle x_1, \ldots, x_n, x_{n+1} \rangle \in R$. Halbfunktionen werden oft mit kleinen griechischen Buchstaben notiert wie φ, ψ, ... Der n+1-te Argumentbereich genießt aufgrund der Rechtseindeutigkeit einen Sonderstatus: Da Halbfunktionen eine Abhängigkeit des n+1-ten Arguments von $x_1, \ldots, x_n$

zum Ausdruck bringen, schreibt man anstelle von $\langle x_1, \ldots, x_n, x_{n+1} \rangle \in \varphi$ anschaulicher $\varphi\langle x_1, \ldots, x_n\rangle = x_{n+1}$. Bei der Stelligkeit von Halbfunktionen wird die n+1-te Stelle nicht mitgerechnet. (Als Relation ist φ n+1-stellig, als Halbfunktion n-stellig). Für alle i mit $1 \leq i \leq n$ entspricht die Sprachregelung für den i-ten Argumentbereich und die i-te Argumentmenge der Relationen eingeführten. Der n+1-te Argumentbereich heißt dagegen bei Halbfunktionen normalerweise ‚Wertebereich', die n+1-te Argumentmenge ‚Wertemenge', und die Elemente der Wertemenge heißen entsprechend ‚(Funktions-)Werte'. Gibt es für ein $x_1, \ldots, x_n$ ein x_{n+1} mit $\varphi\langle x_1, \ldots, x_n\rangle = x_{n+1}$, so sagt man $\varphi\langle x_1, \ldots, x_n\rangle$ ‚existiert' oder ‚ist definiert'. (Diese Ausdrucksweise ist natürlich mit allen Problemen der ‚Existenz' belastet. Z.B. läßt man offen, ob sich die Existenz auf den Funktionswert $\varphi\langle x_1, \ldots, x_n\rangle$ oder auf den Ausdruck „$\varphi\langle x_1, \ldots, x_n\rangle$" bezieht.) Die Menge aller Halbfunktionen mit $M_1, \ldots, M_n$ als Argumentbereichen und M_{n+1} als Wertebereich wird manchmal $M_1 \times \ldots \times M_n \xrightarrow{P} M_{n+1}$ geschrieben. Dabei steht $\rightarrow$ für die Funktionenmenge und P für ‚partiell'.

Sei φ eine n-stellige Halbfunktion. φ ist ‚total' oder eine ‚Funktion', wenn es für alle $\langle x_1, \ldots, x_n\rangle \in M_1 \times \ldots \times M_n$ ein $x_{n+1} \in M_{n+1}$ gibt mit $\varphi\langle x_1, \ldots, x_n\rangle = x_{n+1}$, d.h. wenn für alle i mit $1 \leq i \leq n$ die i-te Argumentmenge mit dem i-ten Argumentbereich übereinstimmt. Für Funktionen verwendet man üblicherweise kleine lateinische Buchstaben f, g, h ... Die Gesamtheit der Funktionen mit $M_1, \ldots, M_n$ als Argumentbereichen und M_{n+1} als Wertebereich wird im folgenden $M_1 \times \ldots \times M_n \rightarrow M_{n+1}$ geschrieben. Da wir es zum großen Teil nur mit 1-stelligen Funktionen und Halbfunktionen zu tun haben, lassen wir in diesen Fällen die Stelligkeitsangabe weg. Der Übersichtlichkeit halber schreiben wir im folgenden statt φx meist $\varphi(x)$. Weiterhin notieren wir die in diesem Fall einzige Argumentmenge als Arg(φ) (bzw. Arg(f)) und die Wertemenge als Wert (φ) (bzw. Wert (f)).

Seien φ und ψ Halbfunktionen. Die ‚Komposition' $\varphi\psi$ ist die Halbfunktion $\{\langle x, y\rangle \mid$ es gibt ein z mit $\langle x, z\rangle \in \psi$ und $\langle z, y\rangle \in \varphi\}$. Auf der rechten Seite der Definition treten φ und ψ in umgekehrter Reihenfolge auf, damit in allen Fällen $(\varphi\psi)(x) = \varphi(\psi(x))$. Sei φ wieder eine Halbfunktion. Die ‚Inverse' φ^{-1} ist die Menge $\{\langle y, x\rangle \mid \langle x, y\rangle \in \varphi\}$ (, die nicht notwendig wieder eine Halbfunktion sein muß). Für eine Menge A ist $\varphi(A)$ die Menge $\{y \mid$ es gibt ein $x \in A$ und $y = \varphi(x)\}$. Entsprechend ist $\varphi^{-1}(a)$ die Menge $\{x \mid$ es gibt ein $y \in A$ und $\varphi(x) = y\}$.

Eine Halbfunktion ist ‚surjektiv', wenn ihre Wertemenge den ganzen Wertebereich ausmacht, ‚injektiv', wenn für jede zwei verschiedene Argumente-Tupel die entsprechenden Funktionswerte ebenfalls verschieden sind, und ‚bijektiv', wenn sie surjektiv und injektiv zugleich ist. Bijektive Funktionen heißen auch ‚Bijektionen'.

Eine Halbfunktion $\varphi \in M_1 \xrightarrow{P} M_2$ ‚charakterisiert' eine Menge $M \subseteq M_1$, wenn für alle $x \in M_1$

$$\varphi(x) = \begin{cases} 1, & \text{wenn } x \in M, \text{ und} \\ 0 & \text{oder nicht existent sonst.} \end{cases}$$

φ ist die ‚charakteristische Halbfunktion' von M. Ist φ total, d.h. eine Funktion, so nennt man sie auch ‚Charakteristik' von M. Charakteristische Funktionen und Halbfunktionen notiert man häufig als indizierten kleinen griechischen Buchstaben χ (Chi). So z.B. könnte man eine charakteristische Halbfunktion der Menge G der geraden Zahlen relativ zur Menge **N** der natürlichen Zahlen χ_G notieren. Es würde dann für alle n ∈ **N** gelten:

$$\chi_G(n) = \begin{cases} 1, & \text{wenn } n \text{ gerade, und} \\ 0 & \text{oder nicht existent sonst.} \end{cases}$$

Gelegentlich wird von Churchs λ-Operator Gebrauch gemacht: Sei A(x) ein Ausdruck mit x als freier Variable und x ∈ M. Dann bezeichne λxA(x) die Halbfunktion $\{\langle x, y\rangle \mid x \in M \text{ und } y = A(x) \text{ existiert}\}$.

Die ‚Kardinalität' Kard(M) einer Menge M ist die Zahl ihrer Elemente. Enthält M nur endlich viele Elemente, d.h. ist M endlich, so ist Kard(M) = n mit n ∈ **N**. Die Kardinalität Kard(**N**) ist größer als jedes n ∈ **N**. Man definiert Kard(**N**) = $\aleph_0$ (Aleph null). Die Kardinalität der Menge aller Teilmengen von **N** ist größer als $\aleph_0$: Kard(P(**N**)) > $\aleph_0$ (Theorem Cantors). M ist ‚endlich', wenn Kard(M) < $\aleph_0$, ‚abzählbar', wenn Kard(M) ≤ $\aleph_0$, ‚abzählbar unendlich', wenn Kard(M) = $\aleph_0$, ‚unendlich', wenn Kard(M) ≥ $\aleph_0$, und ‚nichtabzählbar (unendlich)', wenn Kard(M) > $\aleph_0$.

Unter einem ‚Alphabet' versteht man eine endliche Menge A, deren Elemente man ‚Symbole' nennt. Ein ‚Ausdruck' (über A) ist ein Tupel $\langle a_1, \ldots, a_n\rangle$ mit $a_1, \ldots, a_n \in A$. Der ‚Ausdrucksraum' oder ‚Ausdrucksvorrat' A^* (über A) (lies: A Stern) ist die Menge aller (endlich langen) Ausdrücke über A. Ihm gehört auch der ‚leere Ausdruck' □ (eckige Null) an, das 0-Tupel. Gelegentlich verwenden wir auch unendlich lange Ausdrücke, d.h. unendliche Folgen von Symbolen aus A. Falls wir keine gegenteiligen Angaben machen, beziehen wir uns stets auf endliche Ausdrücke.

Sei für jedes a ∈ A die ‚a-te Nachfolgerfunktion' s_a die Funktion, die jedem $a_1, \ldots, a_n \in A$ $s_a\langle a_1, \ldots, a_n\rangle = \langle a_1, \ldots, a_n, a\rangle$ zuordnet. Die ‚(Ausdrucks-)Verkettung' läßt sich für alle x, y ∈ A^* wie folgt definieren:

(*) $x + \square = x,$
(**) $x + s_a(y) = s_a(x+y)$

Die Verkettung ist eine verallgemeinerte Addition. Der Spezialfall, in welchem das Alphabet A nur *ein* Symbol enthält, und in welchem infolgedessen nur *eine* Nachfolgerfunktion möglich ist, ergibt die übliche arithmetische Addition. Wegen der ‚Assoziativität' der Verkettung, d.h. wegen $(x+y)+z = x+(y+z)$ für alle x, y, z ∈ A^*, können Klammern vernachlässigt werden. Die Verkettung ist im allgemeinen nicht ‚kommutativ', d.h. es gilt normalerweise nicht $x+y = y+x$ für x, y ∈ A^*. Dies gilt ausschließlich im arithmetischen Fall, d.h. bei der eigentlichen Addition. Jeder Ausdruck über A läßt sich als Verkettung von Symbolen darstellen:

$$\langle a_1, \ldots, a_n \rangle = a_1 + \ldots + a_n.$$

Wie man in der Arithmetik meist das Multiplikationszeichen – den Punkt · – wegläßt, so lassen wir bei Ausdrücken normalerweise das Verkettungssymbol + weg und kommen so zu der üblichen Schreibweise von Ausdrücken in der Form der Hintereinanderschreibung von Symbolen:

$$\langle a_1, \ldots, a_n \rangle = a_1 + \ldots + a_n = a_1 \ldots a_n.$$

Dieses Vorgehen hat den Vorteil, daß die bloße Hintereinanderschreibung ‚abac' von Bezeichnungen ‚a', ‚b', ‚c' von Symbolen eine Bezeichnung des Ausdrucks ‚abac' ergibt.

Ein Ausdruck $x \in A^*$ kommt in einem Ausdruck $y \in A^*$ als ‚Teil(-Ausdruck)' vor, wenn es $u, v \in A^*$ gibt mit $y = u+x+v$. (Die Redeweise, ein Ausdruck x *sei* Teilausdruck von y, bietet sich zwar an, ist aber nicht eindeutig; denn ein und dasselbe x kann in y an mehreren Stellen als Teil vorkommen, z.B. wenn $y = x+z+x$.)

Unter einer ‚formalen Sprache', einem ‚Ausdrucksrepertoire' oder einfach ‚Repertoire' über einem Alphabet A verstehen wir eine beliebige Teilmenge $\mathscr{L} \subseteq A^*$ des Ausdrucksraums über A. In unserem sprachwissenschaftlichen Zusammenhang ist darauf hinzuweisen, daß ‚formale Sprachen' keine Sprachen im eigentlichen Sinne sind. Eine ‚Sprache' ist eine formale Sprache zusammen mit einer Interpretation semantischer, pragmatischer und anderer Natur. Insofern kann es durchaus angebracht sein, von natürlichen ‚formalen' Sprachen zu sprechen. Vorerst fordern wir von formalen Sprachen bzw. von Repertoires nicht deren Definierbarkeit und schon gar nicht deren rekursive oder formale Definierbarkeit. (Auf den Unterschied zwischen verschiedenen Definitionsweisen wird in Kapitel 2 eingegangen.) Eine Definition eines Repertoires bzw. einer formalen Sprache ist eine ‚Syntax' oder ein Syntax-System, und eine Definition einer Sprache (einschließlich ihrer Semantik, Pragmatik usw.) eine ‚Grammatik'. Eine formale Definition einer formalen Sprache bzw. einer Sprache ist eine ‚formale Syntax' bzw. eine ‚formale Grammatik'.

Nachbemerkung zum Begriff des Ausdrucks: Es gibt zwei verschiedene, aber gleichwertige Auffassungen. Die hier zugrundeliegende nimmt Ausdrücke als primitive Gegenstände, als Bausteine für alles weitere, die andere konstruiert Ausdrücke als lokale Eigenschaften von ‚Symbolräumen'. Der Begriff, der nichts mit dem oben eingeführten ‚Ausdrucksraum' zu tun hat, scheint von E. Post zu stammen; die Sache war aber auch sonst bekannt.[1] Einen Symbolraum muß man sich als einen in allen Richtungen unendlichen n-dimensionalen Raum vorstellen, der sich aus n-dimensionalen Würfeln

[1] Post (1936), Turing (1936/37)

endlicher und gleicher Größe aufbaut. In der Theorie der Algorithmen und rekursiven Funktionen kann man sich im Prinzip auf eindimensionale Symbolräume beschränken, die man dann ‚Bänder' oder ‚Rechenbänder' nennt. Ein Band läßt sich folgendermaßen darstellen:

...	B	B	B	B	B	a	u	s	d	r	u	c	k	B	B	B	...

Jedes Feld ist mit einem Symbol beschrieben. Ein Symbol, das man üblicherweise B schreibt und ‚Blank' nennt, deutet durch seine Anwesenheit die Leerheit, die Unbeschriebenheit eines Feldes an. So ist ein Band ein nach links und rechts unendlicher Ausdruck, der die von B abweichenden Teile als eigentliche Ausdrücke enthält, d.h. als Ausdrücke im obigen Sinne. Umgekehrt läßt sich jeder Ausdruck in einen Symbolraum einbetten. – Die Verwendung von Symbolräumen bietet sowohl Vor- als auch Nachteile. Wir werden an geeigneter Stelle darauf aufmerksam machen.[2]

[2] Die beiden Auffassungen der Ausdrücke scheinen den in der Physik bekannten beiden Typen von Raumbegriffen zu entsprechen. Vgl. z.B. M. Jammer (1954) und das Vorwort von A. Einstein.

Literatur

Anderson, A. R. (1958): Mathematics and the 'Language game'. In: Review of Metaphysics 11, S. 446–458

Angelelli, I. (1967): Gottlob Frege, Kleine Schriften. Darmstadt

Angelelli, I. (Hg.) (1973): Gottlob Frege, Begriffsschrift und andere Aufsätze. Darmstadt

Arbib, M. A. (1972): Automata theory in the context of theoretical embryology. In: R. Rosen (Hg.), Foundations of Mathematical Biology, Bd. 2. N. Y., S. 141–215

Ayala, Fr. J. und Th. Dobzhansky (Hg.) (1975): Studies in the philosophy of biology. Proceedings of a conference, Bellagio 1972. Berkeley

Barnes, D. W. und J. M. Mack (1975): An algebraic introduction to mathematical logic. N. Y., Heidelberg, Berlin

Beeh, V. (1976): Einleitung zu Löbner (1976)

Beeh, V. (1978): Der Begriff der Erzeugbarkeit. Erscheint in: Germanistische Linguistik

Bernays, P. (1959): Comments on L. Wittgenstein's remarks on the foundations of mathematics. In: Ratio 2, S. 1–22

Bohr, N. (1932): Licht und Leben. Vortrag. In: Bohr (1958), S. 3–12

Bohr, N. (1933): Nature 131, S. 421–423, S. 457–459

Bohr, N. (1937): Biologie und Atomphysik. Vortrag. In: Bohr (1958), S. 13–22

Bohr, N. (1954): Einheit des Wissens. In: Bohr (1958), S. 68–83

Bohr, N. (1958): Atomphysik und menschliche Erkenntnis I. Braunschweig

Boolos, G. und R. Jeffrey (1974): Computability and logic. Cambridge

Brands, H. (1977): Untersuchungen zur Lehre von den angeborenen Ideen. Meisenheim am Glan (= Monographien zur philosophischen Forschung, Bd. 146)

Breck, A. D. und W. Yourgrau (Hg.) (1972): Biology, history and natural philosophy. N. Y. und London

Bresch, C. und R. Hausmann (1972): Klassische und molekulare Genetik. Berlin, Heidelberg, N. Y. 3. Aufl.

Burgers, J. M. (1975): Causality and anticipation. Analysis of the concept of anticipation can contribute to the philosophy of biology. In: Science 189, Nr. 4198 (18. Juli 1975), S. 194–198

Burks, A. W. (Hg.) (1968): Essays on cellular automata. Urbana

Carnap, R. (1947): Meaning and necessity. Chicago und London

Carnap, R. (1954): Symbolische Logik. Wien und N. Y. (3. Aufl. 1968)

Chetverikov, S. S. (1926): In: Zhurnal Exp. Biol. 1, S. 3–54 (russisch). Englische Übersetzung: On certain aspects of the evolutionary process from the standpoint of genetics. In: Proc. Amer. Phil. Soc. 105 (1959), S. 167–195

Chomsky, N. (1955): The logical structure of linguistic theory. Mimeo

Chomsky, N. (1956): Three models for the description of language. In: IRE Trans. Inform. Theory, vol. IT2, S. 113–124

Chomsky, N. (1957): Syntactic structures. The Hague

Chomsky, N. (1959): On certain formal properties of grammars. In: Information and Control 2, S. 137–167

Chomsky, N. (1962): Context-free grammars and push down storage. In: Quart. Prog. Dept. Nr. 65, MIT Res. Lab. Elect., S. 187–194

Chomsky, N. (1963): Formal properties of grammars. In: Handbook of Mathematical Psychology (Hg. D. Luce, R. Bush und E. Galanter) 2. N. Y., S. 323–418

Chomsky, N. (1965): Aspects of the theory of syntax. Cambridge (Mass.)
Chomsky, N. (1966a): Cartesian linguistics. A chapter in the history of rationalist thought. N. Y. und London
Chomsky, N. (1966b): Topics in the theory of generative grammar. The Hague und Paris
Chomsky, N. (1968): Language and mind. N. Y. (Enlarged Edition 1972, Dt. Frankfurt 1970)
Chomsky, N. (1971): Problems of knowledge and freedom. The Russell Lectures. (Dt.: Über Erkenntnis und Freiheit. Frankfurt 1973)
Chomsky, N. (1975a): The logical structure of linguistic theory. N. Y. und London
Chomsky, N. (1975b): Reflections on language. N. Y. (zitiert nach deutscher Übersetzung: Frankfurt 1977)
Chomsky, N. und G. A. Miller (1958): Finite state languages. In: Information and Control 1, S. 91–112
Chomsky, N. und M. P. Schutzenberger (1963): The algebraic theory of context-free languages. In: Computer Programming and Formal Systems (Hg. P. Brafford und D. Hirschberg). Amsterdam, S. 118–161
Church, A. (1936a): An unsolvable problem of elementary number theory. In: American Journal of Mathematics 58, S. 345–363 (= Davis (1965), S. 88–107)
Church, A. (1936b): A note on the Entscheidungsproblem. In: JSL 1, S. 40f. und S. 101f. (= Davis (1965), S. 110–115)
Codd, E. F. (1968): Cellular automata. N. Y. und London
Darwin, C. (1859): On the origin of species by means of natural selection. London
Davis, M. (1958): Computability and unsolvability. N. Y., Toronto, London
Davis, M. (1965): The undecidable. Basic papers on undecidable propositions, unsolvable problems and computable functions. Hewlett, N. Y.
Dekker, J. C. E. (1955): Productive sets. Transactions of the American Mathematical Society 78, S. 129–149
DeLong, H. (1970): A profile of mathematical logic. Reading
DeLong, H. (1971): Unsolved problems in arithmetic. In: Sci. Amer. 224, Nr. 3, S. 50–60
Dobzhansky, Th. (1937): Genetics and the origin of species. Columbia Univ. Press
Dobzhansky, Th., F. J. Ayala, G. L. Stebbins und J. W. Valentine (1977): Evolution. San Francisco
Evey, J. (1963): The theory and application of push down store machines. Doctoral thesis, Harvard University, Cambridge (Mass.)
Fiddes, J. C. (1977): The nucleotide sequence of a viral DNA. In: Sci. Amer. 237, Nr. 6, S. 54–67
Fine, T. L. (1973): Theories of probability. An examination of foundations. N. Y. und London
Fisher, R. A. (1930): The genetical theory of natural selection. Oxford
Fodor, J. A. und J. J. Katz (Hg.) (1964): The structure of language. Readings in the philosophy of language. Englewood Cliffs (N. Y.)
Frege, G. (1879): Begriffsschrift, eine der arithmetischen nachgebildete Formelsprache des reinen Denkens. Halle (Wiederabgedruckt in Angelelli (1973))
Frege, G. (1891): Funktion und Begriff. Jena (= Angelelli (1967), S. 125–142)
Frege, G. (1892a): Über Sinn und Bedeutung. In: Zeitschrift für Philosophie und philosophische Kritik 100, S. 25–50 (= Angelelli (1967), S. 143–162)
Frege, G. (1892b): Über Begriff und Gegenstand. In: Vierteljahresschrift für wissenschaftliche Philosophie 16, S. 192–205 (= Angelelli (1967), S. 167–178)
Frege, G. (1893/1903): Grundgesetze der Arithmetik, begriffsschriftlich abgeleitet. Bd. 1, Jena 1893. Bd. 2, Jena 1903 (Reprographischer Nachdruck. Hildesheim 1962)
Frege, G. (1967): Kleine Schriften. Hg. I. Angelelli. Darmstadt
Ginsburg, S. (1966): The mathematical theory of context free languages. N. Y.
Gödel, K. (1930): Die Vollständigkeit der Axiome des logischen Funktionenkalküls. In: Mh. Math. Physik 37, S. 349–360
Gödel, K. (1931): Über formal unentscheidbare Sätze der Principia Mathematica und verwandter Systeme. I. In: Mh. Math. Phys. 38, S. 173–198

Gödel, K. (1934): On undecidable propositions of formal mathematical systems. Mimeo N.Y. (= Davis (1965), S. 41–73)

Gödel, K. (1936): Über die Länge von Beweisen. In: Ergebnisse eines mathematischen Kolloquiums, Heft 7 (1934–5, veröffentlicht 1936), S. 23–24

Gödel, K. (1965): Remarks before the Princeton Bicentennial Conference on problems in mathematics. In: Davis (1965), S. 84–88

Hebb, D. O. (1953): Heredity and environment in mammalian behavior. In: Brit. J. Animal Behaviour 1, S. 43–47

van Heijenoort, J. (1967): From Frege to Gödel. A sourcebook in mathematical logic. Cambridge (Mass.)

Herbrand, J. (1930): Recherches sur la théorie de la démonstration. In: Soc. Sci. Lettr. Varsovie, Kl. III, N. 33. Warschau

Herman, G. T. und G. Rozenberg (1975): Developmental systems and languages. Amsterdam, Oxford, N.Y.

Hermes, H. (1961): Aufzählbarkeit, Entscheidbarkeit, Berechenbarkeit. Einführung in die Theorie der rekursiven Funktionen. Berlin, Heidelberg, N.Y. (2. Aufl. 1971)

Heyting, A. (Hg.) (1959): Constructivity in mathematics. Amsterdam

Hilbert, D. (1901): Mathematische Probleme. In: Archiv f. Math. u. Phys. 3. Reihe, Bd. 1, S. 44–63, S. 213–237. Zit. nach: D. Hilbert (1932–5), Bd. 3, S. 290–329

Hilbert, D. (1932–5): Gesammelte Abhandlungen. 3 Bde., Berlin

Hilbert, D. und W. Ackermann (1928): Grundzüge der theoretischen Logik. Heidelberg (6. Auflage 1972)

Hilbert, D. und P. Bernays (1968): Grundlagen der Mathematik I. Berlin, Heidelberg, N.Y. (2. Aufl.)

Hintikka, J. (1976): Language games. Mimeo

Hopcroft, J. E. und J. D. Ullman (1969): Formal languages and their relation to automata. Reading

Huxley, J. S. (1939): Evolution: The modern synthesis. N.Y.

Jacob, F. (1977): Evolution and tinkering. In: Science 196, Nr. 4295, S. 1161–6

Jammer, M. (1954): Concepts of space. Cambridge (Mass.) (Mit einem Vorwort von A. Einstein)

Jerison, H. J. (1973): Evolution of the brain and intelligence. Academic Press

Jerison, H. J. (1976): Paleoneurology and the evolution of mind. In: Sci. Amer. 234, Nr. 1, S. 90–101

Kalmár, L. (1959): An argument against the plausibility of Church's thesis. In: Heyting (1959), S. 72–80

Katz, J. J. (1964): Analyticity and contradiction in natural language. In: Fodor-Katz (1964), S. 519–543

Katz, J. J. und J. A. Fodor (1963): The structure of a semantic theory. In: Language 39, S. 170–210. (Wiederabgedruckt in: Fodor-Katz (1964), S. 479–518)

Kleene, S. C. (1936a): General recursive functions of natural numbers. In: Mathematische Annalen 112, S. 727–742 (= Davis (1965), S. 236–252)

Kleene, S. C. (1936b): Definability and recursiveness. In: Duke mathematical journal 2, S. 340–353

Kleene, S. C. (1952): Introduction to metamathematics. Groningen, Amsterdam, Oxford, N.Y.

Kleene, S. C. (1959): Recursive functionals and quantifiers of finite types I. Transactions of the American Mathematical Society, vol. 91, S. 1–52

Kleene, S. C. (1976): The work of Kurt Gödel. In: JSL 41, S. 761–778

Klein, F. (1908): Elementarmathematik vom höheren Standpunkt aus. Göttingen

Kneale, W. u. M. (1962): The development of logic. Oxford

Kreisel, G. (1958): Review of L. Wittgenstein's Remarks on the foundations of mathematics. In: British Journal for the Philosophy of Science 9, S. 135–158

Kreisel, G. (1974): A notion of mechanistic theory. In: Synthese 29, S. 11–26

Kuroda, S. Y. (1964): Classes of languages and linear-bounded automata. In: Information and Control 7, Nr. 2, S. 207–223
Lakatos, I. (1976): Proofs and refutations. The logic of mathematical discovery. Cambridge
Lamarck, J. B. (1809): Philosophie zoologique. Paris
Landweber, P S. (1963): Three theorems on phrase structure grammars of type 1. In: Information and Control 6, Nr. 2, S. 131–136
Layzer, D. (1972): Cosmology and the arrow of time. In: Vistas in Astronomy. Vol. XIII. Pergamon Press
Layzer, D. (1975): The arrow of time. In: Sci. Amer. 233, Nr. 6, S. 56–69
Lederberg, J. und E. M. Lederberg (1952): Replica plating and indirect selection of bacterial mutants. In: J. Bacteriol. 63, S. 399–406
Lehrmann, D. S. (1953): A critique of Konrad Lorenz' theory of instinctive behavior. In: Quart. Rev. Biol. 28, S. 337–363
Lenneberg, E. H. (1964): The capacity for language acquisition. In: Fodor-Katz (1964), S. 579–603
Lenneberg, E. H. (1967): Biological foundations of language. N.Y.
Lindenmeyer, A. und G. Rozenberg (Hg.) (1976): Automata, languages, development. At the crossroads of biology, mathematics and computer science. Amsterdam, N.Y., Oxford
Löbner, S. (1976): Einführung in die Montague-Grammatik. Mit einer Einleitung von V. Beeh. Kronberg
Löwenheim, L. (1915): Über Möglichkeiten im Relativkalkül. In: Math. Ann. 76
Lorenz, K. (1965): Evolution and modification of behavior. A critical examination of the concepts of the "learned" and the "innate" elements of behavior. Chicago und London
Lorenz, K. (1969): Innate bases of learning. In: K. H. Pribram (1969), S. 13–93
Lorenz, K. (1973): Die Rückseite des Spiegels. Versuch einer Naturgeschichte menschlichen Erkennens. München
Lorenzen, P. (1955): Einführung in die operative Logik und Mathematik. Berlin, Heidelberg, N.Y. (2. Aufl. 1969)
Manaster, A. B. (1975): Completeness, compactness and undecidability. Englewood Cliffs, N.Y.
Markov, A. A. (1951): The theory of algorithms (russisch). In: Trudy Matematicheskogo Instituta imeni V. A. Steklova 38, S. 176–189 (Engl. Übersetzung: Markov (1960))
Markov, A. A. (1960): Theory of algorithms. In: Translations of the American Mathematical Society (2), vol. 15, S. 1–14 (= Übersetzung von Markov (1951))
Mates, B. (1965): Elementary logic. Oxford
Mayr, E. (1942): Systematics and the origin of species. Columbia Univ. Press
McCulloch, W. S. u. W. Pitts (1943): A logical calculus of the ideas immanent in nervous activity. In: Bull. Math. Biophysics 5, S. 115–133
Medawar, P. B. (1969): Induction and intuition in scientific thought. London
Medawar, P. B. (1974): A geometric model of reduction and emergence. In: Ayala-Dobzhansky, S. 57–63
Mendel, G. J. (1865): Verh. naturf. Verein Brünn 4,1
Mendelson, E. (1964): Introduction to mathematical logic. Princeton
Monk, J. D. (1976): Mathematical logic. N.Y., Heidelberg, Berlin
Monod, J. (1970): Le hasard et la nécessité. Paris. Deutsch: Zufall und Notwendigkeit. München 1975
Montague, R. (1970): Universal grammar. In: Theoria 36, S. 373–398. (Wiederabgedruckt in: Thomason (1974), S. 222–246)
Montague, R. (1973): The proper treatment of quantification in ordinary English. In: Hintikka J., J. Moravcsik und P. Suppes (Hg.) (1973): Approaches to natural language. Proceedings of the 1970 Stanford workshop on grammar and semantics. Dordrecht, S. 221–242. (Wiederabgedruckt in Thomason (1974), S. 247–270)
Morgan, T. H. (1932): The scientific bases of evolution. N.Y.
Mostowski, A. (1966): Thirty years of foundational studies. Oxford

Nagel, E. (1961): The structure of science. Problems in the logic of scientific explanation. London
Nagel, E. u. J. R. Newman (1956): Gödel's proof. In: Sci. Amer. 194, no. 6, S. 71–86
Nagel, E. u. J. R. Newman (1958): Gödel's proof. N. Y.
von Neumann, J. (1951): The general and logical theory of automata. In: Cerebral mechanisms in behavior (Hg. L. Jeffres). N. Y. und London, S. 1–40
von Neumann, J. (1966): Theory of automata: construction, reproduction, homogeneity. (= Teil II von: The theory of selfreproducing automata. Ed. A. W. Burks. Urbana, Illinois)
Pap, A. (1955): Analytische Erkenntnistheorie. Wien
Perrin, J. (1914): Les Atomes. Paris 1914 (Dt. Übersetzung von A. Lottermoser: Die Atome. Dresden und Leipzig 1914.)
Péter, R. (1959): Rekursivität und Konstruktivität. In: Heyting (1959), S. 226–233
Popper, K. P. (1974): Scientific reduction and the essential incompleteness of all science. In: Ayala-Dobzhansky (1974), S. 259–284
Post, E. (1921): Introduction to a general theory of elementary propositions. In: Am. Journal of Math. 43, S. 163–185 (= Heijenoort (1967), S. 264–283)
Post, E. (1936): Finite combinatory processes. Formulation I. In: JSL 1, S. 103–105 (1-Definierbarkeit) (= Davis (1965), S. 288–291)
Post, E. (1943): Formal reductions of the general combinatorial decision problem. In: American journal of mathematics 65, S. 197–215 (Binormalität)
Post, E. (1944): Recursively enumerable sets of positive integers and their decision problems. In: Bulletin of the American Mathematical Society 50, S. 284–316 (= Davis (1965), S. 304–337)
Post, E. (1946): A variant of a recursively unsolvable problem. In: Bulletin of the American Mathematical Society 52, S. 264–268
Post, E. (1947): Recursive unsolvability of a problem of Thue. In: JSL 12, S. 1–11
Pribram, K. H. (Hg.) (1969): On the biology of learning. N. Y., Chicago
Quine, W. V. O. (1952): Methods of logic. London
Reichenbach, H. (1947): Symbolic logic. N. Y. und London
Robinson, A. L. (1977): High energy physics: A proliferation of quarks and leptons. In: Science 198, no. 4316, S. 478–481
Robinson, R. M. (1952): An essentially undecidable axiom system. In: Proceedings of the international congress of mathematicians Cambridge (Mass.) 1950. Bd. 1, S. 729–730
Rogers, H. (1967): Theory of recursive functions and effective computability. N. Y.
Rogers, R. (1971): Mathematical logic and formalized theories. Amsterdam, London, N. Y.
Russell, B. (1918/19): The philosophy of logical atomism. In: Monist
Russell, B. (1924): Logical atomism.
Russell, B. (1948): Human knowledge. Its scope and limits. N. Y.
Schröder, E. (1890–1905): Vorlesungen über die Algebra der Logik (3 Bände). Leipzig 1890/91/1895/1905
Schwitters, R. F. (1977): Fundamental particles with charm. In: Sci. Amer. 237, no. 4, S. 56–70
Sheperdson, J. C. und H. E. Sturgis (1963): The computability of partial recursive functions. In: Journal of the Association for Computing Machinery, vol. 10, S. 217–255
Schoenfield, J. R. (1967): Mathematical logic. Reading
Simpson, G. G. (1944): Tempo and mode in evolution. Columbia Univ. Press
Simpson, G. G. (1953): The major features of evolution. Columbia Univ. Press
Simpson, G. (1975): Meanings of reductionism. Rezension von Ayala-Dobzhansky (1975). In: Science 188, no. 4190, S. 836–838
Skolem, Th. (1923): Begründung der elementaren Arithmetik durch die rekurrierende Denkweise ohne Anwendung scheinbarer Veränderlichen mit unendlichem Ausdehnungsbereich. In: Videnskapsselskapets skrifter, I. Mathematisk-naturvidenskapelig klasse, no. 6 (Englische Übersetzung in: Heijenoort (1967), S. 303–333)
Stebbins, G. L. (1950): Variations and evolution in plants. Columbia Univ. Press

Stegmüller, W. (1968): Das Wahrheitsproblem und die Idee der Semantik. Wien, N.Y. 2. Aufl.

Stegmüller, W. (1969): Probleme und Resultate der Wissenschaftstheorie und analytischen Philosophie. Bd. 1: Wissenschaftliche Erklärung und Begründung. Berlin 1969. Bd. 2: Theorie und Erfahrung. Berlin 1970–73

Stegmüller, W. (1965) und (1975): Hauptströmungen der Gegenwartsphilosophie. Eine kritische Einführung, Band I (1965) und II (1975). Stuttgart (= Kröners Taschenausgabe)

Thomason, R. M. (1974): Formal philosophy. Selected papers of R. Montague. New Haven und London

Thue, A. (1914): Probleme über Veränderungen von Zeichenreihen nach gegebenen Regeln. In: Skr. Vidensk. Selsk. Kristiania I, 10

Tinbergen, N. (1955): Some aspects of ethology. The biological study of animal behavior. In: Advan. Sci 12, S. 17–27

Tinbergen, N. (1963): On aims and methods of ethology. In: Z. Tierpsychol. 20, S. 404–433

Turing, A. M. (1936/7): On computable numbers, with an application to the Entscheidungsproblem. In: Proceedings of the London Mathematical Society, ser. 2, 42 (1936/7), S. 230–265; A correction. Ibid. 43 (1937), S. 544–546. (= Davis (1965), S. 116–154)

Turing, A. M. (1937): Computability and λ-definability. In: JSL 2, S. 153–163

Turing, A. M. (1952): Chemical theory of morphogenesis. In: Phil. Trans. R. Soc. B. 237, 37 (vgl. Turing und Richards)

Turing, A. M. und B. Richards (unveröffentlicht): Part II of Chemical Theory of Morphogenesis. Vgl. Turing (1952)

Urmson, J. O. (1956): Philosophical analysis. Oxford

Whitehead, A. N. und B. Russell (1910–13): Principia Mathematica. 3 Bde. Cambridge

Wittgenstein, L. (1967): Bemerkungen über die Grundlagen der Mathematik. (Hg. von G. H. von Wright, R. Rhees und G. E. M. Anscombe). Oxford

Wittgenstein, L. (1921): Logisch-philosophische Abhandlung (Tractatus logico-philosophicus). In: Annalen der Naturphilosophie. Reprint und englische Übersetzung: Tractatus logico-philosophicus. The German text of Ludwig Wittgenstein's Logisch-philosophische Abhandlung with a new edition of the translation by D. F. Pears and B. F. McGuinness and with the introduction by Bertrand Russell. London and N. Y. 1961

Register

Grundlagen der Kommunikation / Foundations of Communication

Herausgegeben von Roland Posner

Evidence and Argumentation in Linguistics

Edited by Thomas A. Perry

Large-octavo. X, 384 pages. 1979. Cloth DM 120,– ISBN 3 11 007272 6 Library Edition

David Schwarz

Naming and Referring

The Semantics and Pragmatics of Singular Terms

Octavo. XXXVIII, 196 pages. 1979. Cloth DM 72,– ISBN 3 11 007610 1

Kommunikationstheoretische Grundlagen des Sprachwandels

Herausgegeben von Helmut Lüdtke

Groß-Oktav. VIII, 270 Seiten. 1979. Ganzleinen DM 98,–

ISBN 3 11 007271 8 Bibliotheksausgabe

Manfred Wettler

Sprache, Gedächtnis, Verstehen

Oktav. X, 331 Seiten. 1980. Kartoniert DM 32,– ISBN 3 11 007971 2 de Gruyter Studienbuch

Georg Meggle

Grundbegriffe der Kommunikation

Oktav. XIV, 350 Seiten. 1981. Kartoniert DM 38,–

ISBN 3 11 008070 2 de Gruyter Studienbuch

Meaning and Understanding

Edited by Herman Parret and Jaques Bouveresse

Largo-octavo. X, 442 pages. 1981. Cloth DM 138,– ISBN 3 11 008116 4 Library Edition

Preisänderungen vorbehalten

Walter de Gruyter Berlin · New York

FSC
www.fsc.org
MIX
Papier | Fördert gute Waldnutzung
FSC® C083411

Kolibri 360 GmbH
Ferdinand-Jühlke-Straße 7
99095 Erfurt, Deutschland
produktsicherheit@kolibri360.de